工业和信息化人才培养规划教材
Industry And Information Technology Training Planning Materials

Technical And Vocational Education
高职高专计算机系列

数据库技术与应用
——SQL Server 2008（第2版）

Technology and Applications of
Database-SQL Server 2008 (version 2)

张建伟 梁树军 金松河 等 ◎ 编著

U0341019

人民邮电出版社
北　京

图书在版编目（CIP）数据

数据库技术与应用：SQL Server 2008 / 张建伟等
编著. -- 2版. -- 北京：人民邮电出版社，2012.2（2019.8重印）
工业和信息化人才培养规划教材．高职高专计算机系
列
ISBN 978-7-115-27068-9

Ⅰ. ①数… Ⅱ. ①张… Ⅲ. ①关系数据库－数据库管
理系统，SQL Server 2008－高等职业教育－教材 Ⅳ.
①TP311.138

中国版本图书馆CIP数据核字(2012)第003962号

内 容 提 要

本书系统地讲述了数据库的原理与 SQL Server 2008 的功能及应用。

全书分 3 篇，共 16 章。第 1 篇数据库系统原理，主要介绍关系型数据库的基本原理和数据库设计的步骤；第 2 篇 SQL Server 2008 基础及操作，深入研究了 Microsoft SQL Server 2008 系统的基本结构和功能特点、安装规划和配置技术、数据库管理、Transact-SQL 语言、表、数据操纵技术、索引技术、数据安全性与完整性技术、视图技术、存储过程技术、触发器技术、备份和还原技术等；第 3 篇 SQL Server 2008 应用，以一个学生成绩管理系统为例，详细介绍了利用 C#和 SQL Server 2008 完成学生成绩管理系统的开发过程。

本书内容翔实、结构合理、示例丰富、语言简洁流畅。适合作为高等院校本/专科计算机软件、信息系统、电子商务等相关专业的数据库课程教材，同时也适合作为各种数据库技术培训班的教材以及数据库开发人员的参考资料。

◆ 编　　著　张建伟　梁树军　金松河　等
　　责任编辑　桑　珊

◆ 人民邮电出版社出版发行　　北京市丰台区成寿寺路 11 号
　　邮编　100164　　电子邮件　315@ptpress.com.cn
　　网址　http://www.ptpress.com.cn
　　固安县铭成印刷有限公司印刷

◆ 开本：787×1092　1/16
　　印张：19.75　　　　　　　　　2012 年 2 月第 2 版
　　字数：491 千字　　　　　　　2019 年 8 月河北第 7 次印刷
　　　　　　ISBN 978-7-115-27068-9

定价：39.00 元
读者服务热线：(010)81055256　印装质量热线：(010)81055316
反盗版热线：(010)81055315
广告经营许可证：京东工商广登字 20170147 号

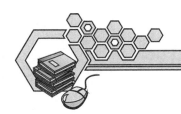

第 2 版前言

数据库技术是计算机科学技术中发展最快的领域之一，也是应用最广的技术之一。数据库管理系统是国家信息基础设施的重要组成部分，也是国家信息安全的核心技术之一。信息技术的飞速发展大大推动了社会的进步，也逐渐改变了人们的生活、工作和学习方式。数据库技术和网络技术是信息技术中的重要支柱。当今热门的信息系统，如管理信息系统、企业资源计划、供应链管理系统、客户关系管理系统、电子商务系统、决策支持系统、智能信息系统等，都离不开数据库技术强有力的支持。

Microsoft SQL Server 是一个典型的关系型数据库管理系统，从 SQL Server 7.0、SQL Server 2000、SQL Server 2005 发展到现在的 SQL Server 2008，随着版本的不断升级，功能越来越强大。SQL Server 2008 可以为各类用户提供完整的数据库解决方案，可以帮助用户建立自己的电子商务体系，增强用户对外界变化的反应能力，提高用户的市场竞争力。

本书初版自 2008 年 4 月出版以来，受到了老师和同学们的欢迎和青睐，这让编者由衷地感到欣慰和感激。第 2 版在保留初版基本框架的基础上，做了以下修改。

1. 软件版本升级，使用 SQL Server 2008 版。

2. 把原来的章节结构分为 3 个篇章：数据库系统原理、SQL Server 2008 基础及操作、SQL Server 2008 应用，使教材结构更加清晰。

3. 丰富了数据库设计、运行和维护的内容。

4. 增加了 SQL Server 2008 组件的介绍、标示符列的使用等内容。

5. 更新了部分例题和实训内容。

本书分为 3 篇，共 16 章。

第 1 篇数据库系统原理包括第 1 章～第 3 章，介绍数据库的基本理论知识，内容包括数据库概述、数据模型、关系数据库、数据库设计。

第 2 篇 SQL Server 2008 基础及操作包括第 4 章～第 15 章，介绍 SQL Server 2008 的安装、配置和管理；SQL Server 2008 的组件和管理工具；数据库管理系统 SQL Server 2008 的使用，内容包括 T-SQL 语言，数据库和表，数据库查询，视图、索引和游标，存储过程和触发器，数据库的备份还原与导入导出，系统安全管理和完整性控制。

第 3 篇 SQL Server 2008 应用包括第 16 章，介绍数据库的应用实例，通过实例介绍了用 C# 和 SQL Server 2008 开发数据库系统的方法。

本书由张建伟、梁树军、金松河、毛艳芳、王治国、张保威等编著。全书由梁树军统稿并定稿，由张建伟教授主审。在本书的编写和出版过程中得到了郑州轻工业学院教务处的大力支持和帮助，在此由衷地向他们表示感谢！

本书除了可用作高等院校、高职高专学生的教材外，还可供计算机应用开发人员在学习数据库技术时参考。

由于编写时间仓促，加之水平有限，书中难免有错误之处，恳请广大读者不吝赐教。

编　者

2011 年 9 月

目 录

第1篇 数据库系统原理

第2篇 SQL Server 2008 基础及操作

第 3 篇　SQL Server 2008 应用篇

第 1 篇

数据库系统原理

第1章

数据库基础知识

　　数据库技术已成为计算机科学的一个重要分支，是数据管理的最新技术，也是计算机技术中发展最快的领域之一。许多信息系统都是以数据库为基础建立的。数据库技术已经成为人们存储数据、管理信息、共享资源的最先进、最常用的技术。

　　本章介绍数据库系统的基本概念，包括数据管理技术的发展过程、数据库系统的基本概念、数据模型及数据库系统的体系结构等。读者从中可以学习到使用数据库的原因及其重要性。本章是学习后面各章节的预备和基础。

1.1　数据库、数据库管理系统与数据库系统

　　数据库技术是计算机技术中发展最为迅速的领域之一，已经在科学、技术、经济、文化和军事等领域发挥着重要作用。

1.1.1　数据库

　　数据库（Database，DB），顾名思义，是存放数据的仓库。只不过这个仓库是在计算机的存储设备上，而且数据是按照一定的数据模型组织并存放在外存上的一组相关数据的集合。通常这些数据是面向一个组织、企业或部门的。例如，学生成绩管理系统中，学生的基本信息、课程信息、成绩信息等都是来自学生成绩管理数据库的。

　　除了用户可以直接使用的数据，还有另外一种数据。它们是有关数据库的定义信息的，如数据库的名称，表的定义，数据库用户名及密码、权限等。这些数据用户不会经常使用，但是对数据库非常重要。这些数据通常存放在"数据字典（Data Dictionary）"中。数据字典是数据库管理系统中非常重要的组成部分，它是由数据库管理系统自动生成并维护的一组表和视图。数据字典是数据库管理系统工作的依据。

数据库管理系统借助数据字典来理解数据库中数据的组织，并完成对数据库中数据的管理与维护。数据库用户可通过数据字典获取有用的信息，如用户创建了哪些数据库对象，这些对象是如何定义的，这些对象允许哪些用户使用等。但是，数据库用户是不能随便改动数据字典中的内容的。

在收集并抽取出一个应用所需要的大量数据之后，应将其保存起来供进一步查询和加工处理，以获得更多有用的信息。过去人们把数据存放在文件柜里，数据越来越多，从大量的文件中查找数据就会十分困难。现在人们借助数据库，科学地保存和管理大量复杂的数据，从而能方便而又充分地利用这些宝贵的信息资源。

严格地讲，数据库是长期存储在计算机内，有组织的、大量的、可共享的数据集合。数据库中的数据按一定的数据模型组织、描述和存储，具有较小的冗余度、较高的数据独立性和易扩展性，并可为用户共享。

简而言之，数据库中的数据具有永久存储、有组织和可共享 3 个基本特点。

1.1.2　数据库管理系统（DBMS）

在建立了数据库之后，下一个问题就是如何科学地组织和存储数据，如何高效地获取和维护数据。完成这个任务的是一个系统软件——数据库管理系统（Database Management System，DBMS）。

DBMS 是指数据库系统中对数据进行管理的软件系统，它是数据库系统的核心组成部分，数据库系统的一切操作，包括查询、更新及各种控制，都是通过 DBMS 进行的。DBMS 是基于数据模型的，因此可以把它看成是某种数据模型在计算机系统上的具体实现。根据所采用数据模型的不同，DBMS 可以分成网状型、层次型、关系型、面向对象型等。但在不同的计算机系统中，由于缺乏统一的标准，即使是同种数据模型的 DBMS，它们在用户接口、系统功能等方面也常常是不同的。

DBMS 把用户对数据库的操作从应用程序带到外部级、概念级，再导向内部级，进而操纵存储器中的数据。一个 DBMS 的主要目标是使数据成为一种可管理的资源。DBMS 应使数据易于为各种用户所共享，应该增进数据的安全性、完整性及可用性，并提供高度的数据独立性。

1.1.3　数据库系统（DBS）

数据库系统（Database System，DBS）是指在计算机系统中引入数据库后的系统，一般由数据库、数据库管理系统（及其开发工具）、应用系统和数据库管理员构成。应当指出的是，数据库的建立、使用和维护等工作只靠一个 DBMS 是远远不够的，还要有专门的人员来完成，这些人被称为数据库管理员（Database Administrator，DBA）。

在不引起混淆的情况下，人们常常把数据库系统简称为数据库。数据库系统组成如图 1.1 所示。数据库系统在计算机系统中的位置如图 1.2 所示。

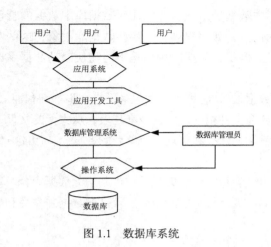

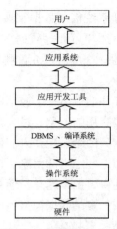

图 1.1　数据库系统　　　　　　　　图 1.2　数据库系统在计算机系统中的地位

1.2　数据库技术的产生与发展

在使用计算机之后，数据处理的速度及规模都是过去人工或机械方式无法比拟的。随着数据处理量的不断增加，数据管理技术应运而生，其演变过程随着计算机硬件和软件的发展不断变化，以一个学校的教务处对学生、课程和成绩的管理为例，在没有使用计算机的时候，教务处的工作人员将学生的信息抄写在一张张的卡片上。为了方便查找，将同一个系、同一个年级、同一个班级的学生卡片存放在相邻的地方，并对不同的系、年级和班级做上标签。每门课程的信息也抄写在卡片上，将同一个专业的卡片放在一起并做上标签。每个学期的期末将同一个班的各门课的成绩单收集起来存放在档案中。

当查找一个学生的信息时，如果知道他所在的系和班级，按照标签可以很快找到该学生的卡片。如果只知道他的姓名，那么只有在所有的学生卡片中一个一个查找，需要花费很多时间。

当计算一个学生某个学期的平均成绩时，首先在档案中找到该学生所在班级这个学期的所有成绩单，从中找出该学生各门课程的成绩，再算平均成绩。统计某一门课的成绩分布时也要进行类似的处理。

计算机及数据库技术的出现，使数据管理人员从繁重的数据管理中解放出来，由计算机和数据库完成了大量的数据管理工作，如自动检索、数据的自动保存、数据分类等。

总的来说，数据库技术的发展经历了以下几个阶段。

1.2.1　人工管理阶段

计算机没有应用到数据管理领域之前，数据管理的工作是由人工完成的。这种处理方式经历了很长时间。

20 世纪 50 年代中期以前，计算机主要用于科学计算。当时的硬件状况是，外存只有纸带、卡片、磁带，没有磁盘等直接存取的存储设备；软件状况是，没有操作系统，没有管理数据的软件，因此称这一阶段的数据管理方式为人工管理数据。人工管理数据具有如下特点。

（1）数据不保存。由于当时计算机主要用于科学计算，一般不需要将数据长期保存，只是在计算某一课题时将数据输入，用完不保存。

如果要用计算机统计分析全校每一门课的成绩，就要编写统计分析程序，在运行该程序时读入相应的学生选修课程成绩单等数据，计算完成后数据和程序都不在计算机中保存。

（2）应用程序管理数据。数据需要由应用程序自行管理，没有相应的软件系统负责数据的管理工作。应用程序中不仅要规定数据的逻辑结构，而且要设计物理结构，包括存储结构、存取方法、输入方式等，因此程序员负担很重。

（3）数据不共享。数据是面向应用的，一组数据只能对应一个程序。当多个应用程序涉及某些相同的数据时，由于必须各自定义，无法互相利用、互相参照，因此程序与程序之间有大量的冗余数据。例如，教务处既要统计某一门课的成绩又要分析某一个学生的成绩时，就要编写两个程序，尽管都要使用学生选修课成绩单，但是每个程序要分别定义两个成绩单数据，分别输入，分别使用，如图 1.3 所示。

（4）数据不具有独立性。数据的逻辑结构或物理结构改变后，必须对应用程序做相应的修改，这就进一步加重了程序员的负担。例如，学生成绩由 5 级记分制改为百分制时，上面两个统计分析程序都要修改。

在人工管理阶段，程序与数据之间的对应关系如图 1.4 所示。

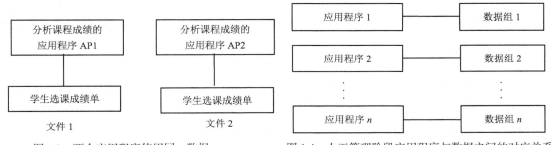

图 1.3　两个应用程序使用同一数据　　　　图 1.4　人工管理阶段应用程序与数据之间的对应关系

1.2.2　文件系统阶段

20 世纪 50 年代后期到 60 年代中期，硬件方面已有了磁盘、磁鼓等直接存储设备；软件方面，操作系统中已经有了专门的数据管理软件——文件系统。可以把相关的数据组织成一个文件存放在计算机中，需要时只要提供文件名，计算机就能从文件系统中找出所要的文件，把文件中存储的数据提供给用户进行处理。

例如，在学校教务处对学生学籍的管理中，为了改变查找、计算工作量大及花费时间长的被动局面，将学生卡片、课程卡片和学生学习成绩单中的内容存放到文件"Student"、"Course"、"Study"中，并对每个文件编写一组程序用于数据维护，包括增加、删除、修改和查询一条记录。在此基础上根据需要编写一些查询和报表打印程序，如根据学生的姓名、学生编号查找学生的信息，统计某学期某个学生的平均成绩，统计某门课的平均成绩等。

管理系统投入应用后，教务处的工作效率大大提高。例如，每学期末将各门课的考试成绩输入计算机以后，可以很快计算出学生的平均成绩，并打印出需要补考的学生的名单。

但是，由于数据的组织仍然是面向程序，所以仍然存在大量的数据冗余，经过一段时间的使用后，教务人员发现有时必须修改程序和文件结构才能适应工作的需要。例如，学校领导要求统计不同生源地的学生成绩，因为原来的学籍管理软件中没有实现这个功能，必须编写一段程序来实现。又如，当需要在"Student"文件中增加"个人网址"属性时，这涉及改变文件的结构，需要若干步骤才能完成。

第一步，建立一个新文件"Student-new"，其结构是在"Student"的结构中加入"个人网址"这一项。

第二步，编写一个程序将文件"Student"中的数据转存到"Student-new"中。

第三步，删除文件"Student"。

第四步，将文件"Student-new"重命名为"Student"。

这项工作到此并没有结束，因为文件中保存的是数据，不保存数据的结构，数据结构是在程序中定义的，旧"Student"文件的结构写到了所有使用它的程序中，必须一一修改这些程序以适应新的文件结构，否则程序运行就会出错。

从这个例子可以看到用文件系统管理数据的优点和不足。一般地讲，用文件系统管理数据具有如下特点。

（1）数据可以长期保存。数据可以组织成文件长期保存在计算机中反复使用。

（2）由文件系统管理数据。文件系统把数据组织成内部有结构的记录，实现"按文件名访问，按记录进行存取"的管理技术。

文件系统使应用程序与数据之间有了初步的独立性，程序员不必过多的考虑数据存储的物理细节。例如，文件系统中可以有顺序结构文件、索引结构文件、Hash等，数据在存储上的不同不会影响程序的处理逻辑。如果数据的存储结构发生改变，应用程序的改变会很小，节省了程序的维护工作量。但是，文件系统仍存在以下缺点。

（1）数据共享性差，冗余度大。在文件系统中，一个（或一组）文件基本上对应于一个应用（程序），即文件是面向应用的。当不同的应用（程序）使用相同的数据时，也必须建立各自的文件，而不能共享相同的数据。因此数据的冗余度大，浪费存储空间。同时，由于相同数据的重复存储、各自管理，容易造成数据的不一致性，给数据的修改和维护带来了困难。

（2）数据独立性差。文件系统中的文件是为某一特定应用服务的，文件的逻辑结构对该应用来说是优化的，因此要对现有的数据再增加一些新的应用会很困难，系统不容易扩充。一旦数据的逻辑结构发生改变，就必须修改应用程序，修改文件结构的定义。因此数据与程序之间仍缺乏独立性。文件系统阶段程序与数据之间的关系如图1.5所示。

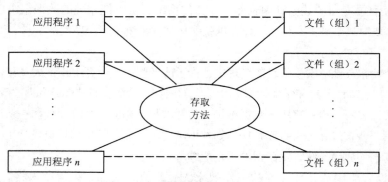

图1.5　文件系统阶段应用程序与数据之间的对应关系

1.2.3　数据库系统阶段

20世纪60年代后期，计算机用于管理的规模越来越大，应用越来越广泛，数据量急剧增长，同时对多种应用、多种语言互相覆盖的共享数据集合的需求也越来越强烈。

这时已有大容量磁盘，硬件价格下降；软件价格则上升，为编制和维护系统软件及应用程序所需的成本相对增加。在这种背景下，以文件系统作为数据管理手段已经不能满足应用的需求。于是，为解决多用户、多应用共享数据的需求，使数据为尽可能多的应用服务，数据库技术便应运而生，出现了统一管理数据的专用软件系统——数据库管理系统。

用数据库系统来管理数据和使用文件系统相比具有明显的优点，从文件系统到数据库系统，标志着数据管理技术的飞跃。

例如，对教务管理系统，学校决定采用数据库技术，购买了一个关系数据库管理系统（RDBMS），在这个 RDBMS 之上建立一个应用系统，将教务处和学生工作处保存的学生数据进行综合设计，供全校各院系的教师和教务人员共享访问和使用。

在系统中要建立 3 个关系：学生基本表 "Student"、课程基本表 "Course" 和学习成绩基本表 "SC"。在数据库系统中只要用 DDL 语言向 RDBMS 提交 CREATE TABLE 语句就可以了，例如建立关系 "Student"：

```
CREATE TABLE Student
            (Sno      CHAR(10) NOT NULL UNIQUE,
            Sname    CHAR(10),
            Sex      CHAR(2),
            Age      INT,
            Classno  CHAR(6),
            Dept     CHAR(12) );
```

这条语句在数据库中建立了一个关系 "Student"，用来保存学生的信息。更重要的是，RDBMS 将 "Student" 的结构也保存到数据库的数据字典中。

向关系中增加、删除、修改一个元组（记录）用 RDBMS 提供的语句 INSERT、DELETE、UPDATE 来完成。这些语句如何操作磁盘上的数据是由 RDBMS 来完成的，程序员不用编写专门的程序，从而节省了程序员大量的时间和精力。

因为关系 "Student" 的结构和数据都由 RDBMS 管理，在教务管理系统中，向关系 "Student" 添加 "E-mail" 属性时，既不需要编写转储数据的程序，也不用修改那些使用了关系 "Student" 的程序。

从这个例子可以看出，数据库系统阶段应用程序与数据之间的对应关系如图 1.6 所示。

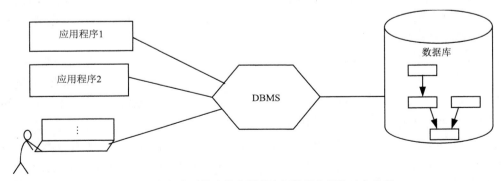

图 1.6　数据库系统阶段应用程序与数据之间的对应关系

由于数据库是以数据为中心组织数据，减少数据的冗余，提供更高的数据共享能力，同时要求程序和数据具有较高的独立性，因此当数据的逻辑结构改变时，不涉及数据的物理结构，也不影响应用程序，这样就降低了应用程序研制与维护的费用。

1.2.4　高级数据库阶段

这一阶段的主要标志是 20 世纪 80 年代的分布式数据库系统、90 年代的对象数据库系统和 21 世纪初的网络数据库系统的出现。

（1）分布式数据库系统。在这一阶段以前的数据库系统是集中式的。在文件系统阶段，数据分散在各个文件中，文件之间缺乏联系。集中式数据库把数据库集中在一个数据库中进行管理，减少了数据冗余和不一致性，而且数据联系比文件系统更强。但集中式系统也有弱点：一是随着数据量增加，系统会变得相当庞大，操作复杂，开销大；二是数据集中存储，大量的通信都要通过主机，造成拥挤现象。随着小型计算机和微型计算机的普及，计算机网络软件和远程通信的发展，分布式数据库系统崛起了。

分布式数据库系统主要有以下 3 个特点。

① 数据库的数据物理上分布在不同地方，但逻辑上是一个整体。

② 各个分散的数据库既可以执行局部应用（访问本地数据库），又可以执行全局应用（访问异地数据库）。

③ 各分散的计算机由数据通信网络相连。本地计算机不能单独胜任的处理任务，可以通过通信网络取得其他数据库和计算机的支持。

分布式数据库系统兼顾了集中管理和分布处理两个方面，因而有良好的性能。

（2）对象数据库系统。在数据处理领域，关系数据库的使用已相当普遍、相当出色。但是现实世界存在着许多具有更复杂数据结构的实际应用领域，已有的层次、网状、关系三种数据模型对这些应用领域都显得力不从心。如多媒体数据、多维表格数据、CAD 数据等应用问题，需要更高级的数据库技术来支持，以便管理、构造与维护大容量的持久数据，并使它们能与大型复杂程序紧密结合。对象数据库正是由于适应这种形势而发展起来的，它是面向对象的程序设计技术与数据库技术结合的产物。

对象数据库系统主要有以下 2 个特点。

① 对象数据库模型能完整地描述现实世界的数据结构，能表达数据间嵌套、递归等关系。

② 具有面向对象技术的封装性（把数据与操作定义在一起）和继承性（继承数据结构和操作）的特点，提高了软件的可重用性。

（3）网络数据库系统。C/S（客户机/服务器）结构的出现，使得人们可以更有效地使用计算机资源。但在网络环境中，如何隐藏各种复杂性，这就要使用中间件。中间件是网络环境中保证不同的操作系统、通信协议和 DBMS 之间进行对话、互操作的软件系统。其中涉及数据访问的中间件，就是 20 世纪 90 年代提出的 ODBC 和 JDBC 技术。

现在，计算机网络已成为信息化社会中十分重要的一类基础设施。随着广域网（WAN）的发展，信息高速公路已发展成为采用通信手段将地理位置分散，具备自主功能的若干台计算机和数据库系统有机地连接起来组成的因特网（Internet），用于实现通信交往、资源共享或协调工作等目标。这个目标在 20 世纪末已经实现，正在对社会的发展起着巨大的推进作用。

1.3　数据库系统的组成与结构

在前面已经介绍了数据库系统一般由数据库、数据库管理系统（及其开发工具）、应用系统和数据库管理员构成。下面分别介绍这几部分的内容，并从不同的角度描述数据库系统的结构。

1.3.1　数据库系统的组成

（1）硬件系统。硬件系统主要指计算机各个组成部分。鉴于数据库应用系统的需求，要求数据库主机或数据库服务器外存足够大，I/O 存取效率高，主机的吞吐量大，作业处理能力强。对于分布式数据库而言，计算机网络也是基础环境。因此，具体的硬件要求包括：

① 要有足够大的内存，存放操作系统和 DBMS 的核心模块、数据库缓冲区和应用程序；

② 有足够大的磁盘等直接存取设备存放数据库数据，有足够的光盘、磁盘、磁带等作为数据备份介质；

③ 要求连接系统的网络有较高的数据传送率；

④ 有较强处理能力的中央处理器（CPU）来保证数据处理的速度。

（2）软件。数据库系统的软件主要包括：

① DBMS，为数据库的建立、使用和维护配置的软件；

② 支持 DBMS 运行的操作系统；

③ 与数据库通信的高级程序语言及编译系统；

④ 为特定应用环境开发的数据库应用系统。

（3）数据库管理员及其他相关人员。数据库相关人员包括数据库管理员（DBA）、系统分析员、应用程序员和普通用户，各自职责如下所述。

① 数据库管理员（Database Administrator，DBA）。数据库管理员负责管理和监控数据库系统，负责为用户解决应用中出现的系统问题。为了保证数据库能够高效正常地运行，大型数据库系统都设有专人负责数据库系统的管理和维护。其主要职责如下。

- 决定数据库中的信息内容和结构。数据库中要存放哪些信息，DBA 要参与决策。因此 DBA 必须参加数据库设计的全过程，并与用户、应用程序员、系统分析员密切合作，共同协商，做好数据库设计工作。
- 决定数据库的存储结构和存取策略。
- 监控数据库的运行（系统运行是否正常，系统效率如何），及时处理数据库系统运行过程中出现的问题。比如系统发生故障时，数据库会因此遭到破坏，DBA 必须在最短的时间内把数据库恢复到正确状态。
- 安全性管理。通过对系统的权限设置、完整性控制设置来保证系统的安全性。DBA 要负责确定各个用户对数据库的存取权限、数据的保密级别和完整性约束条件。
- 日常维护，如定期对数据库中的数据进行备份，维护日志文件等。
- 对数据库有关文档进行管理。

数据库管理员在数据库管理系统的正常运行中起着非常重要的作用。

② 系统分析员和数据库设计人员。系统分析员负责应用系统的需求分析和规范说明，和用户

及 DBA 配合，确定系统的硬件、软件配置，并参与数据库系统概要设计。

③ 应用程序员。应用程序员是负责设计、开发应用系统功能模块的软件编程人员，根据数据库结构编写特定的应用程序，并进行调试和安装。

④ 用户。这里的用户是指最终用户。最终用户通过应用程序的用户接口使用数据库。常用的接口方式有浏览器、菜单驱动、表格操作、图形显示、报表等。

1.3.2　数据库系统的结构

数据库系统的结构可以从不同的层次或角度来考察。

从数据库管理系统角度看，数据库系统通常分为三级模式，这是数据库管理系统内部的体系结构。

从数据库最终用户角度看，数据库系统的结构分为单用户结构、主从式结构、分布式结构、客户/服务器结构等。这是数据库系统外部的体系结构。

数据库系统结构是数据库的总的框架。尽管实际的数据库系统软件产品多种多样，支持不同的数据模型，使用不同的数据库语言，建立在不同的操作系统之上，但绝大多数数据库系统在总的体系结构上都具有三级模式的结构特征。学习数据库的三级模式将有助于理解数据库设计及应用中的一些基本概念。

数据库的三级模式为外模式、概念模式和内模式，如图 1.7 所示。

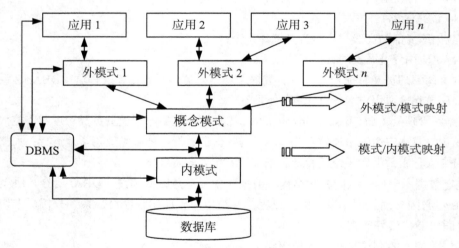

图 1.7　数据库系统结构——三级模式

（1）数据库的三级模式。

① 概念模式（Conceptual Schema）。概念模式也称模式，是对数据库中全局数据逻辑结构的描述，是全体用户公共的数据视图。这种描述是一种抽象描述，不涉及具体硬件环境与平台，也与具体软件环境无关。

概念模式主要描述数据的概念记录类型及其关系，还包括数据间的一些语义约束。对它的描述可用 DBMS 中的 DDL 定义。

② 外模式（External Schema）。外模式也称子模式（Subschema）或用户模式，它是数据库用户（包括应用程序员和最终用户）能够看见和使用的局部数据的逻辑结构和特征的描述，是数据

库用户的数据视图，是与某一应用相关的数据的逻辑表示。

外模式通常是模式的子集。一个模式可以有多个外模式。由于它是各个用户的数据视图，因此如果不同的用户在应用需求、看待数据的方式、对数据保密的要求等方面存在差异，则其外模式描述就可能不同。即使对模式中的同一数据，在外模式中的结构、类型、长度、保密级别等都可以不同。另外，同一外模式也可以为某一用户的多个应用系统使用，但一个应用程序只能使用一个外模式。

外模式是保证数据库安全性的一个有力措施。每个用户只能看到和访问所对应的外模式中的数据，数据库中的其他数据是看不到的。

DBMS 提供子模式描述语言（子模式 DDL）来严格地定义子模式。

③ 内模式（Internal Schema）。内模式也称存储模式（Storage Schema），一个数据库只有一个内模式。它是数据物理结构和存储方式的描述，它定义所有的内部记录类型、索引和文件的组织形式，以及数据控制方面的细节。

内部记录并不涉及到物理记录，也不涉及设备的约束。比内模式更接近于物理存储和访问的那些软件机制是操作系统的一部分（即文件系统），如从磁盘读数据或写数据到磁盘上的操作等。

DBMS 提供内模式描述语言（内模式 DDL，或者存储模式 DDL）来严格的定义内模式。

（2）数据库的二级映射。数据库系统的模式、内模式、外模式之间有很大的差别。为了实现用户和数据之间的透明化，DBMS 提供了两层映射：外模式/模式映射和模式/内模式映射。

有了这两层映射，用户就能逻辑地、抽象地处理数据，而不必关心数据在计算机中的具体表示方式与存储方式。

正是这两层映射保证了数据库系统中的数据能够具有较高的逻辑独立性和物理独立性。

映射实质上是一种对应关系，是指映射双方如何进行数据转换，并定义转换规则。这样就能使数据独立性得到保证。

① 外模式/模式映射。数据库的每一个外模式都有一个外模式/模式映射，它定义了该外模式与模式之间的对应关系，外模式/模式映射一般是在外模式中描述的。

模式描述的是数据的全局逻辑结构，外模式描述的是数据的局部逻辑结构。对应于同一个模式可以有任意多个外模式。对于每一个外模式，数据库系统都有一个外模式/模式映射，它定义了该外模式与模式之间的对应关系。这些映射通常包含在各自外模式的描述中。

如果模式需要进行修改，例如数据重新定义，增加新的关系、新的属性，改变属性的数据类型等，那么只需对各个外模式/模式的映射做相应的修改，使外模式尽量保持不变。而应用程序一般是依据外模式编写的，因此应用程序也不必修改，从而保证了数据与程序的逻辑独立性，简称数据的逻辑独立性。

② 模式/内模式映射。模式/内模式映射是唯一的，因为数据库只有一个模式和内模式。映射存在于模式和内模式之间。两级模式之间的数据结构可能不一致，甚至可能差别很大。模式/内模式映射定义了模式和内模式之间的对应关系，即数据全局逻辑结构与存储结构之间的对应关系。模式/内模式映射一般是在模式中描述的。当数据库的存储结构改变时（如采用了另外一种存储结构），由数据库管理员对模式/内模式映射做相应改变，可以使模式保持不变，应用程序也不必改变。这就保证了数据与程序的物理独立性，简称数据的物理独立性。

在数据库的三级模式结构中，数据库模式即全局逻辑结构是数据库的中心与关键，它独立于数据库的其他层次。因此设计数据库模式结构应首先确定数据库的逻辑模式。

数据库的内模式依赖于它的全局逻辑结构，但独立于数据库的用户视图即外模式，也独立于具体的存储设备。它是将全局逻辑结构中所定义的数据结构及其联系按照一定的物理存储策略进行组织，达到较好的时间与空间效率的目的。

数据库的外模式面向具体的应用程序，它定义在逻辑模式之上，但独立于存储模式和存储设备。当应用需求发生较大变化，相应外模式不能满足其视图要求时，该外模式就要做相应改动，所以设计外模式时应充分考虑到应用的可扩充性。

特定的应用程序是在外模式描述的数据结构上编制的，它依赖于特定的外模式，与数据库的模式和存储结构独立。不同的应用程序有时可以共用同一个外模式。数据库的二级映射保证了数据库外模式的稳定性，从底层保证了应用程序的稳定性。除非应用需求本身发生变化，否则应用程序一般不需要修改。

数据与程序之间的独立性，使得数据的定义和描述可以从应用程序中分离出去。另外，由于数据的存取由 DBMS 管理，用户不必考虑存取路径等细节，从而简化了应用程序的编制，大大减少了应用程序的维护和修改工作。

1.4 数据库系统的作用与特点

1.4.1 数据库系统的作用

数据库系统的应用，使计算机应用深入到社会的各个角落，并发挥着越来越重要的作用，具体有下列几个方面。

（1）灵活应用。数据库容易扩充以适应增加新用户的要求，同时也容易移植以适应新的硬件环境和更大的数据容量。

（2）使用简便。由于精心设计的数据库能模拟企业的运转情况，并提供该企业数据逼真的描述，使管理部门和其他使用部门能很方便地使用和理解数据库。

（3）面向用户。由于数据库反映企业的实际运转情况，因此能满足用户的基本要求，同时又为企业的信息系统奠定了基础。

（4）简便的数据控制。对数据进行集中控制，就能保证所有用户在同样的数据上操作，而且数据对所有部门具有相同的含义。数据的冗余减到最少，消除了数据的不一致性。

（5）加快应用系统开发速度。程序员和系统分析员可以集中精力于应用的逻辑方面，而不必关心数据操纵和文件设计的细节。后援和恢复问题均由系统保证。

（6）程序设计高效。数据库使系统中的程序数目减少而又不过分增加程序的复杂性。由于 DML 命令功能强，应用程序编写快，又进一步提高了程序员的生产效率。

（7）修改方便。数据独立性使得修改数据库结构时尽量不损害已有的应用程序，使程序维护的工作量大为减少。

（8）标准化。数据库方法能促进建立整个企业的数据一致性和用法的标准化。

1.4.2 数据库系统的特点

数据库系统已经深入人类社会活动的诸多领域。社会生活中的许多工作已经越来越依赖于数据库系统了，而且使用者与日俱增，主要是因为数据库系统具有其独特的优势。

（1）面向企业或部门，以数据为中心，形成综合性的数据库为各种应用共享。

（2）数据结构化，采用一定的数据模型来表示数据结构。文件系统中的文件之间不存在联系，总体上看，其数据是没有结构的；数据库中的文件是相互联系的，从全局来看，它遵循一定的结构形式（数据模型）。这是两者最大的区别。数据库正是通过文件间的联系，较好地反映了现实世界事物之间的自然联系。数据模型不仅要描述数据本身的特点，而且要描述数据之间的联系。

（3）数据冗余小、易修改、易扩充。在数据库系统中，用户不是自己建立文件，而是取数据库中的数据子集。不同的应用程序根据处理要求不同，从数据库中获取需要的数据，这样就减少了数据的重复存储，也便于增加新的数据结构，同时也利于维护数据的一致性。

（4）较高的数据独立性。数据独立性是数据库技术努力追求的目标。简单地说，就是令数据与程序无关，数据存储方式的改变不会影响应用程序。

数据库的结构分为三级：用户的逻辑结构、整体逻辑结构和物理结构。数据独立性分两级：物理数据独立性和逻辑数据独立性，其结构如图 1.8 所示。

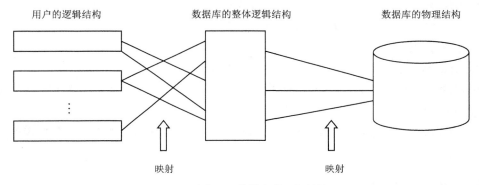

图 1.8　数据库的三级结构

当数据库物理结构（包括数据的组织和存储、存取方式、外部存储设备等）发生改变时，通过修改映射，使数据库整体逻辑结构不受影响，进而使用户的逻辑结构以及应用程序不需要改变，就称数据库达到了物理数据独立性。同样，当数据库的整体逻辑结构发生改变时，用户的逻辑结构以及应用程序不需要改变，就称数据库达到了逻辑数据独立性。

（5）为用户提供方便的用户接口。数据库管理系统作为用户与数据库的接口，提供数据库定义、运行、维护等功能。用户可方便地开发和使用数据库。

（6）对数据进行统一管理和控制，包括数据库的恢复、并发控制、数据安全性和数据完整性，从而可以保证数据库中的数据是安全的、正确的和可靠的。

1.5　数据模型

模型，是现实世界特征的模拟与抽象。比如一组建筑规划沙盘，精致逼真的飞机航模，都是对现实生活中的事物的描述和抽象，见到这些就会让人们联想到现实世界中的实物。

数据模型（Data Model）也是一种模型，它是现实世界数据特征的抽象。由于计算机不可能直接处理现实世界中的具体事物，因此必须把具体事物转换成计算机能够处理的数据，即首先要数字化，要把现实世界中的人、事、物、概念用数据模型这个工具来抽象、表示和加工处理。数据模型是数据库中用来对现实世界进行抽象的工具，是数据库中用于提供信息表示和操作手段的形式构架，是现实世界的一种抽象模型。

数据模型按不同的应用层次分为 3 种类型，分别是概念数据模型（conceptual data model）、逻辑数据模型（logic data model）和物理数据模型（physical data model）。

概念数据模型又称概念模型，是一种面向客观世界、面向用户的模型，与具体的数据库管理系统无关，与具体的计算机平台无关。人们通常先将现实世界中的事物抽象到信息世界，建立所谓的"概念模型"，然后再将信息世界的模型映射到机器世界，将概念模型转换为计算机世界中的模型。因此，概念模型是从现实世界到机器世界的一个中间层次。

逻辑数据模型又称逻辑模型，是一种面向数据库系统的模型，它是概念模型到计算机之间的中间层次。概念模型只有在转换成逻辑模型之后才能在数据库中得以表示。目前，逻辑模型的种类很多，其中比较成熟的有：层次模型、网状模型、关系模型、面向对象模型等。

这 4 种数据模型的根本区别在于数据结构不同，即数据之间联系的表示方式不同。

（1）层次模型用"树结构"来表示数据之间的联系。

（2）网状模型是用"图结构"来表示数据之间的联系。

（3）关系模型是用"二维表"来表示数据之间的联系。

（4）面向对象模型是用"对象"来表示数据之间的联系。

物理数据模型又称物理模型，它是一种面向计算机物理表示的模型，此模型是数据模型在计算机上的物理结构表示。

数据模型通常由 3 部分组成，也称为数据模型的三大要素，分别是数据结构、数据操纵和完整性约束。

1.6 概念模型

概念模型是独立于计算机系统的数据模型，它完全不涉及信息在计算机系统中的表示，只是用来描述某个特定组织所关心的信息结构。概念模型用于建立信息世界的数据模型，强调其语义表达能力，概念应该简单、清晰，易于用户理解。它是现实世界的第一层抽象，是用户和数据库设计人员之间进行交流的工具。概念模型可以看成是现实世界到机器世界的一个过渡的中间层次。

概念模型有以下特点。

（1）真实性。概念模型是对现实世界的抽象和概括，它必须真实地反映现实世界中的事物及事物之间的联系。

（2）易理解性。概念模型是独立于机器的信息结构，容易被用户理解。设计人员可以用概念模型和不熟悉计算机的用户交换意见，使用户能积极参与数据库的设计工作，保证设计工作顺利进行。

（3）易修改性。应用环境和应用需求是经常改变的，概念模型应该容易修改和扩充。

（4）易转换性。概念模型应该容易向关系、网状、层次等各种数据模型进行转换。

概念模型中最著名的是实体联系模型（Entity Relationship Model，ER 模型）。实体联系模型是 P.P.Chen 于 1976 年提出的。这个模型直接从现实世界中抽象出实体类型及实体间联系，然后用实体联系图（E-R 图）表示数据模型。设计 E-R 图的方法称为 E-R 方法。E-R 图是设计概念模型的有效工具。下面先介绍一下有关的名词术语及 E-R 图。

1．实体

现实世界中客观存在并可相互区分的事物叫做实体。实体可以是一个具体的人或物，如王伟、汽车等；也可以是抽象的事件或概念，如购买一本图书。

2．属性

实体的某一特性称为属性。如学生实体有学号、姓名、年龄、性别、系等方面的属性。属性有"型"和"值"之分，"型"即为属性名，如姓名、年龄、性别是属性的型；"值"即为属性的具体内容，如（990001，张立，20，男，计算机）；这些属性值的集合表示了一个学生实体。

3．实体型

若干个属性的型组成的集合可以表示一个实体的类型，简称实体型，如学生（学号，姓名，年龄，性别，系）就是一个实体型。

4．实体集

同型实体的集合称为实体集，如所有的学生、所有的课程等。

5．码

能唯一标识一个实体的属性或属性集称为实体的码，如学生的学号可以作为码，学生的姓名可能有重名，不能作为学生实体的码。

6．域

属性值的取值范围称为该属性的域，如学号的域为 6 位整数，姓名的域为字符串集合，年龄的域为小于 40 的整数，性别的域为（男，女）。

7．联系

在现实世界中，事物内部以及事物之间是有联系的，这些联系同样也要抽象和反映到信息世界中来。在信息世界中联系将被抽象为实体型内部的联系和实体型之间的联系。

实体内部的联系通常是指组成实体的各属性之间的联系；实体之间的联系通常是指不同实体集之间的联系。

两个实体型之间的联系有如下 3 种类型。

（1）一对一联系（1:1）。实体集 A 中的一个实体至多与实体集 B 中的一个实体相对应，反之亦然，则称实体集 A 与实体集 B 为一对一的联系，记作 1:1，如班级与班长，观众与座位，病人与床位。

（2）一对多联系（1:n）。实体集 A 中的一个实体与实体集 B 中的多个实体相对应，而实体集 B 中的一个实体至多与实体集 A 中的一个实体相对应，记作 1:n，如班级与学生、公司与职员、省与市。

（3）多对多（m:n）。实体集 A 中的一个实体与实体集 B 中的多个实体相对应，而实体集 B 中的一个实体与实体集 A 中的多个实体相对应，记作 m:n，如教师与学生，学生与课程，工厂与产品。

实际上，一对一联系是一对多联系的特例，而一对多联系又是多对多联系的特例。可以用图形来表示两个实体型之间的这 3 类联系，如图 1.9 所示。

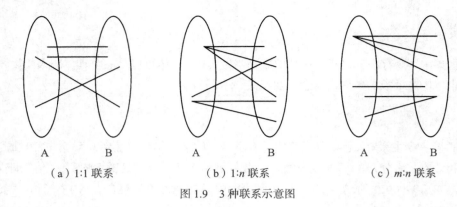

（a）1:1 联系　　　　　　　（b）1:n 联系　　　　　　　（c）m:n 联系

图 1.9　3 种联系示意图

在 E-R 图中有下面 4 个基本成分。

① 矩形框，表示实体类型（研究问题的对象）。

② 菱形框，表示联系类型（实体间的联系）。

③ 椭圆形框，表示实体类型和联系类型的属性。

相应的命名均记入各种框中。对于实体标识符的属性，在属性名下面画一条横线。

④ 直线，联系类型与其涉及的实体类型之间以直线连接，用来表示它们之间的联系，并在直线端部标注联系的种类（1:1、1:n 或 m:n）。

下面通过例 1.1 说明设计 E-R 图的过程。

【例 1.1】 为图书管理设计一个 E-R 模型。读者从图书馆借书，图书馆从出版社购书，E-R 图的具体建立过程如下。

① 首先确定实体类型。本问题有 3 个实体类型：读者、书、出版社。

② 确定联系类型。读者和书之间是 m:n 联系，起名为"借阅"，书和出版社之间是 1:n 联系，起名为"订购"。

③ 把实体类型和联系类型组合成 E-R 图。

④ 确定实体类型和联系类型的属性。实体类型读者的属性有：读者编号、姓名、年龄、性别、系别；实体类型书的属性有：书号、书名、作者、价格；实体类型出版社的属性有：出版社编号、出版社名、出版社地址。联系类型借阅的属性有借阅日期、归还日期。

⑤ 确定实体类型的键，在 E-R 图中，属于键的属性名下画一条横线。具体的 E-R 图如图 1.10 所示。

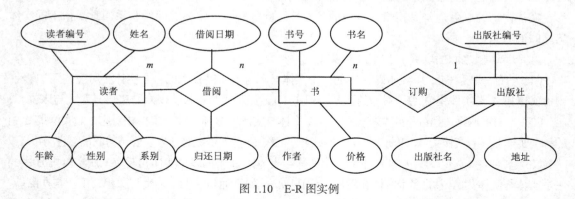

图 1.10　E-R 图实例

E-R 模型有两个明显的优点：一是接近于人的思维，容易理解；二是与计算机无关，用户容易接受。因此 E-R 模型已成为软件工程中的一个重要设计方法。但是 E-R 模型只能说明实体间语义的联系，还不能进一步说明详细的数据结构。一般遇到一个实际问题，总是先设计一个 E-R 模型，然后再把 E-R 模型转换成计算机已实现的数据模型。

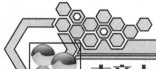

本章小结

本章初步讲解了数据库的基本概念，并通过对数据管理技术发展状况的介绍，阐述了数据库技术产生和发展的背景，也说明了数据库系统的优点，同时对数据模型和概念模型作了一些介绍，为读者学习后续课程打下良好的理论基础。

本章介绍了数据库系统的组成，使读者了解数据库系统不仅是一个计算机系统，而且是一个人机系统，人的作用特别是 DBA 的作用尤为重要。同时阐述了数据库系统的作用，以及数据库管理系统的组成。

数据库系统三级模式和二层映射的系统结构保证了数据库系统中能够具有较高的逻辑独立性和物理独立性。

本章的新概念较多，在学习过程中要注意理解，在学习后续章节时，可重新对这些概念作进一步的理解。

习题

一、选择题

1. 数据模型有 3 个要素，其中用于描述系统静态特性的是（　　　）。

　　A. 数据结构　　　　　　　　　　B. 数据操作

　　C. 数据完整性约束　　　　　　　D. 数据模型

2. 用树形结构来表示实体之间关系的结构数据模型称为（　　　）。

　　A. 关系模型　　　　　　　　　　B. 层次模型

　　C. 网状模型　　　　　　　　　　D. 面向对象模型

3. 下列实体类型的关联中，属于一对多关系的是（　　　）。

　　A. 学生与课程的选课关系　　　　B. 部门与职工的关系

　　C. 省与省会的关系　　　　　　　D. 顾客与商品的购买关系

二、简答题

1. 数据库技术的发展经历了哪几个阶段？各个阶段的特点是什么？

2. 阐述数据、数据库、数据库管理系统、数据库系统的概念。

3. 简述使用数据库系统的优点。

第2章
关系数据库

2.1　关系数据库及其特征

　　关系数据库是因为采用关系模型而得名，它是目前数据库应用中的主流技术。

　　关系数据库之所以得到广泛应用，是因为它是建立在严格的数学理论基础上的，概念清晰、简单，能够用统一的结构来表示实体集合和它们之间的联系。从数据库的发展历程中可以看到，关系数据库的出现标志着数据库技术走向成熟。

　　关系数据库系统与非关系数据库系统的区别是，关系数据库系统只有"表"这一种数据结构；而非关系数据库系统还有其他数据结构，对这些数据结构还有其他的操作。

　　本节首先介绍关系模型的基本概念，然后介绍关系的完整性。

2.1.1　关系数据库的特点

　　关系数据库系统是基于关系模型的数据库系统，20 世纪 70 年代末以后所问世的数据库产品大多为关系模型，并逐渐替代网状模型、层次模型数据库系统而成为主流数据库系统。关系数据库系统的崛起并迅速在市场中站稳脚跟与它的优越性有关。关系数据库系统具有以下优点。

　　（1）数据结构简单。关系数据库系统采用统一的二维表作为数据结构，不存在复杂的内部联系，具有高度的简洁性与方便性。

　　（2）功能强。关系数据库系统能直接构造复杂的数据模型，特别是多联系间的联系表达，它可以一次得到一条完整记录，也可以修改数据间的联系，同时还具备一定程度的修改数据模式的能力。此外，路径选择的灵活性、存储结构的简单性都是它的优点。

　　（3）使用方便。关系数据库系统数据结构简单，它的使用不涉及系统内部物理结构，用户不必了解，更无须干预内部组织，所用数据语言均为非过程性语言，因此操作、使用都很方便。

（4）数据独立性高。关系数据库系统的组织、使用由于不涉及物理存储因素，不涉及过程性因素，因此数据的物理独立性很高，数据的逻辑独立性也有一定的改善。

当然，关系数据库系统也存在一些不足之处，如它对事务处理领域应用效果较好，但对非事务性应用及分析领域的应用尚显不足等。

目前关系数据库系统已经成熟，其产品全方位向纵深方向发展，主要表现在如下几个方面。

（1）可移植性。目前的产品能同时适应多个操作系统，如 SQL SERVER 2000 能适应 70 多种操作系统。

（2）标准化。数据库语言的标准化工作经过多年的努力之后，目前以 SQL 为代表的结构化查询语言已陆续被美国标准化组织 ANSI、国际标准化组织 ISO 以及我国标准化组织确定为关系数据库使用的标准化语言，从而完成了其使用的统一性，这被称为是一次关系数据库领域的革命。而其中 SQL-92 又被认为是典型的关系数据库系统语言。

（3）开发工具。由于数据库在应用中大量使用，用户需要对它直接操作，这就要求数据库不仅有数据定义、操纵与控制等操作，还需要大量用户界面生成及开发的工具软件以利于用户开发应用。因此，自 20 世纪 80 年代以来，关系数据库所提供的软件还包括大量用户界面生成软件以及开发工具，如 ORACLE Developer-2000、Microsoft 公司的 Visual Basic 以及 PowerBuilder、Delphi 等。

（4）分布式功能。由于数据库在计算机网络上的大量应用以及数据共享的要求，数据库的分布式功能已在应用中成为迫切需要，因此目前多数关系数据库系统都提供此类功能，它们的方式有数据库远程访问、客户/服务器方式、浏览器/服务器方式。

（5）开放性。现代关系数据库系统大都具有较好的开放性，能与不同的数据库、不同的应用接口结合，并能扩充与发展。一般关系数据库系统都具有通用的 ODBC 与 JDBC 接口以及快速的专用接口。

2.1.2　关系模型的基本术语

在关系模型中，用单一的二维表结构来表示实体及实体间的关系，如图 2.1 所示。

关系名→学生信息表　　↙属性（字段、数据项）

学号	姓名	性别	年龄	
101001	王军	男	24	
101003	黄明业	男	34	←元组（记录）
103018	张华	女	35	
104024	吴林华	女	27	

←关系模式（记录类型）

↑ 主键　　↑ 属性值（字段值）

＼

参照表↓　　选课信息表

学号	课程号	成绩
101001	001	75
101003	003	80
103018	005	85
104024	002	77

图 2.1　关系模型的基本术语

（1）关系。一个关系对应一个二维表，二维表名就是关系名。图 2.1 中包含两个二维表，即两个关系：学生信息关系及选课信息关系。

（2）属性及值域。二维表中的列（字段）称为关系的属性。属性的个数称为关系的元数，又称为度。度为 1 的关系称为一元关系，度为 2 的关系称为二元关系，度为 n 的关系称为 n 元关系。关系的属性包括属性名和属性值两部分，其列名即为属性名，列值即为属性值。属性值的取值范围称为值域，每一个属性对应一个值域，不同属性的值域可以相同。

图 2.1 中，学生信息关系中有学号、姓名、性别、年龄 4 个属性，是四元关系。其中性别属性的值域是"男"和"女"，年龄属性的值域是 18～65。选课信息关系中有学号、课程号、成绩 3 个属性，是三元关系。学号"101001"就是学号属性的一个值。

（3）关系模式。二维表中的行定义（表头）、记录的类型，即对关系的描述称为关系模式，关系模式的一般形式为：

关系名（属性 1，属性 2，…，属性 n）

图 2.1 中的两个关系模式表示为：

学生信息关系（学号，姓名，性别，年龄）
选课信息关系（学号，课程号，成绩）

（4）元组。二维表中的一行，即每一条记录的值称为关系的一个元组。其中，每一个属性的值称为元组的分量。关系由关系模式和元组的集合组成。

图 2.1 中学生信息关系有以下元组：

（101001，王军，男，24）
（103018，张华，女，35）

选课信息关系有以下元组：

（101001，001，75）
（101003，003，80）

（5）键（或码）。由一个或多个属性组成。在实际使用中，有下列几种键。

① 候选键（Candidate Key）：若关系中的某一属性组的值能唯一地标识一个元组，则称该属性组为候选键。

② 主键（Primary Key）：若一个关系有多个候选键，则选定其中一个为主键。

③ 外键（Foreign Key）：设 F 是关系 R 的一个或一组属性，但不是关系 R 的键。如果 F 与关系 S 的主键相对应，则称 F 是关系 R 的外键，关系 R 称为参照关系，关系 S 称为被参照关系或目标关系。

如图 2.1 所示，在学生信息关系中，学号就是主键，在选课信息关系中，（学号，课程号）为主键，而学号称为外键。

2.1.3 关系的性质

我们用集合的观点定义关系。关系是笛卡尔积的子集。也就是说，把关系看成一个集合，集合中的元素是元组，每个元组的属性个数均相同。如果一个关系的元组个数是无限的，称为无限关系；反之，称为有限关系。

在关系模型中对关系做了一些规范性的限制，可通过二维表格形象地理解关系的性质。

（1）关系中每个属性值都是不可分解的，即关系的每个元组分量必须是原子的。从二维表的角度讲，不允许表中嵌套表。表 2.1 就出现了这种表中再嵌套表的情况，在"学时"下嵌套

"讲课"和"实验"。虽然类似的表在实际生活中司空见惯,但却不符合关系的基本定义。因为关系是从域出发定义的,每个元组分量都是不可再分的,不可能出现表中套表的现象。遇到这种情况,可对表格进行简单的等价变换,使之成为符合规范的关系。例如,可把表 2.1 改成表 2.2。这里把"学时"分成两列——"理论学时"和"实验学时",两个属性都取自同一个域"学时"。

表 2.1 不符合规范的表

课　　　程	学　　时	
	理　　论	实　　验
数据库原理	54	10
编译原理	40	10

表 2.2 符合规范的表

课　　　程	理　论　学　时	实　验　学　时
数据库原理	54	10
编译原理	40	10
操作系统	50	12

(2)关系中不允许出现相同的元组。从语义角度看,二维表中的一行即一个元组,代表着一个实体。现实生活中不可能出现完全一样、无法区分的两个实体,因此,二维表不允许出现相同的两行。同一关系中不能有两个相同的元组存在,否则将使关系中的元组失去唯一性,这一性质在关系模型中很重要。

(3)在定义一个关系模式时,可随意指定属性的排列次序,因为交换属性顺序的先后,并不改变关系的实际意义。例如,在定义表 2.2 所示的关系模式时,可以指定属性的次序为(课程,理论学时,实验学时),也可以指定属性的次序为(课程,实验学时,理论学时)。

(4)在一个关系中,元组的排列次序可任意交换,并不改变关系的实际意义。由于关系是一个集合,因此不考虑元组间的顺序问题。在实际应用中,常常对关系中的元组排序,这样做仅仅为了加快检索数据的速度,提高数据处理的效率。

对性质(3)和性质(4),需要再补充一点。判断两个关系是否相等,是从集合的角度来考虑的与属性的次序无关,与元组次序无关,与关系的命名也无关。如果两个关系仅仅是上述差别,在其余各方面完全相同,就认为这两个关系相等。

(5)关系模式相对稳定,关系却随着时间的推移不断变化。这是由数据库的更新操作(包括插入、删除、修改)引起的。

2.2　关系模式

关系模式是对关系的描述。关系模式是型,而关系是值。定义关系模式必须指明:
(1)元组集合的结构包括属性构成、属性来自的域、属性与域之间的映像关系;
(2)元组语义以及完整性约束条件;
(3)属性间的数据依赖关系集合。

关系模式可以形式化地表示为

R(U, D, dom, F)

R: 　　　　关系名；

U: 　　　　组成该关系的属性名集合；

D: 　　　　属性组 U 中属性所属的域；

dom: 　　　属性向域的映像集合；

F: 　　　　属性间的数据依赖关系集合。

关系模式通常可以简记为 R（U）或 R（A_1, A_2, …, A_n），其中：R 为关系名，A_1, A_2, …, A_n 为属性名。

在 2.1.2 节中详细介绍了关系的概念。关系实际上是关系模式在某一时刻的状态或内容。也就是说，关系模式是型，关系是它的值。关系模式是静态的、稳定的，而关系是动态的、随时间不断变化的，因为关系操作在不断地更新着数据库中的数据。但在实际应用中，常常把关系模式和关系统称为关系，读者可以从上下文中加以区别。

2.3 关系的完整性

关系模型的完整性规则是对关系的某种约束条件。关系模型中可以有 3 类完整性约束：实体完整性、参照完整性和用户定义的完整性。

1. 实体完整性（Entity Integrity）

一个基本关系通常对应现实世界的一个实体集，如学生关系对应于学生的集合。现实世界中的实体是可区分的，即它们具有某种唯一性标识。相应的，关系模型中以主键作为唯一性标识。主键中的属性即主属性，不能取空值。所谓空值就是"不知道"或"无意义"的值。如果主属性取空值，就说明存在某个不可标识的实体，即存在不可区分的实体，这与现实世界的应用环境相矛盾，因此这个实体一定不是一个完整的实体。

实体完整性规则：若属性 A 是基本关系 R 的主属性，则属性 A 不能取空值。

2. 参照完整性（Referential Integrity）

现实世界中的实体之间往往存在某种联系，在关系模型中实体及实体间的联系都是用关系来描述的。这样就自然存在着关系与关系间的引用。

设 F 是基本关系 R 的一个或一组属性，但不是关系 R 的键，如果 F 与基本关系 S 的主键 Ks 相对应，则称 F 是基本关系 R 的外键（Foreign key），并称基本关系 R 为参照关系（Referencing relation），基本关系 S 为被参照关系（Referenced relation）或目标关系（Target relation）。关系 R 和 S 不一定是不同的关系。

参照完整性规则就是定义外码与主码之间的引用规则。

参照完整性规则：若属性（或属性组）F 是基本关系 R 的外键，它与基本关系 S 的主键 Ks 相对应（基本关系 R 和 S 不一定是不同的关系），则对于 R 中每个元组在 F 上的值必须为

- 或者取空值（F 的每个属性值均为空值）；
- 或者等于 S 中某个元组的主键值。

【例 2.1】 下面各种情况说明了参照完整性规则在关系中如何实现的。在关系数据库中有下列两个关系模式。

学生关系模式：S（学号，姓名，性别，年龄，班级号，系别），PK（学号）。

学习关系模式：SC（学号，课程号，成绩），PK（学号，课程号），FK1（学号），FK2（课程号）。

根据规则要求，关系 SC 中的"学号"值应该在关系 S 中出现。如果关系 SC 中有一个元组（S07，C04，80），而学号 S07 却在关系 S 中找不到，那么就认为在关系 SC 中引用了一个不存在的学生实体，这违反了参照完整性规则。另外，在关系 SC 中"学号"不仅是外键，也是主键的一部分，因此这里"学号"值不允许空。

3. 用户定义的完整性（User-defined Integrity）

实体完整性和参照性适用于任何关系数据库系统。除此之外，不同的关系数据库系统根据其应用环境的不同，往往还需要一些特殊的约束条件。

用户定义的完整性就是针对某一具体关系数据库的约束条件，它反映某一具体应用所涉及的数据必须满足的语义要求。关系模型应提供定义和检验这类完整性的机制，以便用统一的系统的方法处理，而不是由应用程序承担这一功能。

【例 2.2】 例 2.1 中的学生关系模式 S 中，学生的年龄定义为两位整数，但范围仍然太大，为此用户可以写出如下规则把年龄限制在 15～30 岁之间：

```
CHECK（AGE BETWEEN 15 AND 30）
```

2.4 关系数据库语言 SQL

关系数据库语言 SQL（Structured Query Language），又称为结构化查询语言，是关系数据库管理系统中最流行的数据查询和操作语言，用户可以使用 SQL 语言对数据库执行各种操作，包括数据定义、数据操纵和数据控制等与数据库有关的全部功能。

SQL 语言是在 1974 年由美国 IBM 公司的 San Jose 研究所中的科研人员 Boyce 和 Chamberlin 提出的，并于 1975～1979 年在关系数据库管理系统原型 System R 上实现了这种语言。1986 年 10 月，美国国家标准局（American National Standards Institute，ANSI）的数据库委员会批准了 SQL 作为关系数据库语言的美国标准，同年公布了 SQL 标准文本 SQL-86。1987 年国际标准化组织（International Standards Organization，ISO）将其采纳为国际标准。1989 年公布了 SQL-89，1992 年又公布了 SQL-92（也称为 SQL2）。1999 年颁布了反映最新数据库理论和技术的标准 SQL-99（也称为 SQL3）。

由于 SQL 语言具有功能丰富、简洁易学、使用方式灵活等突出优点，因而倍受计算机工业界和计算机用户的欢迎。尤其自 SQL 成为国际标准后，各数据库管理系统厂商纷纷推出支持 SQL 或与 SQL 接口的软件。这就使得大多数数据库均采用了 SQL 作为数据存取语言和标准接口。

但是，不同的数据库管理系统厂商开发的 SQL 并不完全相同。这些不同类型的 SQL 一方面遵循了标准 SQL 语言规定的基本操作，另一方面又在标准 SQL 语言的基础上进行了扩展，增强了功能。不同厂商的 SQL 有不同的名称，例如，Oracle 产品中的 SQL 称为 PL/SQL，Microsoft SQL

Server 产品中的 SQL 称为 Transact-SQL。

1. SQL 的主要功能

SQL 的功能可以分为 3 类。

（1）数据定义功能。SQL 的数据定义功能通过数据定义语言（Data Definition Language，DDL）实现。它用来定义数据库的逻辑结构，包括基本表、视图和索引。基本的 DDL 包括 3 类，即定义、修改和删除。

（2）数据操纵功能。SQL 的数据操纵功能通过数据操纵语言（Data Manipulation Language，DML）实现。它包括数据查询和数据更新两大类操作，其中数据查询是指对数据库中的数据进行查询、统计、分组、排序等操作；数据更新包括插入、删除和修改 3 种操作。

（3）数据控制功能。数据库的控制是指数据库的安全性和完整性控制。

SQL 的数据控制功能通过数据控制语言（Data Control Language，DCL）实现，它包括对基本表和视图的授权，完整性规则的描述以及事务开始和结束等控制语句。

SQL 通过对数据库用户的授权和取消授权命令来实现相关数据的存取控制，以保证数据库的安全性。另外还提供了数据完整性约束条件的定义和检查机制，来保证数据库的完整性。

2. SQL 的特点

SQL 语言集数据查询、数据操纵、数据定义和数据控制功能于一体，语言风格统一。使用 SQL 语句就可以独立完成数据管理的核心操作。SQL 还是高度非过程化的，在对数据库进行存取操作时无需了解存取路径，大大减轻了用户负担，也有利于提高数据的独立性。另外，SQL 语言采用集合操作方式，其操作对象、操作结果均可以是元组的集合。

SQL 语言除上述特点外，还具有下列 3 个特点。

（1）SQL 具有交互式和嵌入式两种形式。交互式 SQL 能够独立地用于联机交互，直接键入 SQL 命令就可以对数据库进行操作。

嵌入式 SQL 能够嵌入到高级语言（如 C，COBOL，FORTRAN，PASCAL，PL/1）程序中，来实现对数据库的存取操作。

无论是哪种使用方式，SQL 语言的语法结构基本一致。这种统一的语法结构的特点，为使用 SQL 提供了极大的灵活性和方便性。

（2）SQL 具有语言简洁、易学易用的特点。虽然 SQL 的语言功能极强，但其语言十分简洁，只用了 9 个动词就完成了其核心功能。SQL 的命令动词及其功能如表 2.3 所示。另外，SQL 语言的语法简单，与英语口语的风格类似，易学易用。

表 2.3　　　　　　　　　　　　　　　　　　SQL 的命令动词

SQL 的功能	命令动词
数据定义	CREATE，DROP，ALTER
数据操纵	SELECT，INSERT，UPDATE，DELETE
数据控制	GRANT，REVOKE

（3）SQL 支持三级模式结构。SQL 支持关系数据库的三级模式结构，如图 2.2 所示。

① 全体基本表（Base Table）构成了数据库的模式。基本表是本身独立存在的表，在 SQL 中一个关系就对应一个基本表。

② 视图（View）和部分基本表构成了数据库的外模式。视图是从基本表或其他视图中导出的表，它本身不独立存储在数据库中，即数据库中只存放视图的定义而不存放视图对应的数据，这些数据仍存放在导出视图的基本表中，因此视图是一个虚表。

用户可以用 SQL 语句对视图和基本表进行查询等操作。在用户看来，视图和基本表是一样的，都是关系。

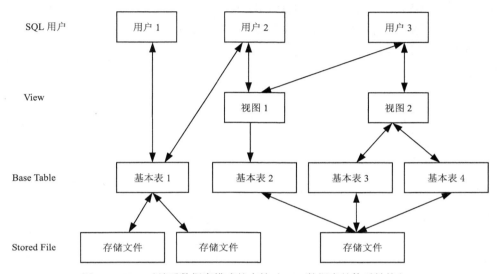

图 2.2　SQL 对关系数据库模式的支持（SQL 数据库的体系结构）

视图是根据用户的需求设计的，这些视图再加上某些被用户直接使用的基本表就构成了关系数据库的外模式。SQL 支持关系数据库的外模式结构。

③ 数据库的存储文件（Stored File）和它们的索引文件构成了关系数据库的内模式。在 SQL 中，一个关系对应一个表，一个或多个基本表对应一个存储文件，一个基本表也可以对应多个存储文件，一个表可以带若干索引，索引也存放在存储文件中。每个存储文件与外部存储器上的一个物理文件对应。存储文件的逻辑结构组成了关系数据库的内模式。

关于 SQL 语言的具体操作将在后续章节中陆续介绍。

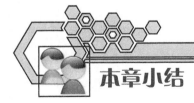

本章小结

本章主要介绍了关系数据库的基本概念和关系模式，系统介绍了关系的完整性的定义及其在关系型数据库中的作用，随后阐述了关系数据库标准化语言 SQL。

本章是后续介绍关系型数据库管理系统 SQL Server 2008 的重要理论基础。

习题

1. 简述关系型数据库的优缺点。
2. 简述关系的完整性主要分为哪几种？
3. 简述关系数据库语言的主要功能分为哪几种？其作用是什么？

第3章
数据库的设计

有人说：一个成功的管理信息系统，是由 50%的业务+50%的软件所组成，而成功软件所占的 50%又由 25%的数据库+25%的程序所组成，笔者认为非常有道理。因此，要开发管理信息系统，数据库设计的好坏是关键。

数据库设计是指在给定的环境下，创建一个性能良好，能满足不同用户使用要求，又能被选定的 DBMS 所接受的数据模式。

从本质上讲，数据库设计乃是将数据库系统与现实世界相结合的一种过程。

人们总是力求设计出的数据库好用，但是设计数据库时既要考虑数据库的框架和数据结构，又要考虑应用程序存取数据库和处理数据。因此，最佳设计不可能一蹴而就，只能是一个反复探寻的过程。

大体上可以把数据库设计划分成以下几个阶段：需求分析阶段、概念结构设计阶段、逻辑结构设计阶段、数据库物理结构设计阶段、数据库实施阶段、数据库运行和维护阶段。如图 3.1 所示。

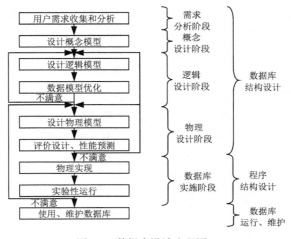

图 3.1　数据库设计流程图

下面详细介绍数据库设计过程。

3.1 需求分析

准确地搞清楚用户需求，乃是数据库设计的关键。需求分析的好坏，决定了数据库设计的成败。

确定用户的最终需求其实是一件很困难的事。这是因为一方面用户缺少计算机知识，开始时无法确定计算机究竟能为自己做什么，不能做什么，因此无法一下子准确地表达自己的需求，他们所提出的需求往往不断地变化。另一方面设计人员缺少用户的专业知识，不易理解用户的真正需求，甚至误解用户的需求。此外新的硬件、软件技术的出现也会使用户需求发生变化。因此设计人员必须与用户不断深入地进行交流，才能逐步确定用户的实际需求。

需求分析阶段的成果是系统需求说明书，主要包括数据流图、数据字典、各种说明性表格、统计输出表、系统功能结构图等。系统需求说明书是以后设计、开发、测试和验收等过程的重要依据。

3.1.1 需求分析任务

需求分析的任务是通过详细调查现实世界要处理的对象（组织、部门、企业等），充分了解原系统（手工系统或计算机系统）工作概况，明确用户的各种需求，在此基础上确定新系统的功能。新系统必须充分考虑今后可能的扩充和改变，不能仅仅按当前应用的需求来设计数据库。

需求分析的重点是调查、收集与分析用户在数据管理中的信息要求、处理要求、安全性与完整性要求。

需求分析阶段的主要任务有以下几个方面。

1. 确认系统的设计范围，调查信息需求，收集数据。分析需求调查得到的资料，明确计算机应当处理和能够处理的范围，确定新系统应具备的功能。

2. 综合各种信息包含的数据，各种数据间的关系，数据的类型、取值范围和流向。

3. 建立需求说明文档、数据字典、数据流图。将需求调查文档化，文档既要为用户所理解，又要方便数据库的概念结构设计。需求分析的结果应及时与用户进行交流，反复修改，直到得到用户的认可。在数据库设计中，数据需求分析是对有关信息系统现有数据及数据间联系的收集和处理，当然也要适当考虑系统在将来的需求。一般需求分析包括数据流分析及功能分析。功能分析是指系统如何得到事务活动所需要的数据，在事务处理中如何使用这些数据进行处理（也叫加工），以及处理后数据流向的全过程的分析。换言之，功能分析是对所建数据模型支持的系统事务处理的分析。

数据流分析是对事务处理所需的原始数据的收集以及处理后所得数据及其流向，一般用数据流图（DFD）来表示。在需求分析阶段，应当用文档形式整理出整个系统所涉及的数据、数据间的依赖关系、事务处理的说明和所需产生的报告，并且尽量借助数据字典加以说明。除了使用数据流图、数据字典，需求分析还可使用判定表、判定树等工具。

3.1.2 需求分析的基本步骤

需求分析的基本步骤分以下 4 步。

1. 分析用户活动

通过与用户座谈、跟班工作，或者向专家咨询，查阅规章制度、票据等各种资料，或者采用问卷调查等方式，充分了解用户活动。目的是了解企业的业务状况、信息流程、经营方式、处理要求以及组织机构等。搞清楚用户的处理流程以后，画出"用户活动图"。

2. 确定系统范围

需求分析的任务不只是为了设计数据库，而是为了设计整个数据库应用系统。通过对现行的手工系统或者已经有的计算机系统进行调查研究，确定即将建立的数据库系统的信息要求和处理要求，确定哪些由计算机系统处理，哪些由人工处理。根据画出的"用户活动图"，确定系统的边界。

3. 分析用户活动所涉及的数据

要搞清用户活动图中所处理的数据，需要以"数据流图"形式表示出数据的流向和对数据进行加工。

数据流图是描述企业活动及来往于各处理活动之间数据流动的有力工具，被广泛应用于信息系统开发设计中，常作为最后验收系统的依据。

数据流图有 4 种基本成分。

① 数据流动——用箭头表示。

② 加工——用圆表示。

③ 文件——用直线段表示。

④ 源点和终点——用方框表示。

数据流图中反映的是数据流而不是控制流，这是与一般的程序流程图的最大区别。那么怎么画数据流图呢？

一般地说，画数据流图应遵循"由外向内，自顶而下"的原则进行。

4. 分析系统数据

仅仅通过数据流图并不能构成系统说明书，因为数据流图只表示出系统由哪几部分组成和各部分之间的关系，并没有说明各个成分的含义，只有对每个成分都给出确切定义，才能完整地描述这个系统。数据字典就是解决这个问题的。对数据库设计而言，数据字典是进行数据收集和数据分析所获得的主要成果。

单独的数据流图和单独的数据字典都没有任何意义，只有两者结合在一起，加上必要的说明才能构成"系统说明书"。

数据字典产生于数据流图，是对数据流图中的 4 个成分描述的产物。

数据字典是对用户信息要求的整理和描述。信息需求即定义未来信息系统用到的所有信息，包括用户将向数据库中输入什么信息，从数据库中要得到什么信息，各类信息的内容和结构，信息之间的联系等。

3.2　概念结构设计

概念结构设计是数据库设计的第二阶段，其目标是对需求说明书提供的所有数据和处理要求进行抽象与综合处理，按一定的方法构造反映用户环境的数据及其相互联系的概念模型，即用户数据模型或企业数据模型。这种概念数据模型与 DBMS 无关，是面向现实世界的数据模型，极易为用户所理解。为保证所设计的概念数据模型能正确、完全地反映用户（一个单位）的数据及其相互联系，便于进行所要求的各种处理，在本阶段设计中可吸收用户参与和评议设计。在进行概念结构设计时，可设计各个应用的视图（View），即各个应用所看到的数据及其结构，然后再进行视图集成（View Integration），以形成一个单位的概念数据模型。形成的初步数据模型还要经过数据库设计者和用户的审查和修改，最后才能形成所需的概念数据模型。

设计概念结构通常有 4 类方法：

- 自顶向下；
- 自底向上；
- 逐步扩张；
- 混合策略。

实际应用中这些策略并没有严格的限定，可以根据具体业务的特点选择，如对于组织机构管理，因其固有的层次结构，可采用自顶向下的策略；对于已实现计算机管理的业务，通常可以以此为核心，采取逐步扩张的策略。

但无论采用哪种设计方法，一般都以 E-R 模型为工具来描述概念结构。它采用 E-R 模型将现实世界的信息结构统一由实体、属性以及实体之间的联系来描述。使用 E-R 方法，无论是哪种策略，都要对现实事物加以抽象认识，以 E-R 图的形式描述出来。以自底向上设计概念结构的方法为例，它通常分为两步：首先要根据需求分析的结果（数据流图、数据字典等）对现实世界的数据进行抽象，设计各个局部视图即分 E-R 图。然后集成局部视图，产生反映数据库整体概念的总体 E-R 图。

经过分析用户要求，已经产生了各种应用的数据流图。它是设计 E-R 图模型的依据。

3.3 逻辑结构设计

逻辑结构设计阶段的设计目标是把上一阶段得到的不被 DBMS 理解的概念数据模型转换成等价的，并为某个特定的 DBMS 所接受的逻辑模型所表示的概念模式，同时将概念结构设计阶段得到的应用视图转换成外部模式，即特定 DBMS 下的应用视图。在转换过程中要进一步落实需求说明，并使其满足 DBMS 的各种限制。逻辑结构设计阶段的结果是 DBMS 提供的数据定义语言（DDL）写成的数据模式。逻辑结构设计的具体方法与 DBMS 的逻辑数据模型有关。

3.3.1 逻辑结构设计的步骤

逻辑结构设计阶段的主要步骤描述如下。

1. 确定数据模型

总体 E-R 图的概念模型是独立于任何一种数据模型的信息结构。首先要确定转换成哪种数据模型。目前比较流行的数据模型是关系模型。

2. 将 E-R 图转换成为指定的数据模型

关系数据库逻辑设计的任务就是采取一定的策略，按照若干准则将概念模型转换为关系数据库系统所接受的一组关系模式，并利用规范化的理论和方法对这组关系模式进行处理，使之满足具体应用。

3. 确定完整性约束

完整性约束的确定是保证数据库中存储数据的合法性、有效性、完整性的重要手段，应根据不同的 DBMS 的技术要求来确定完整性约束。

4. 确定用户视图

把概念模型转换为数据模型后，还应根据局部应用的要求，结合具体的 DBMS，设计用户视图。视图是本身不存储数据的虚拟表。

3.3.2　概念模型转换为一般的关系模型

E-R 方法所得到的全局概念模型是对信息世界的描述，并不适用于计算机处理，为适合关系数据库系统的处理，必须将 E-R 图转换成关系模式。E-R 图是由实体、属性和联系三要素构成的，而关系模型中只有唯一的结构——关系模式，通常采用以下方法加以转换。

1. 实体向关系模式的转换

将 E-R 图中的实体逐一转换成为一个关系模式，实体名对应关系模式的名称，实体的属性转换成关系模式的属性，实体标识符就是关系的码。

2. 联系向关系模式的转换

E-R 图中的联系有 3 种：一对一联系、一对多联系和多对多联系，针对这 3 种不同的联系，有以下不同的转换方法。

（1）一对一联系的转换。一对一联系有两种方式向关系模式进行转换。一种方式是将联系转换成一个独立的关系模式，关系模式的名称取联系的名称，关系模式的属性包括该联系所关联的两个实体的码及联系的属性，关系的码取自任一方实体的码；另一种方式是将联系合并到关联的两个实体的任一方，给待合并的一方实体属性集中增加另一方实体的码和该联系的属性即可，合并后的实体码保持不变。

（2）一对多联系的转换。一对多联系有两种方式向关系模式进行转换。一种方式是将联系转换成一个独立的关系模式，关系模式的名称取联系的名称，关系模式的属性取该联系所关联的两个实体的码及联系的属性，关系的码是多方实体的码；另一种方式是将联系合并到关联的两个实体的多方，给待合并的多方实体属性集中增加一方实体的码和该联系的属性即可，合并后的多方实体码保持不变。

（3）多对多联系的转换。多对多联系只能转换成一个独立的关系模式，关系模式的名称取联系的名称，关系模式的属性取该联系所关联的两个多方实体的码及联系的属性，关系的码是多方实体的码构成的属性组。

通过以上方法，就可以将全局 E-R 图中的实体、属性和联系全部转换为关系模式，建立初始的关系模式。由 E-R 图转换得来的初始关系模式并不能完全符合要求，还会有数据冗余、更新异常存在，这就需要经过进一步的规范化处理。

3.4 物理结构设计

物理结构设计阶段的任务是把逻辑结构设计阶段得到的逻辑数据库在物理上加以实现。其主要内容是根据 DBMS 提供的各种手段，设计数据的存储形式和存取路径，如文件结构、索引的设计等，即设计数据库的内模式或存储模式。数据库的内模式对数据库的性能影响很大，应根据处理需求及 DBMS、操作系统和硬件的性能进行精心设计。

3.5 数据库的实施

数据库实施主要包括以下工作：
- 用 DDL 定义数据库结构；
- 组织数据入库；
- 编制与调试应用程序；
- 数据库试运行。

1. 定义数据库结构

确定了数据库的逻辑结构与物理结构后，就可以用选好的 DBMS 提供的数据定义语言（DDL）来严格描述数据库结构。

2. 数据装载

数据库结构建立好后，就可以向数据库中装载数据了。组织数据入库是数据库实施阶段最主要的工作。对于数据量不大的小型系统，可以用人工方式完成数据入库，其步骤如下。

（1）筛选数据。需要装入数据库中的数据通常都分散在各个部门的数据文件或原始凭证中，所以首先必须把需要入库的数据筛选出来。

（2）转换数据格式。筛选出来的需要入库的数据，其格式往往不符合数据库要求，还需要进行转换。这种转换有时可能很复杂。

（3）输入数据。将转换好的数据输入计算机中。

（4）校验数据。检查输入的数据是否有误。

对于大型系统，由于数据量大，用人工方式组织数据入库将会耗费大量人力物力，而且很难保证数据的正确性。因此应该设计一个数据输入子系统由计算机辅助数据入库工作。

3. 编制与调试应用程序

数据库应用程序的设计应该与数据入库并行进行。在数据库实施阶段，当数据库结构建立好后，就可以开始编制与调试数据库的应用程序。调试应用程序时由于数据入库尚未完成，可先使用模拟数据。

4. 数据库试运行

应用程序调试完成，并且已有小部分数据入库后，就可以开始数据库的试运行。数据库试运行也称为联合调试，其主要工作包括以下 2 项内容。

（1）功能测试。实际运行应用程序，执行对数据库的各种操作，测试应用程序的各种功能。

（2）性能测试。测量系统的性能指标，分析是否符合设计目标。

3.6　**数据库的运行和维护**

数据库试运行结果符合设计目标后，数据库就可以真正投入运行了。数据库投入运行标志着开发任务的基本完成和维护工作的开始，并不意味着设计过程的终结，由于应用环境在不断变化，数据库运行过程中物理存储也会不断变化，对数据库设计进行评价、调整、修改等维护工作是一个长期的任务，也是设计工作的继续和提高。

在数据库运行阶段，以下几种对数据库经常性的维护工作主要是由 DBA 完成的。

1．故障维护

定期对数据库和日志文件进行备份，以保证一旦发生故障，能利用数据库备份及日志文件备份，尽快将数据库恢复到某种一致性状态，并尽可能减少对数据库的破坏。数据库受到破坏，后果可能是灾难性的，特别是磁盘系统的破坏会导致数据库数据全部丢失，千万不要存有任何侥幸心理。

2．数据库的安全性、完整性控制

DBA 必须对数据库安全性和完整性控制负起责任。根据用户的实际需要授予不同的操作权限。另外，由于应用环境的变化，数据库的完整性约束条件也会变化，也需要 DBA 不断修正，以满足用户要求。

3．数据库性能的监督、分析和改进

目前许多 DBMS 产品都提供了监测系统性能参数的工具，DBA 可以利用这些工具方便地得到系统运行过程中一系列性能参数的值。DBA 应该仔细分析这些数据，通过调整某些参数来进一步改进数据库性能。

4．数据库的重组织和重构造

数据库运行一段时间后，由于记录的不断增、删、改，会使数据库的物理存储变坏，从而降低数据库存储空间的利用率和数据的存取效率，使数据库的性能下降。这时 DBA 就要对数据库进行重组织，或部分重组织（只对频繁增、删的表进行重组织）。数据库的重组织不会改变原设计的数据逻辑结构和物理结构，只是按原设计要求重新安排存储位置，回收垃圾，减少指针链，提高系统性能。DBMS 一般都提供了供重新组织数据库使用的实用程序，帮助 DBA 重新组织数据库。

当数据库应用环境发生变化，会导致实体及实体间的联系也发生相应的变化，使原有的数据库设计不能很好地满足新的需求，从而不得不适当调整数据库的模式和内模式，这就是数据库的重构造。DBMS 都提供了修改数据库结构的功能。

重构造数据库的程度是有限的。若应用变化太大，已无法通过重构数据库来满足新的需求，

或重构数据库的代价太大，则表明现有数据库应用系统的生命周期已经结束，应该重新设计新的数据库系统，开始新数据库应用系统的生命周期了。

本章小结

　　设计一个数据库应用系统需要经历需求分析、概念设计、逻辑结构设计、物理设计、实施、运行维护六个阶段，设计过程中往往还会有许多反复。

　　数据库的各级模式正是在这样一个设计过程中逐步形成的。需求分析阶段综合各个用户的应用需求（现实世界的需求），在概念设计阶段形成独立于机器特点、独立于各个 DBMS 产品的概念模式（信息世界模型），用 E-R 图来描述。在逻辑设计阶段将 E-R 图转换成具体的数据库产品支持的数据模型如关系模型，形成数据库逻辑模式。然后根据用户处理的要求，安全性的考虑，在基本表的基础上再建立必要的视图（View）形成数据的外模式。在物理设计阶段根据 DBMS 特点和处理的需要，进行物理存储安排，设计索引，形成数据库内模式。

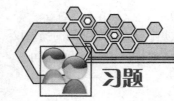

习题

1. 需求分析阶段得到的结果是_____。
2. 概念结构设计阶段得到的结果是_____。
3. 逻辑结构设计阶段得到的结果是_____。
4. 数据库物理设计阶段得到的结果是_____。
5. 一个实体型转换为一个关系模式。关系的码为_____。
6. 一个 $m:n$ 联系转换为一个关系模式。关系的码为_____。
7. 一个 $1:n$ 联系可以转换为一个独立的关系模式，关系的码为_____。

第 2 篇

SQL Server 2008 基础及操作

第4章

SQL Server 2008 概述

本章主要介绍 SQL Server 2008 的特性、安装、启动及退出方法，并详细介绍 SQL Server 2008 的相关组件和管理工具，并对如何使用管理工具进行服务器配置进行详细描述。通过本章的学习可以了解 SQL Server 2008 主要技术、新特性、新增功能；掌握安装 SQL Server 2008 的软硬件要求，安装过程及主要实用工具的使用。

4.1 SQL Server 2008 简介

4.1.1 SQL Server 2008 概述

SQL Server 是由 Microsoft 开发和推广的关系数据库管理系统（DBMS），它最初是由 Microsoft， Sybase 和 Ashton-Tate 三家公司共同开发的，并于 1988 年推出了第一个 OS/2 版本。SQL Server 近年来不断更新版本，1996 年，Microsoft 推出了 6.5 版本；1998 年推出了 7.0 版本；2000 年 SQL Server 2000 问世；2005 年 12 月又推出 SQL Server 2005；2008 年第三季度，SQL Server 2008 正式发布，SQL Server 2008 是一个重大的产品版本，它推出了许多新的特性和关键的改进，使得它成为迄今为止最强大和最全面的 SQL Server 版本。

SQL Server 2008 作为新一代的数据管理系统提供了一套完整的解决方案来满足用户的各种需求，帮助用户随时随地管理任何数据，是 Microsoft 数据平台的重要组成部分，如图 4.1 所示。它可以将结构化、半结构化和非结构化文档的数据（例如图像和音乐）直接存储到数据库中。同时，SQL Server 2008 提供一系列丰富的集成服务，可以对数据进行查询、搜索、同步、报告和分析之类的操作。数据可以存储在各种设备上，从数据中心最大的服务器一直到桌面计算机和移动设备，您可以控制数据而不用管数据存储在哪里。SQL Server 2008 允许用户在使用 Microsoft .NET 和 Visual Studio 开发的自定义应用程序中使用数据，在面向服务的架构（SOA）和通过 Microsoft BizTalk Server 进行的业务流程中使用数据。信息工作人员也可以通过他们日常使用的工具（如 Microsoft Office 2007 系统）直接访问数据。

图 4.1　Microsoft 数据平台

4.1.2　SQL Server 2008 新增功能特性

SQL Server 2008 作为微软数据平台中的一个主要部分，在原有 SQL Server 2005 系统基础上增加了一些新的功能和特性，为用户提供了一个可信的、高效的、智能的数据平台。该平台的特点如下。

1．可信任的

SQL Server 2008 通过增加一些功能使得用户以更高的安全性、可靠性和可扩展性来运行他们最关键任务的应用程序。

（1）更好地保护用户信息；

（2）确保业务可持续性；

（3）最佳的和可预测的系统性能。

2．高效的

SQL Server 2008 降低了管理系统、.NET 架构和 Visual Studio；Team System 的时间和成本，使得开发人员可以开发强大的下一代数据库应用程序。

（1）按照策略进行管理；

（2）精简的安装；

（3）简化应用程序开发；

（4）增强对非关系型数据的支持。

3．智能的

SQL Server 2008 提供了一个全面的平台，为用户在投资的关键领域提供商业智能（BI）支持。

（1）集成任何数据；

（2）发送相应的报表；

（3）推动可操作的商务洞察力。

1.2 SQL Server 2008 的安装

4.2.1 SQL Server 2008 的版本

SQL Server 2008 分为 SQL Server 2008 企业版、标准版、工作组版、Web 版、开发者版、Express 版、Compact 3.5 版，其功能和作用也各不相同，其中 SQL Server 2008 Express 版是免费版本。

1. SQL Server 2008 企业版

SQL Server 2008 企业版是一个全面的数据管理和业务智能平台，为关键业务应用提供了企业级的可扩展性、数据仓库、安全、高级分析和报表支持。这一版本将为你提供更加坚固的服务器和执行大规模在线事务处理。

2. SQL Server 2008 标准版

SQL Server 2008 标准版是一个完整的数据管理和业务智能平台，为部门级应用提供了最佳的易用性和可管理特性。

3. SQL Server 2008 工作组版

SQL Server 2008 工作组版是一个值得信赖的数据管理和报表平台，用以实现安全的发布、远程同步和对运行分支应用的管理能力。这一版本拥有核心的数据库特性，可以很容易地升级到标准版或企业版。

4. SQL Server 2008 Web 版

SQL Server 2008 Web 版是针对运行于 Windows 服务器中要求高可用、面向 Internet Web 服务的环境而设计。这一版本为实现低成本、大规模、高可用性的 Web 应用或客户托管解决方案提供了必要的支持工具。

5. SQL Server 2008 开发者版

SQL Server 2008 开发者版允许开发人员构建和测试基于 SQL Server 的任意类型应用。这一版本拥有所有企业版的特性，但只限于在开发、测试和演示中使用。基于这一版本开发的应用和数据库可以很容易地升级到企业版。

6. SQL Server 2008 Express 版

SQL Server 2008 Express 版是 SQL Server 的一个免费版本，它拥有核心的数据库功能，其中包括了 SQL Server 2008 中最新的数据类型，但它是 SQL Server 的一个微型版本。这一版本是为了学习、创建桌面应用和小型服务器应用而发布的，也可供 ISV 再发行使用。

7. SQL Server Compact 3.5 版

SQL Server Compact 是一个针对开发人员而设计的免费嵌入式数据库，这一版本的意图是构建独立、仅有少量连接需求的移动设备、桌面和 Web 客户端应用。 SQL Server Compact 可以运行于所有的微软 Windows 平台之上，包括 Windows XP 和 Windows Vista 操作系统，以及 Pocket PC 和 SmartPhone 设备。

4.2.2　安装 SQL Server 2008 的软硬件要求

以下部分列出了运行 Microsoft SQL Server 2008 的最低硬件和软件要求。在 32 位平台上运行 SQL Server 2008 的要求与在 64 位平台上的要求有所不同。

1. 硬件和软件要求（32 位）

表 4.1 列出了在 32 位平台上安装和运行 SQL Server 2008 的软硬件要求。

表 4.1　　　　　　　　　　　　32 位平台上 SQL Server 2008 的硬件要求

组　　件	要　　求
处理器类型	Pentium III 兼容处理器或速度更快的处理器
处理器速度	最低：1.0 GHz 建议：2.0 GHz 或更快
操作系统	Windows XP Professional SP3 Windows Vista SP2 Business（Enterprise、Ultimate） Windows 7 Professional （Enterprise 、Ultimate） Windows Server 2003　sp2 以上 Windows Server 2008　sp2 以上
内存	最小：1 GB，推荐：4 GB 或更多，最高：64 GB
硬盘	2.0G 以上
框架	SQL Server 安装程序安装该产品所需的软件组件： .NET Framework 3.5 SP11 SQL Server Native Client SQL Server 安装程序支持文件
显示器	SQL Server 2008 图形工具需要使用 VGA 或更高分辨率：分辨率至少为 1024 像素×768 像素

2. 硬件和软件要求（64 位）

表 4.2 列出了在 64 位平台上安装和运行 SQL Server 2008 的软硬件要求。

表 4.2   64 位平台上 SQL Server 2008 的硬件要求

组　件	要　求
处理器类型	最低：AMD Opteron、AMD Athlon 64、支持 Intel EM64T 的 Intel Xeon 和支持 EM64T 的 Intel Pentium IV
处理器速度	最低：1.4 GHz 建议：2.0 GHz 或更快
操作系统	Windows XP Professional SP2 x64 Windows Vista SP2 x64 Business（Enterprise、Ultimate） Windows 7 x64 Professional （Enterprise 、Ultimate ） Windows Server 2003 SP2 64 位 x64（Standard、Enterprise、Datacenter） Windows Server 2008　SP2 x64（Standard、Enterprise、Datacenter）
内存	最小：1GB 推荐：4GB 或更多 最高：64GB
硬盘	2.0G 以上
框架	SQL Server 安装程序安装该产品所需的软件组件： .NET Framework 3.5 SP11 SQL Server Native Client SQL Server 安装程序支持文件
显示器	SQL Server 2008 图形工具需要使用 VGA 或更高分辨率：分辨率至少为 1024 像素×768 像素

4.2.3　SQL Server 2008 安装过程

在开始安装 SQL Server 2008 之前，首先需要确定计算机的软硬件配置符合相关的安装要求，并卸载之前的任何旧版本。

下面介绍在 Windows XP 平台上安装 SQL Server 2008 的主要步骤。

Step1．插入安装光盘，然后双击根目录中的 setup.exe 程序，这时系统首先检测是否有.NET Framework 3.5 环境，如果已经安装则转 Step3，如果没有则会弹出如图 4.2 所示对话框。

图 4.2　安装环境检测

Step2．单击"确定"按钮进入.NET Framework 3.5 环境安装，如图 4.3（a）所示，单击"安装"按钮开始安装，安装完成之后弹出如图 4.3（b）所示界面，单击"退出"按钮弹出 SQL Server 2008 安装中心界面，如图 4.4 所示。

Step3．单击 SQL Server 2008 安装中心界面中的"安装"选项，如图 4.5 所示。

（a）　　　　　　　　　　　　　　　　　　（b）

图 4.3　安装. NET Framework 3.5

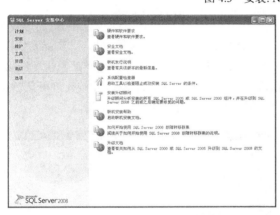 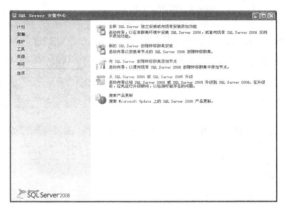

图 4.4　SQL Server 2008 安装中心　　　　　　　图 4.5　安装中心安装选项卡

Step4. 在"安装"选项卡中单击"全新 SQL Server 独立安装或向现有安装添加功能"超链接启动安装程序，进入"安装程序支持规则"界面对必要的支持规则进行检查，如图 4.6 所示。

图 4.6　安装程序支持规则　　　　　　　　　图 4.7　安装程序支持文件

Step5. 单击"确定"按钮，进入"安装程序支持文件"界面，如图 4.7 所示，单击"安装"按钮进行程序支持文件安装。

Step6. 安装完成后，重新进入"安装程序支持规则"界面，如图 4.8 所示，单击"下一步"进入"安装类型"界面，如图 4.9 所示。

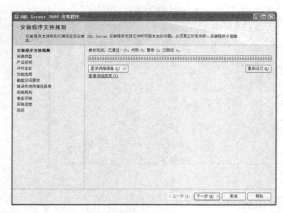
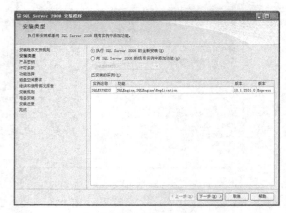

图 4.8　安装程序支持规则　　　　　　　　　　　图 4.9　安装类型

Step7. 选择"执行 SQL Server 2008 的全新安装"选项，单击"下一步"，进入"产品密钥"界面，如图 4.10 所示，在"指定可用版本"选项中选择相应版本，然后在"输入产品密钥"选项中输入 25 位产品密钥，完成后单击"下一步"按钮进入"许可条款"窗口，阅读并接受许可条款，单击"下一步"按钮，在通过相关规则之后进入"功能选择"界面，如图 4.11 所示。

图 4.10　产品密钥　　　　　　　　　　　　　图 4.11　功能选择

Step8. 在"功能选择"窗口中选择要安装的组件。选择功能名称后，右侧窗体中会显示每个组件的说明。可以根据实际需要，选中一些功能，然后单击"下一步"，进入"实例配置"界面，在"实例配置"界面上指定是安装默认实例还是命名实例，对于默认实例，实例的名称和 ID 都是 MSSQLSERVER，如图 4.12 所示；也可以自己命名安装实例，称为"命名实例"，如图 4.13 所示。单击"下一步"，进入"磁盘空间要求"界面，如图 4.14 所示。

Step9. 在"磁盘空间要求"页指定功能所需的磁盘空间，然后将所需空间与可用磁盘空间进行比较，如果空间不合适，可以指定目录安装。单击"下一步"，进入"服务器配置"界面，在"服务器配置"中可以指定 SQL Server 服务的登录账户，可以为所有 SQL Server 服务分配相同的登录账户，也可以分别配置每个服务账户，还可以指定服务是自动启动、手动启动还是禁用。Microsoft 建议对各服务账户进行单独配置，以便为每项服务提供最低特权，即向 SQL Server 服务授予它们完成各自任务所需的最低权限，如图 4.15 所示。

 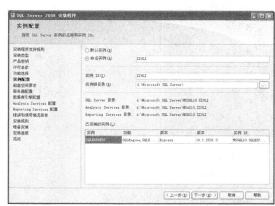

图 4.12　实例配置窗口默认实例　　　　　　　图 4.13　实例配置窗口命名实例

图 4.14　磁盘空间要求　　　　　　　　　　　图 4.15　服务器配置

Step10. 在"服务器配置"中完成配置之后，单击"下一步"按钮，进入"数据库引擎配置"界面，如图 4.16 所示。

在"账户设置"选项卡设置账户信息，主要指定身份认证模式：

● 安全模式：为 SQL Server 实例选择 Windows 身份验证或混合模式身份验证。如果选择"混合模式身份验证"，则必须为内置 SQL Server 系统管理员账户（SA）提供一个强密码。

● SQL Server 管理员：必须至少为 SQL Server 实例指定一个系统管理员。若要添加用以运行 SQL Server 安装程序账户，则要单击"添加当前用户"按钮。若要向系统管理员列表中添加账户或从中删除账户，则单击"添加…"或"删除…"按钮，然后编辑将拥有 SQL Server 实例的管理员特权的用户、组或计算机列表。

在"数据目录"选项卡中修改各种数据库的安装目录和备份目录，如图 4.17 所示。

Step11. "数据库引擎配置"完成之后，单击"下一步"按钮，进入"Analysis Services 配置"界面，如图 4.18 所示。在"账户设置"选项卡中指定将拥有 Analysis Services 的管理员权限的用户或账户。

　　　上面安装步骤 Step1~Step11 是 SQL Server 2008 的核心设置。接下来的安装步骤取决于前面选择组件的多少。

图 4.16　数据库引擎配置

图 4.17　数据目录设置

Step12. 单击"下一步"按钮，进入"Reporting Services 配置"界面，如图 4.19 所示。通过"Reporting Services 配置"可以指定要创建的 Reporting Services 安装的类型，其中包括以下 3 个选项：本机默认配置、SharePoint 模式默认配置和未配置的 Reporting Services 安装。

图 4.18　Analysis Services 配置

图 4.19　Reporting Services 配置

Step13. 在"Reporting Services 配置"界面选择"安装本机模式默认配置"选项，单击"下一步"按钮，进入"错误和使用情况报告"界面，如图 4.20 所示。在"错误和使用情况报告"界面中可以指定要发送到 Microsoft 以帮助改善 SQL Server 的信息。默认情况下，用于错误报告和功能使用情况的选项处于启用状态。

Step14. 单击"下一步"按钮，进"安装规则"界面，检查是否符合安装规则，如图 4.21 所示。

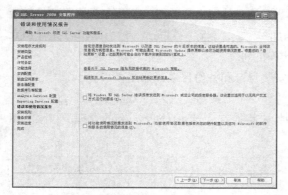

图 4.20　错误和使用情况报告

图 4.21　安装规则

Step15. 单击"下一步"按钮，在打开的页面中显示所有要安装的组件，如图 4.22 所示，确认无误后单击"安装"按钮开始安装。安装程序会根据用户对组件的选择复制相应的文件到计算机中，并显示正在安装的功能名称、安装状态和安装结果，如图 4.23 所示。

图 4.22 准备安装

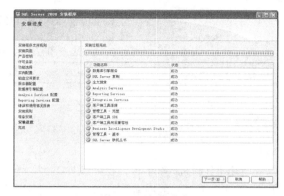

图 4.23 安装进度

Step16. 在"功能名称"列表中所有项安装成功后，单击"下一步"按钮完成安装，如图 4.24 所示。安装完成后，单击链接可以指向安装日志文件摘要以及其他重要说明的链接，如图 4.25 所示。

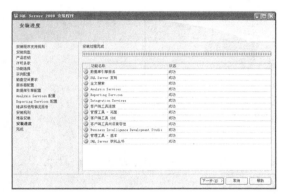

图 4.24 安装完成

图 4.25 安装日志文件摘要

4.3 SQL Server 2008 的组件

SQL Server 2008 是一个非常优秀的数据库软件和数据分析平台。通过它可以很方便地使用各种数据应用和服务，而且可以很容易地创建、管理和使用自己的数据应用和服务。SQL Server 2008 主要组件包括数据库引擎组件（Database Engine）、报表服务组件（Reporting Services）、分析服务组件（Analysis Services）和整合服务组件（Integration Services）等服务器组件，如表 4.3 所示。

表 4.3   服务器组件

服务器组件	说　　明
SQL Server 数据库引擎	SQL Server 数据库引擎包括数据库引擎（用于存储、处理和保护数据的核心服务）、复制、全文搜索以及用于管理关系数据和 XML 数据的工具

续表

服务器组件	说　　明
Analysis Services	Analysis Services 包括用于创建和管理联机分析处理 (OLAP) 以及数据挖掘应用程序的工具
Reporting Services	Reporting Services 包括用于创建、管理和部署表格报表、矩阵报表、图形报表以及自由格式报表的服务器和客户端组件。Reporting Services 还是一个可用于开发报表应用程序的可扩展平台
Integration Services	Integration Services 是一组图形工具和可编程对象，用于移动、复制和转换数据

SQL Server 2008 的版本不同，提供的组件可能也不同。

当我们连接服务器时，在如图 4.26 所示的"连接服务器"窗口可以选择不同的服务器类型，也就是对应于不同的服务器组件，用于分别提供如表 4.3 所述的功能。

图 4.26　服务器组件

SQL Server Compact Edition 不是 SQL Server 2008 的组成部分，它是一种功能强大的轻型关系数据库引擎，用于支持桌面应用程序的开发。

下面分别介绍这 4 个服务器组件。

1. 数据库引擎

数据库引擎是用于存储、处理和保护数据的核心服务，利用数据库引擎可控制访问权限并实现创建数据库、创建表、创建视图、查询数据和访问数据库等操作，并且可以用于管理关系数据和 XML 数据。通常情况下，使用数据库系统实际上就是使用数据库引擎，同时，它也是一个复杂的系统，其本身包含了许多功能组件，例如，复制、全文搜索等。

2. Analysis Services

Analysis Services 用于创建和管理联机分析处理（OLAP）以及数据挖掘应用程序的工具，其主要作用是通过服务器和客户端技术的组合，以提供联机分析处理和数据挖掘功能。通过 Analysis Services，用户可以设计、创建和管理包含来自于其他数据源的多维结构，通过对多维数据进行对角度的分析，可以使得管理人员对业务数据有更全面的理解。也可以完成数据挖掘模型的构造和应用，实现知识的表示、发现和管理。

3. Reporting Services

Reporting Services 是微软提供的一种基于服务器的报表解决方案，可用于创建和管理包含来自关系数据源和多维数据源数据的企业报表，包括表格报表、矩阵报表、图形报表和自由格式报表等。创建的报表可以通过基于 Web 的连接进行查看和管理，也可以作为 Windows 应用程序的一部分进行查看和管理。

在 Reporting Services 中可以实现如下任务：

- 使用图形工具和向导创建和发布报表以及报表模型；
- 使用报表服务器管理工具对 Reporting Services 进行管理；
- 使用应用程序编程接口（API）实现对 Reporting Services 进行编程和扩展。

4. Integration Services

在 SQL Server 的前期版本中，数据转换服务（Data Transformation Services，DTS）是微软最重要的一个抽取、转换和加载工具（ETL 工具），但 DTS 在可伸缩性方面以及部署包的灵活性方面存在一些局限性。Microsoft SQL Server 2008 的整合服务（SSIS）正是在此基础上设计的一个全新的系统。和 DTS 相似，SSIS 包含图形化工具和可编程对象，用于实现数据的抽取、转换和加载等功能。

SSIS 作为一个全面的数据集成平台，可以用来从多个不同的数据源获取、传输、转换、挖掘、合并信息，并把信息加载到多个系统上。SSIS 不仅仅是一个抽取、转换和加载工具（ETL 工具），而且是一个完整的数据集成平台，包含开发工具、管理工具、服务、可编程对象和应用程序接口（APIs）的图形化管理平台。

4.4　SQL Server 2008 的管理工具

对于数据库管理员来说，管理工具是日常工作中不可缺少的部分。数据库开发人员使用开发工具可以减轻开发过程中的工作量，提高工作效率。从 SQL Server 2005 开始，已经将几款 SQL Server 2000 管理工具集成到 SQL Server Management Studio 中，另外几款集成到 SQL Server 配置管理器中，并且重命名了索引优化向导。

SQL Server 2008 安装后，可以在 "开始"菜单中查看都安装了哪些工具，SQL Server 提供的主要管理工具如表 4.4 所示。除了管理工具外，SQL Server 还提供了联机丛书和示例，如表 4.5 所示。

表 4.4　　　　　　　　　　　　　　　　管理工具

管 理 工 具	说　　　明
SQL Server Management Studio	SQL Server Management studio（SSMS）是 Microsoft SQL Server 2008 中的新组件，这是一个用于访问、配置、管理和开发 SQL Server 的所有组件的集成环境。SSMS 将 SQL Server 早期版本中包含的企业管理器、查询分析器和分析管理器的功能组合到单一环境中，为不同层次的开发人员和管理人员提供 SQL Server 访问能力
SQL Server 配置管理器	SQL Server 配置管理器为 SQL Server 服务、服务器协议、客户端协议和客户端别名提供基本配置管理

续表

管 理 工 具	说　　明
SQL Server Profiler	SQL Server Profiler 提供了图形用户界面，用于监视数据库引擎实例或 Analysis Services 实例
数据库引擎优化顾问	数据库引擎优化顾问可以协助创建索引、索引视图和分区的最佳组合
Business Intelligence Development Studio	是用于分析服务、报表服务和集成服务解决方案的集成开发环境
连接组件	安装用于客户端和服务器之间通信的组件，以及用于 DB-Library、ODBC 和 OLE DB 的网络库

表 4.5　　　　　　　　　　　　　　　　文档和示例

文档和示例	说　　明
SQL Server 联机丛书	SQL Server 2008 的技术文档
SQL Server 示例	提供数据库引擎、分析服务、报表服务和集成服务的示例代码和示例应用程序

接下来我们重点介绍以下管理工具：SQL Server Management Studio、SQL Server 配置管理器和 SQL Server Profiler。

4.4.1　Management Studio

Management Studio 是 Microsoft SQL Server 2008 提供的一种新集成环境，用于访问、配置、控制、管理和开发 SQL Server 的所有组件。SQL Server Management Studio 将一组多样化的图形工具与多种功能齐全的脚本编辑器组合在一起，可为各种技术级别的开发人员和管理员提供对 SQL Server 的访问。

SQL Server Management Studio 将早期版本的 SQL Server 中所包含的企业管理器、查询分析器和 Analysis Manager 功能整合到单一的环境中。此外，SQL Server Management Studio 还可以和 SQL Server 的所有组件协同工作。使用过早期版本的开发人员可以获得熟悉的体验，而数据库管理员可获得功能齐全的单一实用工具，其中包括易于使用的图形工具和丰富的脚本撰写功能。

1. 启动 SQL Server Management Studio

在任务栏中单击"开始"，依次指向"所有程序"、"Microsoft SQL Server 2008"，再单击"SQL Server Management Studio"，打开如图 4.27 所示的"连接到服务器"对话框。在"服务器类型"中选择默认设置"数据库引擎"，输入登录名和密码后单击"连接"按钮，出现"Microsoft SQL Server Management Studio"初始界面，如图 4.28 所示，默认情况下刚登录进入"Microsoft SQL Server Management Studio"时，只会显示对象资源管理器。

"Microsoft SQL Server Management Studio"实际上是将早期 Microsoft SQL Server 2000 中的企业管理器和查询分析器的功能组合在了一个界面上，它主要包含了两个工具：图形化管理工具（"对象资源管理器"）和 Transact SQL 编辑器（"查询分析器"）。此外还拥有"模版资源管理器"窗口、"解决方案资源管理器"窗口和"注册服务器"窗口，如图 4.29 所示。

图 4.27　"连接到服务器"对话框

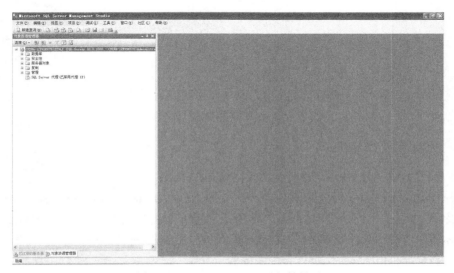

图 4.28　Management Studio 初始界面

图 4.29　Microsoft SQL Server Management Studio

在图 4.29 中，用户可以通过单击工具栏中的"新建查询"按钮打开 Transact SQL 编辑器，然后单击"执行"按钮执行 SQL 命令，并将结果显示在结果窗格；用户也可以通过选择视图菜单，把"模版资源管理器"、"解决方案资源管理器"和"注册服务器"等窗口打开或者关闭，如图 4.30 所示。

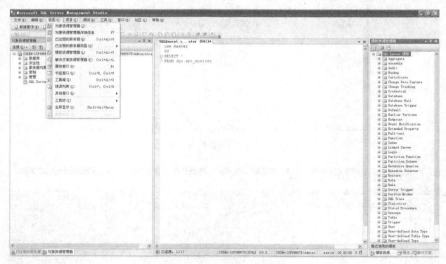

图 4.30　选择视图设置

2. 使用对象资源管理器

对象资源管理器是服务器中所有数据库对象的树形视图，如图 4.29 所示。此树形视图包括 SQL Server Database Engine、Analysis Services、Reporting Services、Integration Services 和系统及用户数据库等。对象资源管理器包括与其连接的所有服务器的信息，打开 Management Studio 时，系统会提示将对象资源管理器连接到上次使用的设置。可以在"已注册的服务器"组件中双击任意服务器进行连接，但无需注册要连接的服务器。

默认情况下，对象资源管理器是可见的，如果看不到对象资源管理器，可以选择"视图"菜单中的"对象资源管理器"选项将其打开。除此之外，在对象资源管理器中右击服务器，从弹出的快捷菜单中选择"新建查询"打开 Transact SQL 编辑器，如图 4.31 所示。

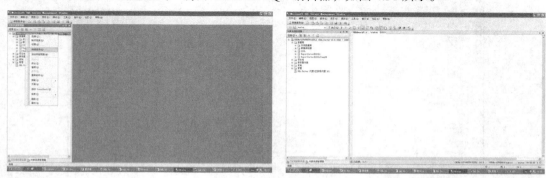

图 4.31　打开 Transact SQL 编辑器

3. 在 Transact SQL 编辑器中编写和执行查询语句

如果在 Transact SQL 编辑器中编写查询语句，可以使用以下几种方式打开编辑器：

- 在标准工具栏上，单击"新建查询"按钮；
- 在标准工具栏上，单击与所选连接类型关联的按钮（如"数据库引擎查询"）；
- 在"文件"菜单中，依次指向"打开"、"文件"命令，在打开的对话框中选择一个文档；
- 在"文件"菜单的"新建"命令下选择查询类型。

打开编辑器后，就可以在编辑器中编写查询语句，系统会将关键字以不同的颜色突出显示，并能检查语法和用法错误。编辑完成后，以下方式可以执行查询语句，在结果窗格中显示查询结果，并在消息窗格中给出相关提示。

- 使用快捷键 F5；
- 单击标准工具栏中的执行按钮；
- 在编辑窗格中单击右键，选择快捷菜单中的"执行"选项；
- 单击"查询"菜单中的"执行"选项。

4. 使用模版资源管理器降低编码难度

图 4.32　选择模版

在 Management Studio 的菜单栏中单击"视图"，在下拉菜单中选择"模版资源管理器"，界面右侧将会出现"模版资源管理器"窗格，如图 4.29 所示。在右侧的窗口中选择所需要的模版，例如选择创建数据库模版，如图 4.32 所示，右击在弹出的快捷菜单中选择"打开"或者直接双击所选模版，则会将所选模版在编辑器中打开，如图 4.33 所示。

5. 管理服务器

服务与服务器是两个不同的概念，服务器是提供服务的计算机，配置服务器主要是对内存、处理器、安全性等几个方面进行配置。由于 SQL Server 2008 服务器设置的参数比较多，这里介绍一些常用的参数。

配置 SQL Server 2008 服务器的办法：启动"SQL Server Management Studio"，在"对象资源管理器"窗口里，鼠标右键单击要配置的服务器（实例）名，在弹出的如图 4.34 所示快捷菜单里单击"属性"选项，弹出如图 4.35 所示的服务器属性窗口，在对应的选项卡里分别可以配置"常规"选项卡、"内存"选项卡、"处理器"选项卡、"安全性"选项卡、"连接"选项卡、"数据库设

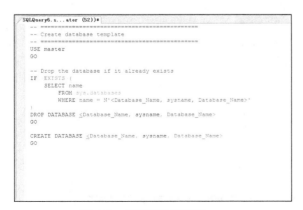

图 4.33　打开模版并编辑

图 4.34　选择要配置的服务器

置"选项卡、"高级"选项卡和"权限"选项卡。

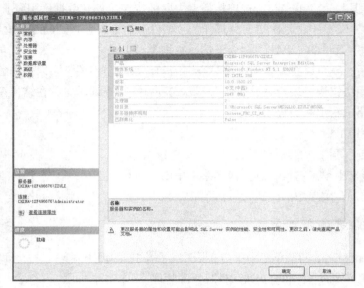

图 4.35　"常规"选项卡

4.4.2　SQL Server 配置管理器

SQL Server 配置管理器可以对服务和 SQL Server 2008 使用的网络协议提供细致的控制。

1. 管理和配置服务

使用 SQL Server 配置管理器可以启动、暂停、继续、停止和重新启动服务，还可以查看或更改服务属性。

在"开始"菜单中，依次选择"程序"、"Microsoft SQL Server 2008"、"配置工具"，单击"SQL Server 配置管理器"。此时将打开"SQL Server 配置管理器"窗口，如图 4.36 所示。

图 4.36　SQL Server 配置管理器窗口

在左侧的窗格中双击"SQL Server 服务"节点，右侧的窗口将显示当前系统中所有的 SQL Server 服务，选择其中的一项服务，单击右键在弹出的快捷菜单中，选择"启动"、"暂停"、"继续"、"停止"或者"重新启动"选项就可以实现对服务的管理，如果选择"属性"可以查看或者更改服务属性。

其中不同的图标表示不同的服务状态，如图 4.37 所示。

图 4.37　服务状态图标

2. 管理网络协议

使用 SQL Server 配置管理器可以管理服务器和客户端网络协议，其中包括强制协议加密、启动协议、禁用协议和查看别名属性等功能。

双击"SQL Server 配置"左侧窗格中"SQL Server 网络配置"节点，右侧的窗口将显示当前系统中所有的 SQL Server 协议，选择并双击其中的一项协议，这时在右侧的窗格中将会显示具体的协议名称和状态，如图 4.38 所示。

图 4.38　网络协议状态

右击选中的某一项具体协议，在弹出的快捷菜单中选择"属性"，进入如图 4.39 所示的对话框，可以在"协议"和"IP 地址"选项卡中配置 IP 地址和端口等。

图 4.39　网络协议配置

4.4.3 SQL Server Profiler

SQL Server Profiler 是图形化实时监视工具，能帮助系统管理员监视数据库和服务器的行为，比如死锁的数量，致命的错误，跟踪 Transact-SQL 语句和存储过程。可以把这些监视数据存入表或文件中，并在以后某一时间重新显示这些事件来一步一步地进行分析。

通常我们使用 SQL Server Profiler 仅监视某些插入事件，这些事件主要有：

- 登录连接的失败、成功或断开连接；
- DELETE、INSERT、UPDATE 命令；
- 远程存储过程调用（RPC）的状态；
- 存储过程的开始或结束，以及存储过程中的每一条语句；
- 写入 SQL Server 错误日志的错误；
- 打开的游标；
- 向数据库对象添加锁或释放锁。

我们之所以不监视过多的事件，原因在于对事件进行监视往往增加系统的负担，并且使跟踪文件很快增长成大容量文件，从而引起不必要的麻烦。

使用 SQL Server Profiler 可以执行以下操作：

- 创建基于重用模版的跟踪；
- 当跟踪运行时监视跟踪结果；
- 将跟踪结果存储到表中；
- 根据需要启动、停止、暂停和修改跟踪结果；
- 重播跟踪结果。

【例 4.1】创建一个新的表跟踪

① 启动 SQL Server Profiler，如图 4.40 所示，在"文件"菜单中选择"新建跟踪"，或者直接在工具栏上单击"新建跟踪"按钮，弹出"连接到服务器"对话框，如图 4.41 所示。

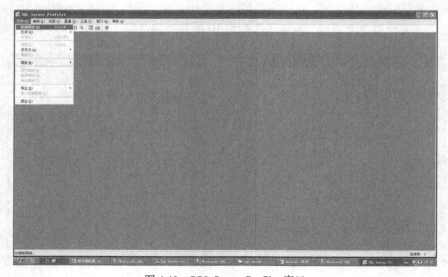

图 4.40 SQL Server Profiler 窗口

②　选择用于监视的实例，然后单击"连接"按钮，弹出"跟踪属性"对话框，切换到"常规选项卡"，如图 4.42 所示，设置跟踪名称，如"跟踪 student"，在"使用模版"下拉列表框中选择使用的模版，如 Standard。

图 4.41　连接到服务器

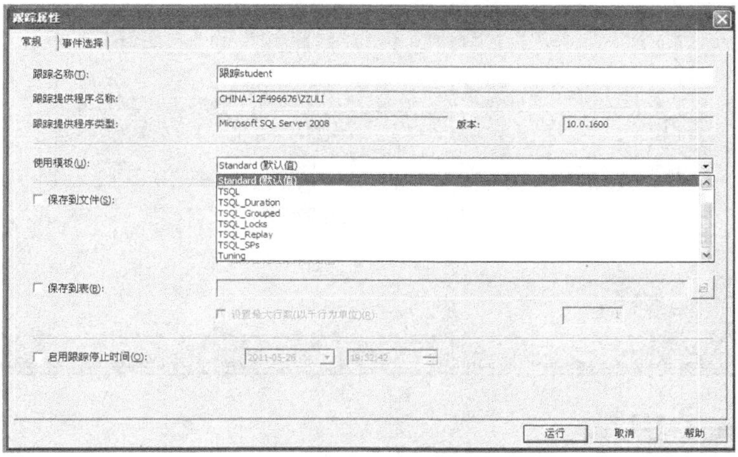

图 4.42　设置跟踪属性

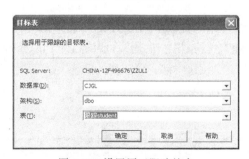

图 4.43　设置用于跟踪的表

③　如果选中"保存到表"复选框，则会打开"连接到数据库"对话框，在该对话框中单击"连接"按钮，将会弹出"目标表"对话框，如图 4.43 所示，选择用于跟踪的目标表信息，然后单击"确定"按钮，弹出如图 4.44 所示的"跟踪属性"对话框。

④　在"跟踪属性"对话框中切换到"事件选择"选项卡，可以根据需要选择要跟踪的事件和事件列，单击"运行"按钮进行跟踪，显示如图 4.45 所示的跟踪信息。

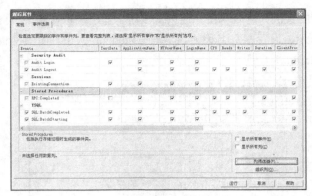

图 4.44　选择要跟踪的事件和事件列

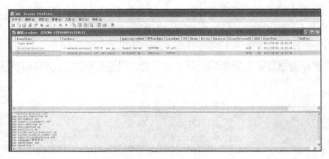

图 4.45　显示跟踪信息

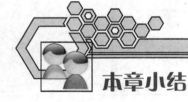

本章小结

　　本章详细介绍了 SQL Server 2008 的基本概况，讲述了 SQL Server 2008 的版本体系和新增功能特性，并详细介绍了 SQL Server 2008 的安装过程，以及 SQL Server 2008 的组件和主要管理工具。除此之外，本章也讲解了如何配置和管理 SQL Server 2008 服务器，以及如何管理一些对用户来说非常重要的设置，这也是使用 SQL Server 2008 的基础。

习题

一、填空题

1. 对于大型企业，宜采用的 SQL Server 2008 版本是（　　　）。

　　A. 开发版　　　　　　B. 工作组版　　　　　　C. 企业版　　　　　　D. 学习版

2. 要配置"身份验证模式"，应在"服务器属性"窗口中的（　　　）选项页中进行设置。

A. 常规　　　　　　　　B. 内存　　　　　　　C. 安全性　　　　　D. 高级

3. SQL Server 2008 主要组件不包括（　　　）。

　　A. 数据库引擎　　　　B. 文件服务　　　　　C. 整合服务　　　　D. 报表服务

二、填空题

1. Microsoft SQL Server 2008_____是用于存储、处理和保护数据的核心服务。

2. SQL Server 2008 提供了两种身份验证模式，分别是 Windows 身份验证模式和_____。

3. _____是 Microsoft SQL Server 2008 提供的一种新集成环境，用于访问、配置、控制、管理和开发 SQL Server 的所有组件。

三、简答题

1. SQL Server 2008 有哪些版本？有哪些主要部件？

2. SQL Server 2008 有哪些新增功能？

3. 关闭和暂停 SQL Server 2008 服务器有何区别？

4. 请列举 SQL Server 2008 常用的管理工具。

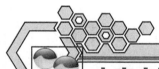

本章实训

一、实训目的

1. 熟悉 SQL Server 2008 的安装过程。

2. 掌握用 Management Studio 配置和管理 SQL Server 2008。

二、实训要求

1. 实训前做好上机实训的准备，针对实训内容，认真复习与本次实训有关的知识，完成实训内容的预习准备工作。

2. 独立完成实训内容。

3. 实训后做好实训总结，根据实训情况完成总结报告。

三、实训学时

2 学时。

四、实训内容

1. 熟悉 SQL Server 2008 的安装过程。

2. 注册本地和远程数据库服务器。

3. 对已经注册的本地/远程数据库服务器进行配置，要求进行"常规"、"安全性"、"数据库设置"、"权限"等标签的设置。比较不同的设置对数据库服务器运行的影响。

4. 管理本地/远程数据库服务器，包括"启动"、"暂停"、"停止"等选项。

五、实训思考题

1. SQL Server 2008 不同版本的安装要求有何不同？

2. 在配置数据库服务器时，"Windows 身份验证"和"混合模式"有何不同？

第5章

创建和管理 SQL Server 2008 数据库

数据库是 SQL Server 存放数据和数据对象（如表、索引、视图、存储过程、触发器）的容器，用户在使用数据库管理系统提供的功能时，首先必须将自己的数据放置和保存到用户的数据库中。SQL Server 通过事务日志来记录用户对数据库进行的所有操作（如对数据库执行的添加、删除和修改等）。而管理数据库及其对象是数据库的主要任务，本章将介绍使用 SQL Server 2008 创建和管理数据库的基本知识。

5.1 系统数据库概述

在 SQL Server 2008 中包含两类数据库：系统数据库和用户数据库。系统数据库存储有关 SQL Server 的系统信息，它们是 SQL Server 2008 管理数据库的依据。如果系统数据库遭受破坏，那么 SQL Server 将不能正常启动。在安装 SQL Server 2008 时系统将创建 4 个系统数据库：Master、Model、Msdb 和 Tempdb，如表 5.1 所示。

表 5.1　　　　　　　　　　　　　　　　系统数据库说明

系统数据库	说　　明
Master 数据库	记录 SQL Server 实例的所有系统级信息
Msdb 数据库	用于 SQL Server 代理计划警报和作业
Model 数据库	用作 SQL Server 实例上创建的所有数据库的模板。对 Model 数据库进行的修改（如数据库大小、排序规则、恢复模式和其他数据库选项）将应用于以后创建的所有数据库
Tempdb 数据库	一个工作空间，用于保存临时对象或中间结果集

除了如表 5.1 所示的 4 个系统数据库，实际上还包含一个隐藏的只读数据库：Resource 数据库，它包含了 SQL Server 2008 中的所有系统对象。SQL Server 系统对象（例如 sys.objects）在物理上持续存在于 Resource 数据库中，但在逻辑上，它们出现在每个数

据库的 sys 架构中。Resource 数据库是隐藏的，通常应该由 Microsoft 客户服务专家来打开，用于查找问题和进行客户支持。

另外，在 SQL Server 2008 中，对应于 OLTP、数据仓储和 Analysis Service 解决方案，提供了 AdventureWorks、AdventureWorksDW、AdventureWorksAS 三个示例数据库，可以作为学习 SQL Server 的工具。默认情况下，SQL Server 2008 不安装示例数据库。如果需要可以从微软网站下载安装。

打开 Management Studio 2008 中的资源管理器，我们可以看到以上描述的 4 个系统数据库，如图 5.1 所示。

图 5.1　系统数据库

5.1.1　Master 数据库

Master 数据库是"数据库的数据库"，Master 数据库记录 SQL Server 系统的所有系统级信息。Master 数据库是 SQL Server 的核心，如果该数据库被损坏，SQL Server 将无法正常工作，所以定期备份 Master 数据库是非常重要的。Master 数据库中包含以下重要信息。

- 实例范围的元数据（例如登录账户）、端点、链接服务器和系统配置设置；
- 其他数据库是否存在以及这些数据库文件的位置；
- SQL Server 的初始化信息。

> 在 SQL Server 2008 中，系统对象不再存储在 Master 数据库中，而是存储在 Resource 数据库中。

5.1.2　Msdb 数据库

Management Studio 和 SQL Server Agent 使用 Msdb 数据库来存储计划信息以及与备份和恢复相关的信息，尤其是 SQL Server Agent 需要使用它来执行安排工作和警报，记录操作者等操作。

5.1.3　Model 数据库

Model 数据库用在 SQL Server 实例上创建的所有数据库的模板。因为每次启动 SQL Server 时都会创建 Tempdb，所以 Model 数据库必须始终存在于 SQL Server 系统中。

当执行 CREATE DATABASE 语句时，将通过复制 Model 数据库中的内容来创建数据库的第一部分，然后用空页填充新数据库的剩余部分。

如果修改 Model 数据库，之后创建的所有数据库都将继承这些修改。

5.1.4　Tempdb 数据库

Tempdb 系统数据库是连接到 SQL Server 实例的所有用户都可用的全局资源，它保存所有临时表和临时存储过程。另外，它还用来满足所有其他临时存储要求，例如存储 SQL Server 生成的工作表。

每次启动 SQL Server 时，都要重新创建 Tempdb，以便系统启动时，该数据库总是空的。在断开连接时 SQL Server 会自动删除临时表和存储过程，并且在系统关闭后没有活动连接。因此 Tempdb 无法从一个 SQL Server 会话保存内容使其用于另一个会话。

5.2 创建数据库

创建新的用户数据库时，Model 数据库中的所有用户定义对象都将复制到每个新创建的数据库中。可以向 Model 数据库中添加任何对象（如表、视图、存储过程、数据类型等），使得所有新建数据库中都包括这些对象。

5.2.1 数据库文件

每个 SQL Server 2008 数据库至少具有两个操作系统文件：一个数据文件和一个日志文件。数据文件包含数据和对象，如表、索引、存储过程和视图。日志文件包含恢复数据库中的所有事务所需的信息。为了便于分配和管理，可以将数据文件集合起来，放到文件组中。

默认情况下，在单磁盘中，数据和事务日志被放在同一文件目录下，大多数数据库在只有单个数据文件和单个事务日志文件的情况下性能良好。为安全考虑，在生产环境中，建议将数据文件和日志文件放在不同的磁盘上。

1. 数据文件

数据文件是存放数据库数据和数据库对象的文件。一个数据库可以有一个或多个数据文件。

当有多个数据文件时，有一个文件被定义为主数据文件（Primary Database File），扩展名为.mdf。它用来存储数据库的启动信息和部分或全部数据，一个数据库只能有一个主数据文件。其他数据文件被称为次数据文件（Secondary Database File），扩展名为.ndf，次要文件可用于将数据分散到多个磁盘上。如果数据库超过了单个 Windows 文件的最大长度，可以使用次要数据文件，这样数据库就能继续增长。

2. 日志文件

事务日志文件保存用于恢复数据库的日志信息。每个数据库必须至少有一个日志文件，也可以为多个。事务日志的建议文件扩展名是.ldf。

3. 物理文件

每个数据库文件有两个名称。

（1）逻辑文件名（logical_file_name）。在所有 Transact-SQL 语句中引用物理文件时所使用的名称，在数据库中的逻辑文件名必须是唯一的。

（2）物理文件名（os_file_name）。包含目录路径的物理文件名。

4．文件大小

必须指定数据文件和日志文件的初始大小，或采用默认大小。随着数据不断地添加到数据库，这些文件将逐渐变大。

在创建数据库时，应根据数据库中预期的最大数据量，创建尽可能大的数据文件。允许数据文件自动增长，但要有一定的限度。为此，需要指定数据文件增长的最大值，以便在硬盘上留出一些可用空间。这样便可以使数据库在添加超过预期的数据时继续增长，而不会填满磁盘驱动器。如果已经超过了初始数据文件的大小并且文件开始自动增长，则重新计算预期的数据库容量的最大值。然后，根据计划添加更多的磁盘空间。如果需要，在数据库中创建并添加更多的文件或文件组。

5．文件组

为便于分配和管理，可以将数据文件分成文件组（日志文件不包括在文件组内）。有两种类型的文件组。

主文件组（Primary）：主文件组包含主数据文件和任何没有明确分配给其他文件组的其他文件。系统表的所有页均分配在主文件组中。

用户定义文件组：用户定义文件组是通过在 CREATE DATABASE 或 ALTER DATABASE 语句中使用 FILEGROUP 关键字指定的任何文件组。

【例 5.1】　在 Master 数据库下，执行存储过程 sys.sp_helpfile，则得到结果如图 5.2 所示，逻辑文件名在"name"列，物理文件名在"filename"列，最大容量在"maxsize"列，增长容量在"growth"列，文件组在"filegroup"列。

	name	fileid	filename	filegroup	size	maxsize	growth	usage
1	master	1	D:\Program Files\Microsoft SQL Server\MSSQL.1\MSSQL\DATA\master.mdf	PRIMARY	4096 KB	Unlimited	10%	data only
2	mastlog	2	D:\Program Files\Microsoft SQL Server\MSSQL.1\MSSQL\DATA\mastlog.ldf	NULL	1280 KB	Unlimited	10%	log only

图 5.2　数据库文件

5.2.2　使用 Management Studio 创建数据库

在 Management Studio 下创建数据库的步骤介绍如下。

1．新建数据库

在对象资源管理器中的数据库节点上右键单击，如图 5.3 所示，在弹出菜单中单击"新建数据库…"，则出现"新建数据库"对话框，如图 5.4 所示。

2．填写"新建数据库"对话框

在如图 5.4 所示的界面中填写如下内容。

（1）数据库名称。

（2）数据库所有者：创建数据库的用户。

（3）数据库文件。包括数据文件（一个或多个）或日志文件（一个或多个），如果需要设置多个数据文件或日志文件，单击"添加"或"删除"按钮，对文件设置如下选项。

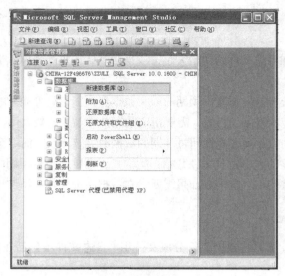

图 5.3　新建数据库弹出菜单

图 5.4　新建数据库对话框

① 逻辑文件名称。

② 文件组：每个数据库至少有两个文件（一个主文件和一个事务日志文件）和一个文件组。应尽可能的在不同的本地物理磁盘上创建文件或文件组，此外，还要将争夺空间最激烈的对象放置在不同的文件组中。

③ 初始大小：根据数据库中表所占数据估算大小设置。

④ 自动增长大小：根据数据库增长的需要来设置。

⑤ 物理路径：设置数据库文件的磁盘位置。

3. 设置"选项"页

单击"选择页"中的"选项"，可以打开"选项"页，设置创建数据库的各个选项，如图 5.5 所示。

图 5.5　创建数据库选项

4. 设置文件组

单击"选择页"中的"文件组"，可以打开文件组设置页，可以在其中添加或删除文件组，如图 5.6 所示。

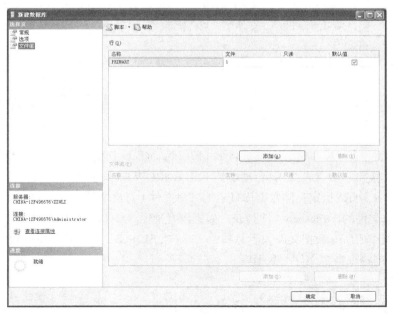

图 5.6　文件组

5. 创建完成

单击"确定"按钮，数据库创建成功。可在对象资源管理器中看到刚创建的数据库。

5.2.3　用 SQL 命令创建数据库

使用 CREATE DATABASE，可以创建一个新数据库及存储该数据库的文件，创建一个数据库快照，或从先前创建的数据库的已分离文件中附加数据库。其创建数据库的语法格式如下：

```
CREATE DATABASE database_name
   [ ON
      [ PRIMARY ] [ <filespec> [,...n ]
      [, <filegroup> [,...n ] ]
   [ LOG ON { <filespec> [,...n ] } ]
   ]
   [ COLLATE collation_name ]
   [ WITH <external_access_option> ]
]
```

其参数说明如下。

（1）database_name：新数据库的名称。

（2）ON：指定数据库文件或文件组的明确定义。

（3）PRIMARY：指明主数据库文件或主文件组。一个数据库只能有一个主文件，如果没有指定 PRIMARY，那么 CREATE DATABASE 语句中列出的第一个文件将成为主文件。

（4）<filegroup>：控制文件组属性。其语法格式为：

```
<filegroup> ::= FILEGROUP filegroup_name <filespec> [,...n]
```

其中<filespec>：控制文件属性。其格式如下：

```
<filespec> ::=
{
   (
   NAME = logical_file_name ,
   FILENAME = 'os_file_name'
      [, SIZE = size [ KB | MB | GB | TB ] ]
      [, MAXSIZE = { max_size [ KB | MB | GB | TB ] | UNLIMITED } ]
      [, FILEGROWTH = growth_increment [ KB | MB | GB | TB | % ] ]
   ) [,...n ]
}
```

其中有逻辑文件名（NAME），物理文件名（FILENAME），初始大小（SIZE，默认单位为 MB），可增大到的最大容量（MAXSIZE），自动增长（FILEGROWTH）。每个文件之间以逗号分隔。

（5）LOG ON：明确指定存储数据库日志的磁盘文件（日志文件）。LOG ON 后跟以逗号分隔的用以定义日志文件的 <filespec> 项列表。如果没有指定 LOG ON，将自动创建一个日志文件，其大小为该数据库的所有数据文件大小总和的 25% 或 512 KB，取两者之中的较大者。

【例 5.2】 创建未指定文件的数据库。

```
USE Master
GO
IF DB_ID (N'CJGL') IS NOT NULL DROP DATABASE CJGL
GO
```

```
CREATE DATABASE CJGL  --创建数据库
GO
SELECT name, size, size*1.0/128 AS [Size in MBs]--检查数据库文件和大小
FROM sys.master_files WHERE name = N' CJGL '
```

【例 5.3】 创建指定文件的数据库，数据文件、日志文件的初始尺寸，大小和增长幅度（单位都是 MB）都已指定。

```
USE Master
GO
IF DB_ID (N'CJGL') IS NOT NULL DROP DATABASE CJGL
GO
CREATE DATABASE CJGL
ON
( NAME = CJGL _dat,
    FILENAME = 'C:\Program Files\Microsoft SQL Server
                    \MSSQL.1\MSSQL\DATA\ CJGLdat.mdf ',
    SIZE = 10,
    MAXSIZE = 50,
    FILEGROWTH = 5 )
LOG ON
( NAME = CJGL _log,
    FILENAME = 'C:\Program Files\Microsoft SQL Server
                    \MSSQL.1\MSSQL\DATA\ CJGLlog.ldf ',
    SIZE = 5MB,
    MAXSIZE = 25MB,
    FILEGROWTH = 5MB)
```

【例 5.4】 通过指定多个数据和事务日志文件创建数据库 CJGL。该数据库具有 3 个 100MB 的数据文件和 2 个 100MB 的事务日志文件。主文件是列表中的第一个文件，并使用 PRIMARY 关键字显式指定。事务日志文件在 LOG ON 关键字后指定。请注意用于 FILENAME 选项中各文件的扩展名：.mdf 用于主数据文件，.ndf 用于辅助数据文件，.ldf 用于事务日志文件。

```
USE Master
GO
IF DB_ID (N'CJGL') IS NOT NULL DROP DATABASE CJGL
GO
CREATE DATABASE CJGL
ON
PRIMARY
   (NAME = CJGL1,
   FILENAME = ''C:\Program Files\Microsoft SQL Server
                   \MSSQL.1\MSSQL\DATA\ CJGLdat1.mdf'',
   SIZE = 100MB,
   MAXSIZE = 200,
   FILEGROWTH = 20),
   ( NAME = CJGL2,
   FILENAME = ''C:\Program Files\Microsoft SQL Server
                   \MSSQL.1\MSSQL\DATA\ CJGLdat2.ndf'',
   SIZE = 100MB,
   MAXSIZE = 200,
   FILEGROWTH = 20),
   ( NAME = CJGL3,
   FILENAME = ''C:\Program Files\Microsoft SQL Server
```

```
                          \MSSQL.1\MSSQL\DATA\ CJGLdat3.ndf'',
    SIZE = 100MB,
    MAXSIZE = 200,
    FILEGROWTH = 20)
LOG ON
  (NAME = CJGLlog1,
   FILENAME = ''C:\Program Files\Microsoft SQL Server
                     \MSSQL.1\MSSQL\DATA\ CJGLlog1.ldf'',
   SIZE = 100MB,
   MAXSIZE = 200,
   FILEGROWTH = 20),
   (NAME = CJGLlog2,
   FILENAME = ''C:\Program Files\Microsoft SQL Server
                     \MSSQL.1\MSSQL\DATA\ CJGLlog2.ldf'',
   SIZE = 100MB,
   MAXSIZE = 200,
   FILEGROWTH = 20)
```

5.3　管理数据库

5.3.1　查看数据库属性

对象资源管理器是 Management Studio 的一个组件，可连接到数据库引擎、实例和其他服务。它提供了服务器中所有对象的视图，并具有可用于管理这些对象的用户界面。如图 5.7 所示，在打开数据库文件夹目录树后，可以选择各种数据库对象进行信息浏览。

1. 使用 Management Studio 查看数据库属性

下面说明如何使用 Management Studio 中的对象资源管理器查看数据库的当前设置选项，步骤介绍如下。

在对象资源管理器中，展开"数据库"，右键单击要查看的数据库，再单击"属性"。出现数据库属性窗口，如图 5.8 所示。

在"数据库属性"对话框中，各选项页说明如下。

（1）"常规"：可以看到数据库的状态、所有者、创建时间、容量、备份、维护等属性信息。

（2）"文件"：可以像在创建数据库时那样重新指定数据库文件和事务日志文件的名称、存储、位置、初始容量大小等属性，如图 5.4 所示。

（3）"文件组"：可以添加或删除文件组，要删除文件组，需要移动文件组的文件，如图 5.6 所示。

图 5.7　查看数据库

（4）"选项"：可以设置数据库的许多属性，包括自动、游标、恢复、杂项、状态几部分，常用的数据库选项及其说明如表 5.2 所示。使用 sp_configure 系统存储过程或者 SQL Management Studio 可以设置服务器范围。连接级设置是使用 SET 语句来指定的，详细信息参阅 SQL Server 2008 联机丛书。

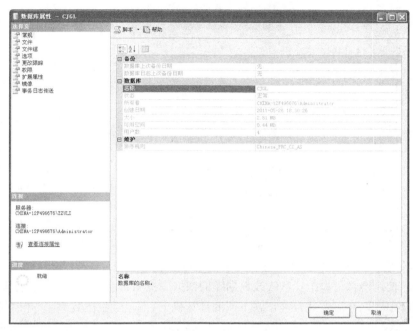

图 5.8　数据库属性

表 5.2　　　　　　　　　　　　　　　　　数据库选项

选　项	说　　明
自动关闭	指定在最后一个用户退出后，数据库是否完全关闭并释放资源。可取的值包括 True 和 False。如果设置为 True，则在最后一个用户注销之后，数据库会完全关闭并释放其资源
自动收缩	指定数据库文件是否可定期收缩。可取的值包括 True 和 False
默认游标	如果设置为 True，则游标声明默认为 LOCAL。设置如果为 False，则 Transact-SQL 游标默认为 GLOBAL
ANSI NULL 默认值	指定当等于（＝）和不等于（＜＞）比较运算符用于空值时是否可以进行操作，为 True 时，可以对空值进行等于和不等于操作
允许带引号的标识符	指定在用引号时，是否可以将 SQL Server 关键字用作标识符（对象名称或变量名称）。可取的值包括 True 和 False
递归触发器已启用	指定触发器是否可以递归调用
数据库只读设置	指定数据库是否为只读。可取的值包括 True 和 False。如果设置为 True，则用户只能读取但不能修改数据或数据库对象
限制访问	指定哪些用户可以访问该数据库。多个用户、单个用户或是限制用户

（5）"权限"：使用"权限"页可以查看或设置数据库安全对象的权限，如图 5.9 所示。单击"搜索"按钮找到所需的用户与角色，添加到上边的"用户或角色"表格中。在上边的表格中选中一个项，然后在"显式权限"表格中可以为其设置适当的权限。详细内容请参考第 15 章中数据库权限管理的内容。

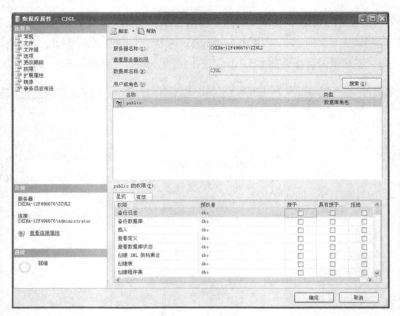

图 5.9　数据库权限设置

（6）扩展属性：使用扩展属性，可以向数据库对象添加自定义属性。

（7）镜像：使用镜像可以配置和修改数据库的数据库镜像属性。（注：数据库镜像包含一个数据库的两个副本，这两个副本通常驻留在不同的计算机上，称为"主体数据库"和"镜像数据库"。镜像是将对主体数据库执行的每个插入、更新或删除操作的事务日志应用到镜像数据库。）

（8）事务日志传送：在此页可以配置和修改数据库的日志传送属性。日志传送能够将事务日志备份从一个数据库（称为"主数据库"）发送到另一台服务器（称为"辅助服务器"）上的辅助数据库。在辅助服务器上，这些事务日志备份将还原到辅助数据库中，并与主数据库保持紧密同步。

2．使用各种视图、系统函数和系统存储过程来查看数据库属性

表 5.3 列出了返回有关数据库、文件和文件组信息的目录视图、系统函数和系统存储过程。

表 5.3　数据库信息相关视图、函数、存储过程

视　图	函　数	存储过程和其他语句
sys.databases	DATABASE_PRINCIPAL_ID	sp_databases
sys.database_files	DATABASEPROPERTYEX	sp_helpdb
sys.data_spaces	DB_ID	sp_helpfile
sys.filegroups	DB_NAME	sp_helpfilegroup
sys.allocationunits	FILE_ID	sp_spaceused
sys.master_files	FILE_IDEX	DBCC SQLPERF
sys.partitions	FILE_NAME	
sys.partition_functions	FILEGROUP_ID	
sys.partition_parameters	FILEGROUP_NAME	
sys.partition_range_values	FILEGROUPPROPERTY	
sys.partition_schemes	FILEPROPERTY	
sys.dm_db_partition_stats	fn_virtualfilestats	

【例 5.5 】　显示 Master 数据库信息。

```
sp_helpdb Master
```

执行结果如图 5.10 所示。

图 5.10　Master 数据库信息

可以从名称上看到每个视图、函数、存储过程的功能，如 sp_helpfile 返回与当前数据库关联的文件的物理名称及属性。sp_helpfilegroup 返回与当前数据库相关联的文件组的名称及属性，具体参数请查阅 SQL Server 联机丛书。

5.3.2　修改数据库

可以在 Management Studio 中利用数据库属性的设置更改数据库各项参数，也可使用 ALTER DATABASE 命令来更改数据库，ALTER DATABASE 可以更改数据库的属性或其文件和文件组。ALTER DATABASE 的语法格式如下：

```
ALTER DATABASE database_name
{
  <add_or_modify_files>
  | <add_or_modify_filegroups>
  | <set_database_options>
  | MODIFY NAME = new_database_name
  | COLLATE collation_name
}
```

各参数简要说明如下。

（1）database_name：要修改的数据库的名称。

（2）MODIFY NAME = new_database_name：使用指定的名称 new_database_name 重命名数据库。

（3）<add_or_modify_files>：指定添加、修改或删除的数据库文件。

其语法格式为

```
<add_or_modify_files>::=
{
  ADD FILE <filespec> [ ,...n ]
       [ TO FILEGROUP { filegroup_name | DEFAULT } ]
  | ADD LOG FILE <filespec> [ ,...n ]
  | REMOVE FILE logical_file_name
  | MODIFY FILE <filespec>
}
```

（4）<add_or_modify_filegroups>：指定添加、修改或删除的文件组。

（5）<set_database_options>：更改数据库参数。

【例 5.6 】　将数据库名 CJGL 更改为 CJGL1。

```
ALTER DATABASE CJGL MODIFY NAME = CJGL1
```

【例 5.7 】　将一个 5MB 的数据文件添加到 CJGL 数据库。

```
ALTER DATABASE CJGL
```

```
ADD FILE
(
    NAME = CJGLdat4,
    FILENAME = 'C:\Program Files\Microsoft SQL Server
                        \MSSQL.1\MSSQL\DATA\ CJGLdat4.ndf  ',
    SIZE = 5MB,
    MAXSIZE = 100MB,
    FILEGROWTH = 5MB
)
```

【例 5.8】 更改数据库文件的增长方式。

```
ALTER DATABASE CJGL
MODIFY FILE
(
    NAME = CJGLdat4,
    FILEGROWTH  = 20%
)
```

【例 5.9】 更改数据库文件大小。

```
ALTER DATABASE CJGL
MODIFY FILE
    (NAME = CJGLdat4,
    SIZE = 20MB
)
```

【例 5.10】 删除【例 5.7】中添加的数据库文件。

```
ALTER DATABASE CJGL
REMOVE FILE CJGLdat4
```

【例 5.11】 向数据库添加两个日志文件。

```
ALTER DATABASE CJGL
ADD LOG FILE
(
    NAME = CJGLlog3,
    FILENAME = 'C:\Program Files\Microsoft SQL Server
                            \MSSQL.1\MSSQL\DATA\ CJGLlog3.ldf ',
    SIZE = 5MB,
    MAXSIZE = 100MB,
    FILEGROWTH = 5MB
),
(
    NAME = CJGLlog4,
    FILENAME = 'C:\Program Files\Microsoft SQL Server
                            \MSSQL.1\MSSQL\DATA\ CJGLlog4.ldf ',
    SIZE = 5MB,
    MAXSIZE = 100MB,
    FILEGROWTH = 5MB
)
```

【例 5.12】 更改数据库选项。

```
ALTER DATABASE CJGL SET SINGLE_USER  --单用户
ALTER DATABASE CJGL SET READ_ONLY --只读
ALTER DATABASE CJGL  SET AUTO_SHRINK ON  --自动收缩
GO
```

5.3.3　收缩数据库

数据库在使用一段时间后，时常会出现因数据删除而造成数据库中空闲空间过多的情况，需要使用收缩的方式来缩减数据库空间。可在数据库属性选项中选择"Auto shrink"选项，使系统自动收缩数据库，也可用人工的方法来收缩。

1.　使用 Management Studio 收缩数据库

在目标数据库上单击右键，在快捷菜单中选择"任务"→"收缩"→"数据库"，出现"收缩"数据库对话框，如图 5.11 所示。

可选择"在释放未使用的空间前重新组织文件"。选择此项等效于执行具有指定目标百分比选项的 DBCC SHRINKDATABASE。如果选择此选项，用户必须指定目标百分比选项。清除此选项等效于执行具有 TRUNCATEONLY 选项的 DBCC SHRINKDATABASE。

单击"确定"按钮开始收缩数据库，收缩结束之后可以再打开此对话框查看数据库大小。也可对单个数据库文件进行压缩，方法是在目标数据库上单击右键，在快捷菜单中选择"任务"→"收缩"→"文件"。

图 5.11　收缩数据库

2.　使用 Transact-SQL 命令收缩数据库

可以使用 DBCC SHRINKDATABASE 和 DBCC SHRINKFILE 命令来收缩数据库。

（1）使用 DBCC SHRINKDATABASE 对数据库进行收缩。

其语法格式为

```
DBCC SHRINKDATABASE
( 'database_name' | database_id | 0
    [,target_percent ]
    [, { NOTRUNCATE | TRUNCATEONLY } ]
)[ WITH NO_INFOMSGS ]
```

各参数说明如下。

① 'database_name' | database_id | 0 ：要收缩的数据库的名称或 ID。如果指定 0，则使用当前数据库。

② target_percent：收缩后的数据库文件中可用空间百分比。

③ NOTRUNCATE：指定在数据库文件中保留所释放的文件空间。如果未指定，将所释放的文件空间释放给操作系统。

④ TRUNCATEONLY：指定数据文件中任何未使用空间被释放给操作系统，并将文件收缩到最后分配的区。

【例 5.13】 将 UserDB 用户数据库中的文件减小，以使 UserDB 中的文件有 10%的可用空间。

```
DBCC SHRINKDATABASE (UserDB, 10)
```

（2）使用 DBCC SHRINKFILE 对数据库中指定的文件进行收缩。

其语法格式为

```
DBCC SHRINKFILE
(
    { 'file_name' | file_id }
    { [ , EMPTYFILE ]
    | [ [ , target_size ] [ , { NOTRUNCATE | TRUNCATEONLY } ] ]
    }
)
```

各参数说明如下。

① file_name：要收缩的文件的逻辑名称。文件名必须符合标识符规则。

② file_id：要收缩的文件的标识（ID）号。

③ target_size：文件大小（MB）。如果未指定，则文件大小减少到默认文件大小。如果指定了 target_size，则 DBCC SHRINKFILE 尝试将文件收缩到指定大小。DBCC SHRINKFILE 不会将文件收缩到小于存储文件中的数据所需要的大小。例如，如果使用 10MB 数据文件中的 7MB，则带有 target_size 为 6 的 DBCC SHRINKFILE 语句只能将该文件收缩到 7 MB，而不能收缩到 6 MB。

④ EMPTYFILE：将指定文件中的所有数据迁移到同一文件组中的其他文件。

【例 5.14】 将 "CJGL" 用户数据库中名为 "CJGLdat3" 的文件的大小收缩到 10MB。

```
DBCC SHRINKFILE (CJGLdat3, 10)
```

5.3.4　删除数据库

可以在 Management Studio 通过数据库右键菜单删除数据库，也可使用 DROP DATABASE 删除数据库。其语法格式为

```
DROP DATABASE { database_name } [ ,...n ]
```

　　无法删除系统数据库。不能删除当前正在使用（表示正在打开供任意用户读写）的数据库。只有通过还原备份才能重新创建已删除的数据库。

【例 5.15】 删除数据库。

```
DROP DATABASE CJGL1            --删除单个数据库
DROP DATABASE CJGL2, CJGL3     --删除多个数据库
```

本章小结

本章介绍了 SQL Server 2008 数据库相关的知识，其内容主要包括数据库的基本概念、数据库的创建和管理。强大的数据库管理功能是 SQL Server 的特点，掌握本章内容是对数据库管理员的基本要求。

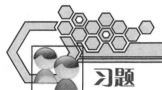

习题

一、选择题

1. 当执行 CREATE DATABASE 语句时，将通过复制（　　　）数据库中的内容来创建数据库的第一部分。

    A. Master   B. Msdb

    C. Model   D. Tempdb

2. 主数据库文件（Primary Database File）的扩展名为（　　　）。

    A. .mdf   B. .ndf

    C. .ldf   D. .pdf

3. 使用 SQL 语句创建数据库时，SQL 语句中初始大小（SIZE），可增大到的最大容量（MAXSIZE）和自动增长（FILEGROWTH）的默认单位是（　　　）。

    A. KB   B. MB

    C. GB   D. TB

二、填空题

1. 系统数据库包括：_____、_____、_____、_____、_____。

2. 每个 SQL Server 2008 数据库至少具有两个操作系统文件：一个_____和一个_____。

3. 每个数据库文件有两个名称，分别是_____和_____。

三、简答题

1. 简述系统数据库的组成和每个数据库的作用。

2. 阐述使用 Management Studio 创建数据库的过程。

3. 为何要收缩数据库，如何收缩数据库？

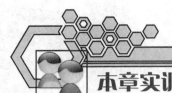

本章实训

一、实训目的

1. 掌握查看数据库属性的方法。
2. 掌握用 Management Studio 与 T-SQL 两种方法建立、修改和删除数据库。

二、实训要求

1. 实训前做好上机实训的准备，针对实训内容，认真复习与本次实训有关的知识，完成实训内容的预习准备工作。
2. 认真独立完成实训内容。
3. 实训后做好实训总结，根据实训情况完成总结报告。

三、实训学时

2 学时。

四、实训内容

1. 创建数据库 CJGL。

（1）参考 5.2.2 小节在 Management Studio 下创建数据库 CJGL。

（2）参考例 5.4 用 CREATE DATABASE 命令创建名为 CJGL 的数据库，并说明数据库存储的位置、数据库文件的大小和名称。

2. 查看数据库属性和信息。

（1）参考 5.3.1 小节，使用 Management Studio 查看系统数据库 Model 和用户数据库 CJGL 的属性和信息。

（2）参考表 5.2 和例 5.1，使用视图、函数、存储过程查看系统数据库 Model 信息。

3. 参考例 5.6～例 5.12，练习修改数据库 CJGL 的各个属性。

4. 参考 5.3.3 小节，使用 Management Studio 界面和 T-SQL 命令两种方法收缩数据库 CJGL。

5. 使用 T-SQL 命令删除数据库。

五、实训思考题

1. 创建数据库时，主要考虑哪些内容？
2. 系统实际运行中，发现数据增长过快，应该如何处理？

第6章

创建和管理 SQL Server 2008 数据表

表是数据库中最重要、最基本、最核心的对象，是实际存储数据的地方。其他数据库对象，如索引、视图等，都是依附于表对象而存在的。对数据库的各种管理操作，实际上主要是对数据库中表的管理操作。

本章主要讲述有关数据表的管理技术，包括表的概念、表的创建、修改和删除等操作。通过本章的学习，读者可以理解表的特点和类型，熟练掌握创建和修改表的相关技术。

6.1 表的概念

表是关系模型中表示实体的方式，是数据库存储数据的主要对象。SQL Server 数据库的表由行和列组成，行有时也称为记录，列有时也称为字段或域，如图 6.1 所示。

订单号	客户代号	产品号	单价	数量	订单日期
10248	VINET	11	16.00	20	2010-07-05
10248	VINET	42	9.80	15	2010-07-05
10249	TOM	22	18.60	10	2010-07-06
10250	JACK	11	16.00	30	2010-07-08
10250	JACK	41	36.50	25	2010-07-08

图 6.1　表的结构

在图 6.1 中，表中的每一行数据都表示了一个唯一的、完整的订单信息。表中的每一列都是对订单某种属性的描述。

在表中，行的顺序可以是任意的，一般按照数据插入的先后顺序存储。在使用过程中，可以使用排序语句或按照索引对表中的行进行排序。

列的顺序也可以是任意的，对于每一个表，最多可以允许用户定义 1 024 列。在同一个表中，列名必须是唯一的，即不能有名称相同的两个或两个以上的列同时存在于一个表中，并且在定义时需要为每一列指定一种数据类型。但是，在同一个数据库的不同表中，可以使用相同的列名。

6.2 数据表的创建

创建数据表，实际上就是设计和实现表结构的过程。

首先确定该表应该由哪些列组成，每一列的数据类型是什么，并且是否允许为空。

然后如果有必要的话，还需要为相关的列添加约束信息，限制该列数据的输入范围，以保证输入数据的正确性和一致性。例如，对于学生每门课的成绩，只能取值在 0~100 之间，此时就需要在成绩列上添加相应的约束。

确定了表结构之后，就可以在 SQL Server Management Studio 中通过图形方式或使用 T-SQL 语句实现该数据表的创建。

6.2.1 在图形界面下创建数据表

本节将以第 5 章创建的 CJGL 数据库中的表为例，介绍如何在图形界面下完成数据表的创建。

在 CJGL 数据库中共包括了 5 张表，分别是 Student、Course、Teacher、CourseTeacher、Grade。这 5 张表分别存储以下信息。

Student：存储学生基本信息；

Course：存储课程基本信息；

Teacher：存储教师基本信息；

CourseTeacher：存储教师与课程的授课关系；

Grade：存储学生选课成绩。

下面以 Student 表的创建为例，说明在 Management Studio 中创建数据表的基本方法。Student 表的结构如表 6.1 所示。

表 6.1　　　　　　　　　　　　　　　Student 表结构

列　　名	数据类型	长　　度	能 否 为 空	字 段 说 明
studentID	char	10	否	学生 ID 号，主键
studentName	varchar	10	否	学生姓名
sex	char	2	可以	学生性别，取值'男'或'女'
birthday	datetime		可以	出生日期
speciality	varchar	30	可以	所属院系，默认值'软件学院'
credithour	tinyint	1	否	总学分
ru_date	char	4	可以	入学年月
password	varchar	20	可以	密码
remark	varchar	200	可以	备注

打开 SQL Server Management Studio，连接到 CJGL 数据库上。单击数据库节点上的加号，可

以看到数据库内各类对象的文件夹节点。右键单击该数据库中的"表"节点，在弹出菜单中选择"新建表"，打开表设计器，如图 6.2 所示。

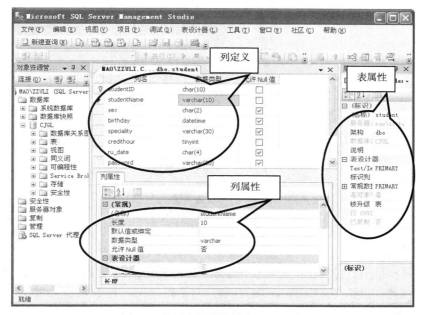

图 6.2 使用表设计器创建 Student 表

1. 创建列

在表设计器的"列定义"窗口中输入 Student 表中每一列的列名、数据类型、是否为空等信息（具体信息参见表 6.1）。选中一列，在列属性窗口中可以查看该列详细的属性定义，如数据类型、默认值、是否是标识列等。在窗口右侧的表属性窗口中，可以设置和查看表的属性，如表名、表所属的文件组、数据库、服务器等信息，此处需要将"名称"项的值由 TABLE_1 改为"Student"，如图 6.2 所示。

2. 定义主键

主键是表中的一列或者一组列，它的值可以唯一标识表中的每一行记录。例如，每一个学生入学后都有一个学号，而且该学号和其他任何一个学生都是不同的，或者说，确定了一个学号就确定了一个学生。因此，在设计表时，可以把学号定义为主键。以 Student 表为例，将 studentID 列定义为主键列，有下述 3 种可视化方法。

（1）单击选中列 studentID，单击右键，在弹出的菜单中选择"设置主键"项，如图 6.3 所示。此时，studentID 列的左侧出现了一个 图标，表明主键设置成功。

（2）按照（1）中步骤，选中 studentID 列后，选择"表设计器"菜单，在打开的下拉菜单中选择"设置主键"，即可将 studentID 列设置为主键。

（3）按照（1）中步骤，选中 studentID 列后，在工具栏上单击 图标，同样可以将 studentID 列设置为主键。

当一列被设置为主键后，该列的"允许空"选项将自动取消，因为主键列必须输入数据。

图 6.3　设置主键

当要取消某列的主键属性时，步骤和设置主键的过程完全一样，只是选项由"设置主键"变成了"移除主键"。

在表设计器中单击右键，在弹出菜单中选择"索引/键"（或者左键单击"表设计器"菜单，在下拉菜单中选择"索引/键"），打开"索引/键"对话框，在这里可以查看、创建、修改和删除键。如图 6.4 所示。

图 6.4　管理主键

3．创建约束

在表 6.1 中可以看到，性别列 sex 的取值只能为"男"或"女"，需要通过约束来实现该功能。可通过以下方法来创建约束。

（1）选中 sex 列，单击右键，在弹出菜单中选择"Check 约束"，如图 6.5 所示，或者单击工具栏上的 ▦（管理 Check 约束）按钮，打开 Check 约束对话框。

（2）单击"添加"按钮，新增一个约束，在表达式中输入：sex='男' or sex='女'，在名称中输入：CK_Sex，如图 6.6 所示。单击"关闭"按钮，然后保存 Student 表，刚才在 sex 列上创建的约束就保存到了数据库中。

接下来为所属院系 speciality 列添加默认值。在表设计器里选中 speciality 列，在下面的"列属性"窗口中可以看到该列的详细属性。选中"默认值或绑定项",在文本框内输入字符串"软件学院",如图 6.7 所示。单击保存按钮,保存表结构,默认值创建成功。

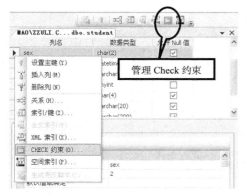

图 6.5 打开"CHECK 约束"

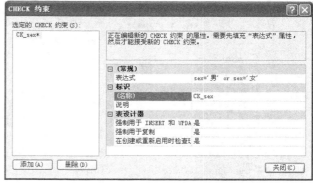

图 6.6 为性别列添加约束

图 6.7 创建默认值

至此,表的各项组成、属性均已设置完成,单击工具栏中的🖫图标,保存表的定义即可。

CJGL 数据库中另外几张表的结构读者可参考附录中相应的说明,然后使用相同的方法完成几张表的创建。

6.2.2 用 SQL 命令创建数据表

在 SQL Server 2008 中,既可以使用表设计器工具在图形界面下创建表,也可以使用 CREATE TABLE 语句创建表,其中,后者是一种最强大、最灵活的创建表的方式。它的基本语法如下:

```
CREATE TABLE table_name
    ( { <column_definition>                  /* 列定义 */
      | <computed_column_definition> }       /* 计算列定义 */
```

```
    [ <table_constraint> ] [ ,...n ]          /* 表约束 */
) [ ON { filegroup | "default" } ]
```

其中：

```
<column_definition> ::=
    column_name <data_type> [ NULL | NOT NULL ]
    [ [ CONSTRAINT constraint_name ] DEFAULT constant_expression ]
    | [ IDENTITY [ ( seed ,increment ) ] [ NOT FOR REPLICATION ] ]
    ] [ <column_constraint> [ ...n ] ]
    <column_constraint> ::=
    [ CONSTRAINT constraint_name ]
    { { PRIMARY KEY | UNIQUE } [ CLUSTERED | NONCLUSTERED ]
        [ ON { filegroup | "default" } ]
    | [ FOREIGN KEY ] REFERENCES referenced_table_name [ ( ref_column ) ]
    | CHECK ( logical_expression )
    }
<computed_column_definition> ::=
    column_name AS computed_column_expression [ PERSISTED [ NOT NULL ] ]
<table_constraint> ::=
    [ CONSTRAINT constraint_name ]
    { { PRIMARY KEY | UNIQUE } [ CLUSTERED | NONCLUSTERED ]    (column [ ASC | DESC ]
[ ,...n ] ) [ ON { filegroup | "default" } ]
    | FOREIGN KEY ( column [ ,...n ] ) REFERENCES referenced_table_name[(ref_column
[ ,...n ])]
    | CHECK ( logical_expression ) }
```

由此可以看出，在 CREATE TABLE 语句中需要指出的元素与在表设计器中的相同，包括表名、列名、列的数据类型、列属性、相关约束等。

在 SQL Server Management Studio 中，单击工具栏上的"新建查询"按钮，在查询窗口中输入下面的脚本命令，可以创建 6.2.1 小节中定义的 Student 表。

```
USE CJGL
GO
CREATE TABLE student(
    studentID       char(10)          PRIMARY KEY,
    studentName     varchar(10)          NOT NULL,
    sex             char(2)          CHECK(sex='男' or sex='女'),
    birthday        datetime ,
    speciality      varchar(30)      DEFAULT('软件学院'),
    credithour      tinyint          NOT NULL,
    ru_date         char(4) ,
    password        varchar(20) ,
    remark          varchar(200) ,
    ) ON [PRIMARY]
```

其中，USE 语句表示选择 CJGL 数据库；PRIMARY KEY 属性定义 studentID 字段为主键；NOT NULL 表示不允许 studentName 列为空；CHECK(sex='男' or sex='女')约束限制 sex 列只能输入"男"或者"女"两个值；DEFAULT('软件学院')约束表示 speciality 列默认取值"软件学院"；ON [PRIMARY]表示该表创建在 PRIMARY 文件组中，"PRIMARY"是个关键字，要想在命令里把命令字符串作为普通字符串（文件组名）使用，需要加上[]或者双引号。如果省略 ON [PRIMARY]则表示将表创建在默认文件组中。

该表也可以用下面的代码实现：

```
CREATE TABLE student(
    studentID        char(10) ,
    studentName      varchar(10)  NOT NULL,
    sex              char(2),
    birthday         datetime ,
    speciality       varchar(30)  DEFAULT('软件学院'),
    credithour       tinyint      NOT NULL,
    ru_date          char(4) ,
    password         varchar(20) ,
    remark           varchar(200) ,
    CONSTRAINT PK_student        PRIMARY KEY (studentID),
    CONSTRAINT CK_sex            CHECK(sex='男' or sex='女'),
    );
```

使用类似的方法可以在 CJGL 数据库中创建课程表 Course、成绩表 Grade、教师表 Teacher 和教师授课表 CourseTeacher。SQL 语句如下：

```
CREATE TABLE Course(
    courseID   char(8)     NOT NULL,
    coursename varchar(20)  NOT NULL,
    totalperiod    tinyint      NULL,
    weekperiod     tinyint      NULL,
    credithour     tinyint      NULL,
    remark         varchar(50)  NULL,
    CONSTRAINT PK_Course    PRIMARY KEY (courseID)
);
CREATE TABLE Grade(
    studentID  char(10)    NOT NULL,
    courseID   char(8)     NOT NULL,
    teacherID  char(8)     NOT NULL,
    grade      tinyint     NULL,
    CONSTRAINT PK_Grade     PRIMARY KEY (studentID,courseID)
);
CREATE TABLE Teacher(
    teacherID  char(8)     NOT NULL,
    teacherName    varchar(10)  NOT NULL,
    sex            char(2)      NULL,
    technicalPost  char(16)         NULL,
    telephone  char(16)         NULL,
    password   varchar(20)  NULL,
    remark         varchar(200) NULL,
 CONSTRAINT PK_Teacher PRIMARY KEY (teacherID)
    );
CREATE TABLE CourseTeacher(
    courseID   char(8)     NOT NULL,
    teacherID  char(8)     NOT NULL,
    CONSTRAINT     PK_CourseTeacher PRIMARY KEY (courseID, teacherID),
    CONSTRAINT FK_CourseTeacher_Course FOREIGN KEY (courseID) REFERENCES Course (courseID),
    CONSTRAINT FK_CourseTeacher_Teacher FOREIGN KEY (teacherID) REFERENCES Teacher
(teacherID)
    ) ;
```

在创建表的过程中，除了在列中直接指定数据类型和属性之外，还可以对某些列进行计算。

或者说，某些列的值可以不用输入，而是通过计算得到。例如，在下面创建学生成绩表 Sgrade 的示例中，就使用了下面一个计算列：

```
CREATE TABLE Sgrade
(
    StudentID    int,
    Grade1       int,
    Grade2       int,
    Grade3       int,
    Total   AS   Grade1+Grade2+grade3
)
```

在上面的脚本中，共创建了 5 个列，其中，"Total"列没有指定数据类型，但是它的值是 Grade1+Grade2+grade3，也就是说该列的值是通过计算得到的。在这里，"AS"是 Microsoft SQL Server 使用的关键字。

需要注意的一点是，一般情况下，计算列的数据并不进行物理存储，它仅仅是一个虚拟列，只能用于显示。如果希望将该列的数据物理化存储，可以使用 PERSISTED 关键字。例如，下面的脚本执行后，"Total"列的值就会在数据库中存储下来，当该列所依赖的其他列的数据发生改变时，该列中的数据也会自动更新。

```
CREATE TABLE Sgrade
(
    Sno          int,
    Grade1       int,
    Grade2       int,
    Grade3       int,
    Total   AS   Grade1+Grade2+grade3 PERSISTED
)
```

6.3　数据表的修改

表创建以后，用户可以使用许多函数、存储过程查看有关表的各种信息，并根据需要来修改表的结构，在表中增加新列、删除已有的列或者修改已有列的属性等。

6.3.1　查看表属性

在 SQL Server Management Studio 中，选中要查看的数据表，单击鼠标右键，选择"属性"，将打开"表属性"对话框，如图 6.8 所示。

在该对话框中，选择左侧的"常规"页，在右侧窗口可以看到该表的相关属性信息，如表名、创建日期、所属数据库等信息。

选择"权限"页，可以查看该表上允许访问的用户或角色，及该用户或角色可以执行的操作（权限）。

选择"存储"页，可以查看该表所记录的数据行数、占用的存储空间大小、所属文件组等信息。

另外，还可以通过 sp_help 存储过程来查看表结构信息，如图 6.9 所示。

图 6.8　通过"表属性"对话框查看表属性

图 6.9　使用存储过程查看表结构信息

6.3.2　修改表结构

在 SQL Server Management Studio 中，选中要查看的数据表，单击右键，在弹出菜单中选择"设计"，可以打开表设计器，在图形界面下修改表结构。具体方法可以参照 6.2.1 小节。

右键单击表名，在弹出菜单中选择"重命名"，可以更改表名。

另外一种很常用的方法是使用 SQL 命令 ALTER TABLE 语句修改表结构，包括添加列、修改列、删除列、添加与删除约束等。

 下面的操作会影响数据库表结构，为了本课程后面的实验，请在该小节操作结束后将表结构还原为最初创建的结构。

1. 向表中添加列

使用 ALTER TABLE 语句向表中添加列的基本语法为

```
ALTER TABLE table_name
ADD
    {
        <column_definition>
        | <computed_column_definition>
    } [ ,...n ]
```

其中，<column_definition>、<computed_column_definition>的含义与 CREATE TABLE 中的含义完全一样。

【例 6.1】 在表"Student"中新增加一列登录名，列名为 LoginName，数据类型为 varchar（20），允许空值。

执行以下语句：

```
ALTER TABLE student ADD LoginName varchar(20)
```

这里需要注意的是：

（1）当向表中新增一列时，最好为该列定义一个默认约束，使该列有一个默认值。这一点可以使用关键字 DEFAULT 来实现；

（2）如果增加的新列没有设置默认值，并且表中已经填写了数据，那么必须指定该列允许空值，否则，系统将产生错误信息。

【例 6.2】 在表"Student"中新增加一列登录名，列名为"LoginName0"，数据类型为 varchar（20），并且不能为空。

此时"Student"表中存在 7 行数据，所以当执行下面的 SQL 语句时，系统报错，如图 6.10 所示。

图 6.10　向表中添加非空数据列

```
ALTER TABLE student ADD LoginName0 varchar(20) NOT NULL
```

纠正的方法就是给新增的列设置默认约束，将上述 SQL 命令改为

```
ALTER TABLE student
ADD LoginName0 varchar(20) NOT NULL DEFAULT('loginname')
```

该命令执行后，会在"Student"中添加"LoginName0"列，并将该列的值赋为"loginname"。

2. 修改列属性

使用 ALTER TABLE 语句修改列属性的基本语法为

```
ALTER TABLE table_name
ALTER COLUMN column_name type_name [ ( { precision [ , scale ] | max } ) ] [ NULL | NOT NULL ]
}
```

使用此命令可以修改列的数据类型、列是否允许为空。

【例 6.3】修改表"Student"中的列"LoginName0"，将其数据类型改为 char(10)，并且允许为空。

```
ALTER TABLE Student
ALTER COLUMN loginname0 char(20) NULL
```

3. 删除列

使用 ALTER TABLE 语句删除列的基本语法为

```
ALTER TABLE table_name
DROP COLUMN column_name
```

【例 6.4】删除"Student"表中的"LoginName"列。

```
ALTER TABLE Student DROP COLUMN LoginName
```

如果要删除的列上存在约束，如主键、默认值等，则需要先删除约束，然后才能删除列。

【例 6.5】删除"Student"表中的"speciality"列。

执行下面的 SQL 语句：

```
ALTER TABLE student
DROP COLUMN speciality
```

结果如图 6.11 所示，DROP COLUMN 失败。

图 6.11　删除带有默认值约束的列

失败的原因是"speciality"列上存在默认值约束，要想删除该列，必须先删除该列上的约束。

4. 添加约束

```
ALTER TABLE table_name
ADD <table_constraint>
```

其中，<table_constraint>的含义与 CREATE TABLE 中的<table_constraint>完全一样。

【例 6.6】为"Grade"表中的成绩列"grade"添加一个约束，限制该列的值只能为 0~100。

```
ALTER TABLE Grade
ADD CONSTRAINT CK_grade CHECK(grade>=0 and grade<=100)
```

执行结果如图 6.12 所示。

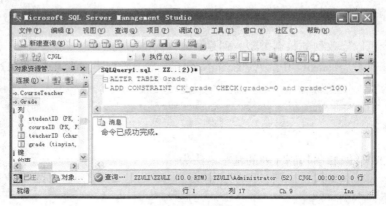

图 6.12　添加约束

5. 删除约束

```
ALTER TABLE table_name
DROP CONSTRAINT constraint_name
```

【例 6.7】　删除"Student"表中"speciality"列上的约束，然后删除"speciality"列。

执行下面的代码：

```
ALTER TABLE Student
DROP CONSTRAINT DF__student__special__4A18FC72
GO
ALTER TABLE Student DROP COLUMN speciality
```

结果如图 6.13 所示。

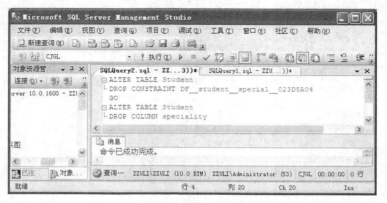

图 6.13　删除约束和列

　　　删除约束时需要指出要删除的约束的名称，该名称可以通过 sp_help 存储过程来查看，如：sp_help student，该语句可以显示"student"表上的约束及约束具体信息。

6. 修改列名和表名

可以使用 sp_rename 存储过程对表和表中的列进行重命名，重命名的基本语法为

```
sp_rename [ @objname = ] 'object_name' , [ @newname = ] 'new_name'
          [ , [ @objtype = ] 'object_type' ]
```

其中：

（1）[@objname =] 'object_name'：表示用户对象的当前名称；如果要重命名的对象是表中的列，则 *object_name* 的格式必须是 *table.column*；

（2）[@newname =] 'new_name'：指定对象的新名称；

（3）[@objtype =] 'object_type'：要重命名的对象的类型。

如果重命名表名，则省略第 3 个参数；如果重命名列名，则第 3 个参数的值为 "COLUMN"。

【例 6.8】　将 "Student" 表改名为 "StudentInfo"。

命令为：sp_rename Student, StudentInfo

【例 6.9】　将 "Student" 表中的 studentID 改名为 StuID。

命令为：sp_rename 'Student.studentID', 'StuID', 'COLUMN'

6.3.3　删除数据表

删除表就是将表中的数据和表的结构从数据库中永久性的移除。也就是说，表一旦被删除，就无法恢复，除非还原数据库。因此，执行此操作时应该慎重。

在 SQL Server Management Studio 中，选中要查看的数据表，单击右键，在弹出菜单中选择 "删除"，将弹出 "删除对象" 对话框，如图 6.14 所示。单击 "确定" 按钮，选中的表就从数据库中被删除了。

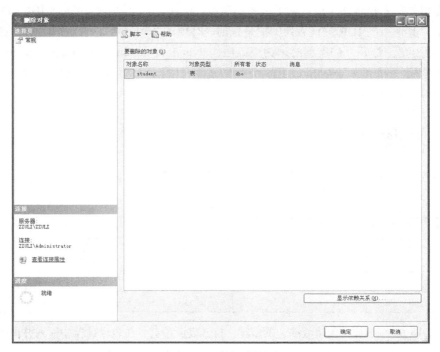

图 6.14　确认删除表

和删除列的操作类似，如果要删除的表此时正被其他表引用（如外键约束），则表不能删除。需要先删除约束，再删除该表。

也可以使用 DROP TABLE 语句来完成数据表的删除。该语句的语法非常简单，如下所示：

```
DROP TABLE table_name
```

【例 6.10】 删除"CJGL"数据库中的"Grade"表。

语句如下：

```
DROP TABLE Grade
```

在使用 DROP TABLE 语句删除数据表时，需要注意以下几点：

（1）不能删除系统表；

（2）不能删除正被其他表中的外键约束参考的表。当需要删除这种有外键约束参考的表时，必须先删除外键约束，然后才能删除该表；

（3）当删除表时，属于该表的约束和触发器也会自动被删除。如果重新创建该表，必须重新创建相应的规则、约束和触发器等；

（4）DROP TABLE 语句可以一次性删除多个表，表之间用逗号分开。

6.4 标识符列的使用

可以使用标识符列在表中创建自动递增标识号。通过使用 IDENTITY 属性可以实现标识符列。对于每个表，均可创建一个包含系统生成的序号值的标识符列，该序号值以唯一方式标识表中的每一行。例如，"Student"表中的学号值具有这样的特征：可以唯一标识每一行，同时数据以等差数列的形式出现。此时，就可以将学号列创建为标识符列。

定义标识列需要指定两个值：种子值和增量值。这样，表中第一行记录的 IDENTITY 列的值就是种子值，其他行的 IDENTITY 列的值是在前一行值的基础上增加一个增量值得到的。

需要注意的是，标识列的类型必须为整数型，如 tinyint、smallint、int、bigint、decimal、numeric 等（一般不使用 tinyint 和 smallint，因为它们的适用范围较小，当编号范围超过相应的适用范围时，会造成算术溢出错误）。字符（串）类型的数据无法设置标识列。

6.4.1 图形界面下创建标识符列

假设要创建一个学生基本信息表"StuInfo"，结构如表 6.2 所示。

表 6.2 StuInfo 表结构

列　　名	数 据 类 型	长　　度	能 否 为 空	字 段 说 明
stuID	int	4	否	学号，主键，系统自动生成，初值为 2010130101
stuName	varchar	10	否	学生姓名
sex	char	2	可以	学生性别，取值'男'或'女'

首先，参照 6.2.1 小节中创建数据表的步骤，打开表设计器，在表设计器中输入并设置"StuInfo"表的各列列名、数据类型、能否为空及相应的约束。然后，再来设置"stuID"列为标识符列。

在表设计器中选中"stuID"列（或者将光标定位在该列），在"列属性"窗口中打开"标识规范"，按照图 6.15 所示将"（是标识）"的值改为"是"，然后设置标识增量值、标识种子值。单击"保存"按钮，保存表结构。

图 6.15　设置标识列

　　　由于 IDENTITY 属性列的增长是单方向的，所以一般情况下不能手工为设置了 IDENTITY 属性的列添加数据。而且，如果删除了这些列中的部分数据，还会造成标识符序列空缺——已删除的标识符值是不能重用的，系统不会自动补充这部分数据值。如果必须手工输入某些标识列的数据，需要将 IDENTITY_INSERT 标志设置为 ON，然后使用 INSERT 命令输入数据。具体步骤请参考 7.2.1 节。

6.4.2　使用 SQL 命令创建标识符列

使用命令创建标识符列的基本语法为：

```
column_name <data_type> [ NULL | NOT NULL ] [ IDENTITY [ ( seed ,increment ) ]
```
其中：

seed 表示标识种子值，increment 表示标识增量值。

【例 6.11】　使用命令创建一个包含标识符列的表，标识种子值和增量值采用默认值。

命令如下：

```
CREATE TABLE T1
( COL1 INT IDENTITY )
```

【例 6.12】　使用命令创建表 6.2 所示的表。

命令如下：

```
CREATE TABLE StuInfo
(stuID INT IDENTITY(2010130101,1) primary key,
 stuName varchar(10) not null,
 sex char(2) check (sex='男' or sex='女'))
```

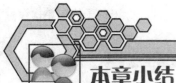

本章小结

　　表是数据库中最核心、最重要的一个内容，它负责存储数据库中的数据。本章介绍了有关表的基本概念和 SQL Server 2008 中常见的数据表类型，然后在此基础上重点介绍了数据表的管理技术，详细讲解了如何在图形方式下和 SQL 命令方式下进行表的创建、修改、删除操作。

　　创建、更改、删除表的 SQL 命令分别为：CREATE TABLE、ALTER TABLE、DROP TABLE。各命令的语法形式都在文中进行了详细的介绍。

　　本章涉及的 SQL 命令，需要读者在学习过程中多上机进行练习，做到熟练使用并掌握。

习题

一、选择题

1. 假设列中的数据变化规律如下，请问哪种情况可以使用 IDENTITY 列定义（　　　）。

　　A. 1，2，3，4，5，…

　　B. 10，20，30，40，50，…

　　C. 1，1，2，3，5，8，13，…

　　D. 5，10，15，20，25，30，…

2. 下列关于 DROP TABLE 语句的描述正确的是（　　　）。

　　A. 可以删除任何表

　　B. 一次只能删除一个表

　　C. 执行该语句时，只删除表中数据，表结构依然存在于数据库中

　　D. 执行该语句时，将删除表结构

二、填空题

　　1. 在 Microsoft SQL Server 2008 系统中，创建约束可以使用关键字＿＿＿＿＿＿，创建主键使用关键字＿＿＿＿＿＿，外键使用关键字＿＿＿＿＿＿。

　　2. NULL 表示＿＿＿＿＿＿，而不是没有或 0。

三、简答题

　　1. 什么是标识列？它有什么作用？

　　2. 简要说明空值的概念和作用？

　　3. 表创建以后，表中列的数据类型是否可以再修改？

本章实训

一、实训目的

1. 理解表的基本概念和在数据库中的作用。

2. 掌握创建表的方法。

3. 掌握修改表和删除表的方法。

二、实训要求

1. 实训前做好上机实训的准备，针对实训内容，认真复习与本次实训有关的知识，完成实训内容的预习准备工作。

2. 认真独立完成实训内容。

3. 实训后做好实训总结，根据实训情况完成总结报告。

三、实训学时

4 学时

四、实训内容

练习创建和修改表。首先创建"MySql"数据库，然后在"MySql"数据库中创建一个"Student"表，并练习修改该表的结构。

（1）启动 Microsoft SQL Server Management Studio 工具，新建一个查询。

（2）使用 CREATE TABLE 语句创建图 6.3 所示的"Student"表，并手工添加几行数据记录。

（3）使用 ALTER TABLE……ADD……语句修改"Student"表，为该表新增一列"Sentrance"（入学日期），列的数据类型为 DATATIME 型，允许为空。

（4）使用 ALTER TABLE……ALTER COLUMN……语句修改"Student"表，将"Sentrance"列的属性置为 NOT NULL。

（5）使用 ALTER TABLE……DROP COLUMN……语句删除"Sentrance"列。

五、实训思考题

1. 当使用 ALTER TABLE 语句向表中插入新列时，应该注意什么？

2. DELETE 语句和 DROP TABLE 语句的作用分别是什么？

第7章
操纵数据表中的数据

写入和读出是使用数据库的最基本的方式，也是最重要的方式。数据的写入主要包括数据的插入、修改和删除；数据的读出主要是指数据的查询。

本章将以 CJGL 数据库为例，讲述有关数据操作的基本技术，包括数据更新、数据基本查询和高级查询（在一般数据查询的基础上，对查询结果进行分组、统计等操作）。通过本章的学习，读者可以比较全面的掌握操纵数据表中数据的技术。

7.1 概述

表创建以后，往往只是一个没有数据的空表。因此，向表中输入数据可能是创建表之后首先要执行的操作。无论表中是否有数据，都可以根据需要向表中添加数据。当表中的数据不合适或者出现了错误时，可以更新表中的数据。如果表中的数据不再需要了，则可以删除这些数据。

打开 SQL Server Management Studio，选中需要更新数据的表，如 "Student"，单击右键，选择 "编辑前 200 行"，可以打开 "Student" 表，查看并修改表数据，如图 7.1 所示。该窗

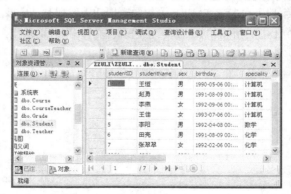

图 7.1　打开表数据

口显示了表中已经存储的数据，数据列表的最后有一个空行。插入数据时，将光标定位在空白行某个字段的编辑框中，就可以输入新数据。编辑完成后，单击其他某一行，即可提交新数据。

 在编辑表中数据的过程中，必须保证提交的新数据满足表中建立的约束，否则无法更新数据。

7.2 数据操作

在 7.1 节中讲述了如何在图形窗口下插入和更新数据，这种方式比较直观，容易理解和操作。本节将介绍如何使用命令来完成数据的插入、修改和删除操作。

7.2.1 用 INSERT 语句插入数据

INSERT 语句的基本格式：

```
INSERT [ INTO ] table_or_view_name [ ( column_list ) ]
{
  { VALUES ( ( { DEFAULT | NULL | expression } [ ,...n ] ) [ ,...n ] )
  | derived_table
  | DEFAULT VALUES
  }
}
```

其中，参数含义如下。

（1）*table_or view_name*：要接收数据的表或视图的名称。

（2）(*column_list*)：要在其中插入数据的一列或多列的列表。必须用括号将 *column_list* 括起来，并且用逗号进行分隔。如果某列不在 *column_list* 中，则 SQL SERVER 必须能够基于该列提供一个值；否则不能加载行。如果列满足下面的条件，则 SQL SERVER 将自动为列提供值。

a. 具有 IDENTITY 属性。使用下一个增量标识值。

b. 有默认值。使用列的默认值。

c. 具有 timestamp 数据类型。使用当前的时间戳值。

d. 可为 NULL 值。使用 NULL 值。

e. 是计算列。使用计算值。

（3）VALUES：引入要插入的数据值的列表。对于 *column_list*（如果已指定）或表中的每个列，都必须有一个数据值。并且必须用圆括号将值列表括起来。

（4）DEFAULT：强制数据库引擎加载为列定义的默认值。如果某列并不存在默认值，并且该列允许 NULL 值，则插入 NULL。

（5）*derived_table*：任何有效的 SELECT 语句，它返回将加载到表中的数据行。

（6）DEFAULT VALUES：强制新行包含为每个列定义的默认值。

1. 插入所有列数据

【例 7.1】 在 "Student" 表中插入一条新的学生信息。

```
INSERT INTO Student
VALUES ('8', '曾玉林', '男', '1991-2-25', '计算机', 20, NULL, '123456', NULL)
```

向表中插入数据时，数字数据可以直接插入，但是字符数据和日期数据要用英文单引号引起来，不然就会提示系统错误。

执行结果如图 7.2 所示。

在例 7.1 的语句中没有使用（*column_list*），当 VALUES 子句中数据值个数和顺序与表中定义的列的个数和顺序完全一致时，（*column_list*）可以省略。否则，不能省略。

2. 插入部分列

【例 7.2】 在 "Student" 表中插入一条新的学生信息：学号为 "9"，姓名 "李林"，性别为 "男"，院系为 "计算机"，周学时为 "18"。

执行下面语句：

```
INSERT INTO Student (studentID, studentName , sex, speciality, credithour)
VALUES ('9','李林', '男', '计算机', 18)
```

结果如图 7.3 所示。

图 7.2　插入一条数据

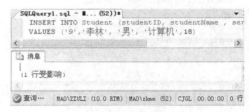

图 7.3　插入部分列

该语句不能写成：

```
INSERT INTO Student
VALUES ('9','李林', '男', '计算机',18)
```

因为值列表的值个数与表中列的个数不一致，执行该语句会提示如下错误：

消息 213，级别 16，状态 1，第 1 行

列名或所提供值的数目与表定义不匹配。

3. 插入多行数据

使用 INSERT [INTO]… *derived_table* 命令可以一次插入多行数据。*derived_table* 可以是任何有效的 SELECT 语句。

【例 7.3】 将学生基本信息（学号、姓名、性别）插入到学生名册表 stu_Info 中。

```
INSERT INTO stu_Info
SELECT studentID, studentName, sex FROM student
```

执行结果如图 7.4 所示。打开 "stu_Info" 表可以看到，有 9 条学生记录被更新。

使用 INSERT…INTO 形式插入多行数据时，需要注意下面两点：

- 要插入的数据表必须已经存在；
- 要插入数据的表结构必须和 SELECT 语句的结果集兼容，也就是说，二者的列的

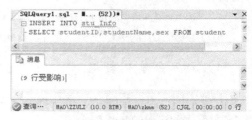

图 7.4　插入多行数据

数量和顺序必须相同、列的数据类型必须兼容等。

4. 插入标识列数据

标识列的值由系统自动计算并保存在相应的记录中，因此不能手工插入。在使用 INSERT 命令向包含有标识列的表插入数据时，可直接忽略标识列。

【**例 7.4**】 将一条学生信息插入到表 "StuInfo" 中（表结构参见 6.4.1 小节表 6.2）。

```
INSERT INTO StuInfo
VALUES ('张羽','女')
```

表 "StuInfo" 中有 3 列，第一列学号为标识列，插入数据时忽略不计，该列的值由系统自动生成。执行结果如图 7.5 所示。

那么标识列的数据是不是永远都没有办法手工更新呢？不是的。如果想手工更新学号的值，可以通过以下方法实现。

首先，使用 SET 命令打开 INSERT_IDENTIYT 选项：

```
SET IDENTITY_INSERT student ON
```

然后使用 INSERT 命令插入数据。此时一定要显式指出更新哪些列数据，包括标识列，即字段列表不能省略，命令如下：

```
INSERT INTO StuInfo (stuID, stuName, sex) VALUES (3, '汪华', '男')
```

结果如图 7.6 所示。

图 7.5　更新含有标识列的表数据　　　　　图 7.6　手工插入标识列的值

> INSERT_IDENTIYT 选项为 ON 时，系统将不再自动为标识列填入值。如果想恢复自动输入，需要再次执行 SET IDENTITY_INSERT student OFF，将 IDENTITY_INSERT 选项设置为 OFF。

7.2.2　用 UPDATE 语句更新数据

可以使用 UPDATE 语句更新表中已经存在的数据，该语句既可以一次更新一行数据，也可以一次更新多行数据。

UPDATE 语句的基本语法如下：

```
UPDATE [ TOP ( n ) [ PERCENT ] ] table_or_view_name
SET { column_name = { expression | DEFAULT | NULL }
    | @variable = column { += | -= | *= | /= | %= | &= | ^= | |= } expression
    }
[ WHERE <search_condition> ]
```

参数说明如下。

（1）TOP（*n*）[PERCENT]：指定将要更新的行数或行百分比；

（2）*table_or view_name*：要更新行的表或视图的名称；

（3）SET：指定要更新的列或变量名称的列表；

（4）WHERE：指定条件来限定所更新的行；

（5）<search_condition>：为要更新的行指定需满足的条件。

当执行 UPDATE 语句时，如果使用了 WHERE 子句，则指定表中所有满足 WHERE 子句条件的行都将被更新，如果没有指定 WHERE 子句，则表中所有的行都将被更新。

【例 7.5】 将学生表"Student"中"李林"所属的学院由"计算机"改为"数学"。

```
UPDATE Student SET speciality = '数学'
WHERE studentName = '李林'
```

执行结果如图 7.7 所示，有一行记录被更新。

更新数据时，每个列既可以被直接赋值，也可以通过计算得到新值。

【例 7.6】 将所有计算机系学生的选课成绩加 5 分。

```
UPDATE Grade SET grade =grade+5
WHERE studentID IN
    ( SELECT studentID FROM student
      WHERE speciality='计算机')
```

执行结果如图 7.8 所示，16 行数据被更新。

图 7.7　更新数据表数据

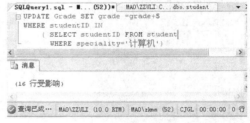

图 7.8　更新学生成绩

7.2.3　用 DELETE 语句删除数据

当表中的数据不再需要的时候，可以将其删除。一般情况下，可以使用 DELETE 语句删除表中的数据。该语句可以从一个表中删除一行或多行数据。

使用 DELETE 语句删除数据的基本语法形式如下：

```
DELETE [FROM] table_name
    [ WHERE search_condition ]
```

在 DELETE 语句中，如果使用了 WHERE 子句，表示从指定的表中删除满足 WHERE 子句条件的数据行。如果没有使用 WHERE 子句，则表示删除指定表中的全部数据。

【例 7.7】 删除"Student"表中姓名为"李林"的数据记录。

SQL 语句为

```
DELETE FROM student
WHERE studentName = '李林'
```

如果想删除 Exam 表中的所有数据，直接执行：DELETE FROM Exam 或者 DELETE Exam 就可以了。

DELETE 语句只是删除表中存储的数据，表结构依然存在于数据库中。如果需要删除表结构，应该使用 6.3.3 小节介绍的 DROP TABLE 语句。

在删除表中的全部数据时，还可以使用 TRUNCATE TABLE 语句，其格式为：

```
TRUNCATE TABLE table_name
```

TRUNCATE TABLE 语句和 DELETE 语句都可以将表中的数据全部删除，但是，两条语句又有不同的特点。一般情况下，当使用 DELETE 语句删除数据时，被删除的数据记录在日志中。而当使用 TRUNCATE TABLE 语句删除数据时，系统将立即释放表中数据和索引所占的空间，并且这种数据变化不被记录在日志中。

7.3　数据检索

检索数据是使用数据库的最基本的方式，也是最重要的方式。在 SQL Server 中，可以使用 SELECT 语句执行数据检索的操作，查看表中的数据。该语句具有非常灵活的使用方式和丰富的功能，它既可以在单表上完成简单的数据查询，也可以在多表上完成复杂的连接查询和嵌套查询。

SELECT 语句的完整语法较复杂，但其主要子句可归纳如下：

```
SELECT SELECT_list [ INTO new_table ]
[ FROM table_source ]
[ WHERE search_condition ]
[ GROUP BY group_by_expression]
[ HAVING search_condition]
[ ORDER BY order_expression [ AGrade | DESC ] ]
```

SELECT 子句指定将要查询的列名称，INTO 子句用于将查询得到的结果集插入并保存到一个新表中，FROM 子句指定将要查询的对象（表或视图），WHERE 子句指定数据应该满足的条件。一般情况下，SELECT 子句和 FROM 子句是必不可少的，WHERE 子句是可选的。如果没有使用 WHERE 子句，那么表示无条件地查询所有的数据。

如果 SELECT 语句中有 GROUP BY 子句，则查询结果将按照分组表达式的值进行分组，将该表达式的值相等的记录作为一个组。如果 GROUP BY 句带有 HAVING 短语，则只有满足指定条件的组才会输出。

如果有 ORDER BY 子句，则结果将按照排序表达式的值进行升序或降序排列后再输出。

还可以在查询之间使用 UNION、EXCEPT 和 INTERSECT 运算符，以便将各个查询的结果合并或比较到一个结果集中。

对于每一个子句的使用，将在后续章节中详细介绍。

7.4　使用 SELECT 子句进行简单查询

SELECT 子句的 SELECT_list 可以是表中的属性列，也可以是表达式，或者说，可以是经过计算的值。可以在 SELECT 关键字后面的列表中使用各种运算符和函数。这些运算符和函数包括算术运算符、数学函数、字符串函数、日期和时间函数、系统函数等。

算术运算符（包括+、−、*、/和%）可以用在各种数值列上，数值列的数据类型可以是 INT、SMALLINT、TINYINT、FLOAT、REAL、MONEY 或 SMALLMONEY。

【例 7.8】 查询当前 SQL Server 版本信息。

```
SELECT @@version
```

查询结果如图 7.9 所示。

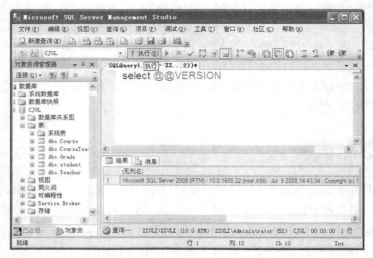

图 7.9   查询系统版本信息

【例 7.9】 查询圆周率常数及其正弦、余弦值。

```
SELECT PI(), SIN(PI()), COS(PI())
```

查询结果如图 7.10 所示。

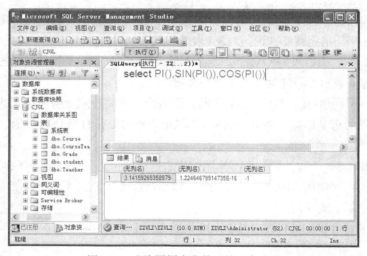

图 7.10   查询圆周率常数及其正余弦值

在上述两个查询中，SELECT 子句后分别使用了变量和函数，从查询结果可以看到，在结果集中显示了"无列名"，可以通过取别名的方法为这些列重新起名字。

定义别名有两种方法：一种是使用等号（＝），一种是使用 AS 关键字。

- 使用等号时，其语法形式为：新标题=列名。
- 使用 AS 关键字时，其形式为：列名 [AS] 新标题，AS 关键字可以省略。

这里要注意的是，使用等号和 AS 关键字时，新标题和列名的顺序是不同的。

以例 7.9 为例，可以通过下述语句给查询结果起别名：

SELECT PI() AS 圆周率常数，SIN(PI()) AS 圆周率正弦值，COS(PI()) AS 圆周率余弦值；

SELECT 圆周率常数=PI()，圆周率正弦值=SIN(PI())，圆周率余弦值=COS(PI())；

两个语句执行结果完全一致，结果如图 7.11 所示。

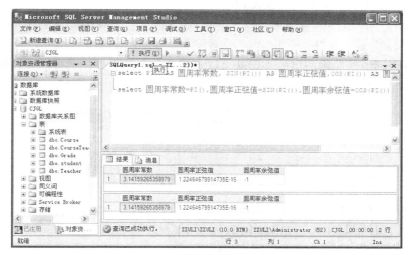

图 7.11　为查询结果起别名

在 SELECT 子句中还可以使用列名。因为列必须属于某个表，所以此时需要从表中查询所需数据，需要同时使用 FROM 子句。

【例 7.10】　查询全体学生的基本情况。

```
SELECT * FROM student
```

结果如图 7.12 所示。

图 7.12　查询学生基本信息

该语句中使用 "*" 代表查询表中所有的列。

【例 7.11】　查询全体学生的学号、姓名及性别。

由题目可知，要查询的学号、姓名及性别是 "Student" 表的几个属性，此时只需要用列名指出想要查询的信息即可。SQL 语句如下：

```
SELECT studentID,studentName,sex FROM student
```

查询结果如图 7.13 所示。

还可以在 SELECT 子句中使用计算列（表达式）。

【例 7.12】 查询所有学生的姓名及年龄。

从 "Student" 表的结构可以看出，在 "Student" 表中并不存在学生 "年龄" 属性（列）。但是却有 "出生日期" 这一属性，而年龄和出生日期是有直接关系的，即：年龄=当前年份-出生年份。因此只要得到当前年份和出生年份就可以查询出学生的年龄，这可以通过使用日期函数 getdate() 和 year() 来实现（关于函数的具体使用方法请参考 8.5 节）。

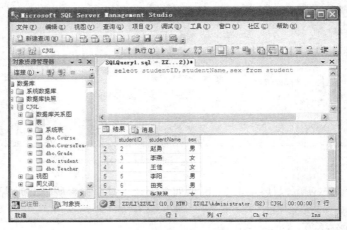

图 7.13 查询学生名单

```
SELECT studentName,year(getdate())-year(birthday) as age FROM student
```

查询结果如图 7.14 所示。

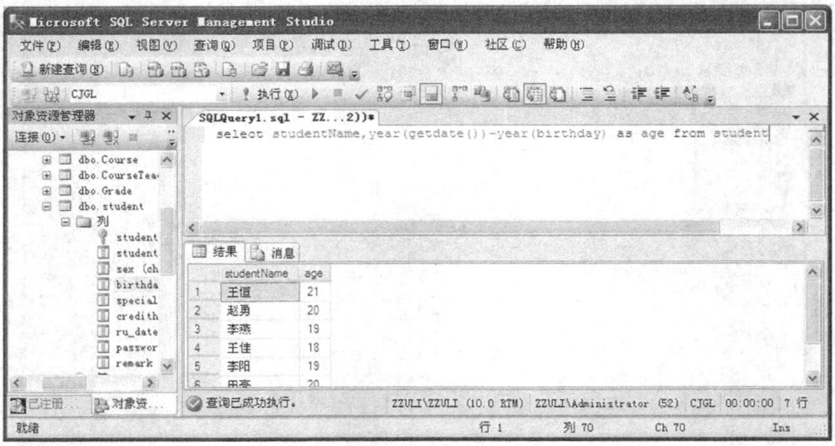

图 7.14 查询学生的姓名和年龄

该语句中使用了 getdate() 函数和 year() 函数，前者用于获取系统当前日期，后者用于获取指定日期的年份。

【例 7.13】 查询选修了课程的学生学号。

分析：学生一旦选课，其信息就会记录到成绩表 Grade 中，因此查询选修了课程的学生学号就是查询在 Grade 表中有多少个学生学号。SQL 语句如下：

```
SELECT studentID FROM Grade
```

执行上面的 SQL 语句，结果如图 7.15 所示。由图中可以看到，结果集中包含了许多重复的行。这是因为使用了默认的 ALL 关键字。如果想去掉重复行，可以指定 DISTINCT 关键字，此时执行的结果如图 7.16 所示。

```
SELECT distinct studentID FROM Grade
```

图 7.15　使用了 ALL 的查询　　　　　图 7.16　使用了 DISTINCT 的查询

7.5　使用 WHERE 子句选择数据

本节主要介绍包含 WHERE 子句的简单查询，WHERE 子句指定要搜索的数据行的条件，也就是说，只有满足 WHERE 子句条件的数据行才会出现在结果集中。根据 WHERE 子句中条件表达式的不同，该类查询又可分为确定查询、模糊查询和带查找范围的查询。

7.5.1　确定查询

在 WHERE 子句中，确定查询指的是使用比较运算符、列表、合并、取反等运算方式进行的条件查询。

比较运算符是搜索条件中最常用的。用于比较大小的运算符一般包括：=（等于），>（大于），<（小于），>=（大于等于），<=（小于等于），!=或<>（不等于）。

【例 7.14】　查询所有计算机学院的学生学号和姓名。

分析："Student"表中保存了所有学生的信息，要想查询"计算机"学院的学生信息，则学生记录需要满足院系为"计算机"这一条件，即：speciality="计算机"。SQL 语句如下：

```
SELECT studentID, studentName
FROM Student
WHERE speciality = '计算机'
```

如果想查询所有非计算机学院的学生名单，则可以使用：

```
SELECT studentID, studentName
FROM Student
WHERE speciality <> '计算机'
```

【例 7.15】 查询"Student"表中所有年龄大于 19 岁的学生信息。

分析：首先在"Student"表不存在"年龄"列，但是存在"出生年月"列，因此年龄可以通过出生年月计算出来，即：当前年份-出生年份=年龄。查询语句如下：

```
SELECT * FROM Student
WHERE year(getdate())-year(birthday)> 19
```

其中，WHERE 子句中的 getdate（ ）和 year（ ）均为 SQL SERVER 提供的日期函数，分别用于获取系统日期和指定日期的年份，其具体含义及使用方法请参看本书第 8 章相关介绍。查询结果如图 7.17 所示。

图 7.17 使用">"运算符查询

该查询语句等价于：

```
SELECT * FROM Student
WHERE NOT year(getdate())-year(birthday)<=19
```

在 WHERE 子句中，还可以使用逻辑运算符把若干个查询条件合并起来，组成较复杂的查询条件。这些逻辑运算符包括 AND、OR 和 NOT。

AND 运算符表示只有在所有的条件都为真时，才返回真。OR 运算符表示只要有一个条件为真，就可以返回真。NOT 运算符取反。当一个 WHERE 子句同时包含多个逻辑运算符时，其优先级从高到低一次为 NOT、AND、OR。用户也可以用括号改变优先级。

【例 7.16】 查询"Student"表中所有男生或者年龄大于 19 岁的学生姓名和年龄。

分析：查询的信息只需要满足"男生"、"年龄大于 19 岁"两个条件中的一个即可，可以使用 OR 来表示。参考 SQL 语句如下：

```
SELECT studentName ,YEAR(getdate())-YEAR(birthday) as age
FROM Student
WHERE sex = '男' OR YEAR(getdate())-YEAR(birthday) > 19
```

查询结果如图 7.18 所示。

【例 7.17】 查询"Grade"表中成绩为空的学生学号。

分析：成绩为空即没有成绩，或成绩未定，而不是成绩为 0 或成绩填入了空值（如空字符串）。在 SQL 语言里，使用 NULL 关键字来表示未知、不确定或没有。

```
SELECT studentID FROM Grade
WHERE grade IS NULL
```

查询结果如图 7.19 所示。

查询值是否为空，要使用关键字 IS NULL，否定形式为 IS NOT NULL。一定不能使用" = NULL"或者"="。

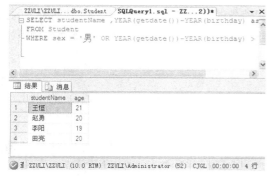

图 7.18　带有逻辑运算符的查询

图 7.19　空值 NULL 查询

7.5.2　模糊查询

通常在查询字符数据时，提供的查询条件并不是十分准确，如查询仅仅是包含或类似某种样式的字符。这种查询称为模糊查询，在 WHERE 子句中，可以使用 LIKE 关键字实现这种灵活的查询。

LIKE 关键字用于搜索与特定字符串匹配的字符数据。LIKE 关键字后面可以跟一个列值的一部分而不是完整的列值。其基本语法形式为

```
match_expression [ NOT ] LIKE pattern [ ESCAPE escape_character ]
```

参数说明如下。

（1）match_expression：任何有效的字符数据类型的表达式。

（2）pattern：要在 match_expression 中搜索并且可以包括下列有效通配符（见表 7.1）的特定字符串。

表 7.1　LIKE 子句中的通配符

通　配　符	含　　义
%	包含零个或多个字符的任意字符串
_	代表任意单个字符
[]	指定范围或集合中的任意单个字符
[^]	不属于指定范围或集合中的任意单个字符

（3）escape_character：放在通配符之前用于指示通配符应当解释为常规字符而不是通配符的字符。escape_character 是字符表达式，无默认值，并且计算结果必须仅为一个字符。

需要强调的是，带有通配符的字符串必须使用单引号引起来。下面是一些带有通配符的示例。

- LIKE 'AB%'：返回以 "AB" 开始的任意字符串。
- LIKE '%ABC'：返回以 "ABC" 结束的任意字符串。
- LIKE '[%]ABC%'：返回以 "%ABC" 开始的任意字符串。
- LIKE '_AB'：返回以 "AB" 结束的 3 个字符的字符串。
- LIKE '[ACE]%'：返回以 "A"、"C"、"E" 开始的任意字符串。
- LIKE '[A-Z]ing'：返回 4 个字符长的字符串，结尾是 "ing"，第 1 个字符的范围是从 A 到 Z。
- LIKE 'L[^a]%'：返回以 "L" 开始、第 2 个字符不是 "a" 的任意字符串。

下面通过例子来说明 LIKE 子句的使用。

【例 7.18】　查询所有姓王的学生的姓名、学号和性别。

分析：姓"王"的学生，其姓名必须满足这样的条件，姓名第一个字为"王"，而剩下的部分可以是任意字，并且可以是任意多个字。由此可见从第二个字开始应使用"%"通配符。代码如下：

```
SELECT studentID,studentName ,sex
FROM Student
WHERE studentName LIKE '王%'
```

查询结果如图 7.20 所示。

【例 7.19】 查询所有不姓刘的学生姓名和学号。

分析：所有不姓刘的学生信息没有办法直接查询出来，但是可以直接查询出所有姓刘的学生信息：

```
SELECT studentID,studentName ,sex
FROM Student
WHERE studentName LIKE '刘%'
```

再对这些信息取否定，即 NOT LIKE，就可以得到所有不姓刘的学生信息。代码如下：

```
SELECT studentID,studentName ,sex
FROM Student
WHERE studentName NOT LIKE '刘%'
```

【例 7.20】 查询姓名中第二个字为"敏"字的教师信息。

分析：姓名中第二个字为"敏"，显然"敏"字前面必须有且只能有一个字，所以要用到通配符"_"，而"敏"字后面可以有字也可以没有字，是任意长度的字符串，要用到通配符"%"。查询教师信息，需要使用 Teacher 表。SQL 语句如下：

```
SELECT *
FROM Teacher
WHERE teacherName LIKE '_敏%'
```

查询结果如图 7.21 所示。

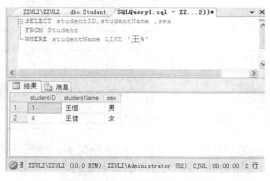

图 7.20　含通配符"%"的查询　　　　　　图 7.21　含通配符"_"和"%"的查询

可以将通配符模式匹配字符作为文字字符使用。若要将通配符作为文字字符使用，请将通配符放在方括号中。如字符串"[%]ABC%"，表示以"%ABC"开始的任意字符串。

如果用户要查询的字符串本身就含有通配符，这时就要使用 ESCAPE 关键字，对通配符进行转义。

【例 7.21】 查询"DB_Design"课程的课程号和学分。

分析：在课程名"DB_Design"中包含了符号"_"，如果直接使用条件 LIKE DB_Design 查询，显然 SQL 会把条件中的"_"作为通配符处理，那么得到的结果就是"以 DB 开头以 Design 结尾第三个字符可以是任意字符"的课程名，如 DBADesign。因此在该查询以及类似查询中，需要对通配符字符进行"转义"，以便告诉 SQL 分析器，字符串中的哪些符号是普通符号，不要作为通配符来处理。

转义的方法是使用 ESCAPE 子句,并在 ESCAPE 子句后跟上转义字符,转义字符可自己定义。

该查询 SQL 如下：

```
SELECT courseID, credithour
FROM Course
WHERE courseName LIKE 'DB\_Design' ESCAPE '\'
```

ESCAPE '\'表示"\"为转义字符，这样匹配字符串中紧跟在"\"后面的字符"_"就不再具有通配符的含义，而是转义为普通的"_"字符处理。

7.5.3　带查找范围的查询

谓词 IN、NOT IN 和 BETWEEN…AND…、NOT BETWEEN…AND…可以用来查找属性值在或不在指定范围内的元组。其中，BETWEEN 后是范围的下限，AND 后是范围的上限。

【例 7.22】　查询年龄在 19～22 之间的学生的姓名、年龄和所属院系。

```
SELECT studentName,YEAR(getdate())-YEAR(birthday),speciality
FROM Student
WHERE YEAR(getdate())-YEAR(birthday) BETWEEN 19 AND 22
```

查询结果如图 7.22 所示。

此查询等价于：

```
SELECT studentName,YEAR(getdate())-YEAR(birthday),speciality
FROM Student
WHERE YEAR(getdate())-YEAR(birthday) IN (19,20,21,22)
```

你还能写出其他形式的等价语句来完成此查询吗？

与 BETWEEN…AND…相对的谓词是 NOT BETWEEN…AND…。

【例 7.23】　查询所属院系为计算机或者化学系的学生信息。

分析：可以把所有学生所属院系看作一个集合，而每个学生所属的院系就是集合中的一个。匹配集合中的某个值可以使用谓词 IN。查询语句如下：

```
SELECT *FROM Student
WHERE speciality in ('计算机','化学')
```

该查询等价于：

```
SELECT *FROM Student
WHERE speciality = '计算机' or speciality = '化学'
```

执行结果如图 7.23 所示。

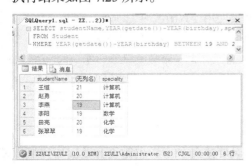

图 7.22　带 BETWEEN…AND…的查询

图 7.23　带 IN 谓词的查询

7.6 聚合函数

在 SELECT 语句中使用聚合函数，可为表中的值创建汇总。聚合函数又称聚集函数、统计函数，它对一组值执行计算，并返回单个值。

在 SQL SERVER 中主要提供以下几类聚合函数。

计数：

```
COUNT ( [ DISTINCT | ALL ] expression | * )
```

计算总和：

```
SUM ( [ DISTINCT | ALL ] expression )
```

计算平均值：

```
AVG ( [ DISTINCT | ALL ] expression )
```

求最大值：

```
MAX ( [ DISTINCT | ALL ] expression )
```

求最小值：

```
MIN ( [ DISTINCT | ALL ] expression )
```

求标准偏差：

```
STDEV ( [ ALL | DISTINCT ] expression )
```

求总体标准偏差：

```
STDEVP ( [ ALL | DISTINCT ] expression )
```

求方差：

```
VAR ( [ ALL | DISTINCT ] expression )
```

求总体方差：

```
VARP ( [ ALL | DISTINCT ] expression )
```

其中，expression 是精确数值或近似数值数据类型（bit 数据类型除外）的表达式；DISTINCT 短语指明在计算时取消表达式中的重复值，不管其出现了多少次；ALL 短语则表示对所有值进行计算，不取消重复值。缺省情况下为 ALL。

> （1）除了 COUNT 以外，聚合函数都会忽略空值（NULL）；
> （2）聚合函数只能在以下位置作为表达式使用：
> ● SELECT 语句的选择列表（子查询或外部查询）。
> ● HAVING 子句。

【例 7.24】 查询学生总人数。

分析：首先确定要使用的函数，统计学生人数显然要使用计数函数即 COUNT 函数。接下来确定 COUNT 计数时使用的参数。学生信息保存在 Student 表中，学生总人数等价于 Student 表中学生的记录个数或学号个数。因此统计总人数实际上就是统计 Student 表中的记录数或学号个数。SQL 语句如下：

```
SELECT COUNT (*)
FROM Student
```

查询结果如图 7.24 所示。

【例 7.25】 查询选修了课程的学生人数。

由于一个学生可能选择多门课程，所以在计算时要避免一个学生重复计数。所以可以使用 DISTINCT 关键字对学生学号 studentID 进行筛选，保证同一个学号只计数一次。

```
SELECT COUNT ( DISTINCT studentID)
FROM Grade
```
　或：
```
SELECT COUNT (studentID)
FROM Student
```
　　查询结果如图 7.25 所示。

图 7.24　COUNT 函数

图 7.25　不计重复值的 COUNT 函数

【例 7.26】　计算计算机系学生选修 1 号课程的平均成绩。

分析：显然，要计算平均成绩需要使用 AVG 函数对 Grade 表中的成绩列 grade 运算。但是 Grade 表中保存了所有学生的 1 号课程成绩，需要从中筛选出来计算机系的相关信息。"计算机"信息保存在 Student 表中，如何把这二者联系起来呢？可以通过两张表共有的属性"studentID"来完成。

首先通过 Student 表找出所有"计算机"系学生的 studentID，只要 Grade 表中的 studentID 等于其中的某个值，就表明 Grade 表中的这项记录是"计算机"系学生的选课记录。接着就可以进一步找出所有计算机系选修 1 号课程的记录，进而计算平均成绩。

参考 SQL 语句如下：
```
SELECT AVG(Grade)
FROM Grade
WHERE courseID='1' and studentID IN
 ( SELECT studentID FROM student
   WHERE speciality='计算机')
```
　　查询结果如图 7.26 所示。

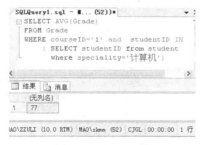

图 7.26　AVG 函数

聚合函数经常与 SELECT 语句的 GROUP BY 子句一起使用，用于实现分组统计。

7.7　分组查询

使用分组技术可以将记录按属性分组，属性值相等的为一组。这样做的目的是为了细化统计函数的作用对象，如果未对查询结果分组，集函数将作用于整个查询结果；而对查询结果分组后，集函数将分别作用于每个组。

分组的一般格式为

```
GROUP BY [ ALL] group_by_expression [ ,…n ]
```

【例 7.27】 统计每个院系的学生总人数。

要想统计每个院系的学生人数，需要先把院系一样的记录放到一起作为一组，然后统计该组的人数，即：按院系（speciality）分组，统计人数。

```
SELECT COUNT (*)
FROM Student
GROUP BY speciality
```

查询结果如图 7.27 所示。

【例 7.28】 查询每门课程的选课平均成绩及选课人数。

分析：要想计算每门课程的平均成绩和选课人数，需要把"课程号"相同的记录（同一门课）作为一组来进行运算。即按课程号 courseID 分组。

```
SELECT courseID, AVG(grade) AS 平均成绩,COUNT(studentID) AS 选课人数
FROM Grade
GROUP BY courseID
```

查询结果如图 7.28 所示。

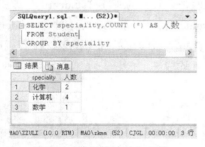

图 7.27　分组统计学生人数

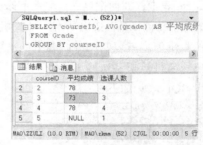

图 7.28　分组统计平均成绩与人数

如果分组后还要求按一定的条件对这些组进行筛选，最终只输出满足指定条件的组，则可以使用 HAVING 短语指定筛选条件。

【例 7.29】 查询选修了 2 门以上课程的学生学号。

```
SELECT studentID FROM Grade
GROUP BY studentID
HAVING COUNT(*) >2
```

分析：先用 GROUP BY 子句按学号 studentID 进行分组，再用统计函数 COUNT 对每一组计数。HAVING 短语给出了输出结果的条件，只有满足这个条件（即元组个数>2）的组才会输出显示。

该查询也可用以下代码实现：

```
SELECT studentID FROM Grade X
WHERE (SELECT COUNT(*) FROM Grade Y
    WHERE X.studentID=Y.studentID)>=2
GROUP BY studentID
```

两者执行结果一样，但是很明显，使用 HAVING 子句的代码要比使用 WHERE 与聚合函数的代码精简，也容易理解。

在使用 GROUP BY 和 HAVING 子句的过程中，要注意以下几点。

● GROUP BY 子句的作用对象是查询的中间结果表，它按照指定的一列或多列值进行分

组，值相等的为一组。因此，使用 GROUP BY 子句后，SELECT 子句的列名列表中只能出现分组属性和聚合函数。例如，下面的语句就是不对的：

```
SELECT studentID, courseID FROM Grade
GROUP BY studentID
HAVING COUNT(*) >2
```

因为 courseID 既不是分组属性，也没有包含在聚合函数中。

- 因为 HAVING 子句是作为 GROUP BY 子句的条件出现的，所以 HAVING 子句一般与 GROUP BY 子句同时出现，并且必须出现在 GROUP BY 子句之后。如果不使用 GROUP BY 子句，则 HAVING 的行为与 WHERE 子句一样。
- GROUP BY 子句可以包含表达式。
- 在 HAVING 子句中的列只返回一个值。

【例 7.30】 查询课程成绩有 2 门（或以上）超过 80 分的学生学号及相应（80 分以上）的课程数。

分析：先从 Grade 表中筛选出来所有 80 分以上的选课记录，然后再按学生（分组）统计选修课程的门数，超过两门的学生信息即是所求。SQL 语句如下：

```
SELECT studentID, COUNT(*) FROM Grade
WHERE grade > 80
GROUP BY studentID
HAVING COUNT(*) >=2
```

查询结果如图 7.29 所示。

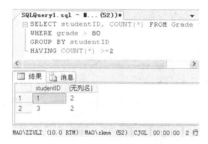

图 7.29　包含 WHERE 与 HAVING 子句的查询

HAVING 短语与 WHERE 子句的区别在于作用对象不同。WHERE 子句作用于基表或视图，从中选择满足条件的元组。HAVING 短语作用于组，从中选择满足条件的组。

7.8　排序

使用 ORDER BY 子句可以按一个或多个属性列对数据进行排序。默认的排序方式有两种，升序和降序，分别使用关键字 ASC 和 DESC 来指定。其中，ASC 表示升序，DESC 表示降序，缺省值为升序。当排序列包含空值（NULL）时，若使用 ASC 关键字，则排序列为空值的元组最后显示；若使用 DESC 关键字，则排序列为空值的元组最先显示。其基本格式如下：

```
ORDER BY order_by_expression [ ASC | DESC ] [ ,…n ]
```

其中，排序表达式可以是列名、表达式或者正整数。正整数表示表中列的位置（第几列）。

【例 7.31】 查询选修了 2 号课程的学生学号及其成绩，并按分数降序输出结果。

```
SELECT studentID, grade FROM Grade
WHERE courseID = '2'
ORDER BY grade DESC
```

查询结果如图 7.30 所示。

当基于多个属性对数据进行排序时，出现在 ORDER BY 子句中的列的顺序是非常重要的，因为系统是按照排序列的先后进行排序的。如果第一个属性相同，则依据第二个属性排序，如果第二个属性相同，则依据第三个属性排序，依此类推。另外，在执行多列排序时，每一个列都可以指定是升序还是降序。

【例 7.32】 查询全体学生信息，查询结果按学生所在系的系名升序排列，同一个系中的学生按年龄降序 排列。

```
SELECT * FROM Student
ORDER BY speciality, birthday
```

在该查询中，系统先按照院系 speciality 升序进行排序（关键字 ASC 省略），然后对于院系相同的元组再按照出生年月降序（即年龄升序）进行排序。查询结果如图 7.31 所示。

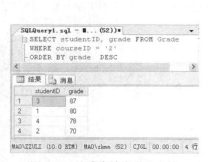

图 7.30　按降序输出学生成绩

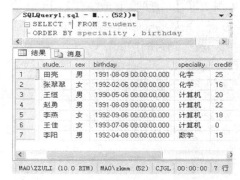

图 7.31　排序查询

当在查询语句中使用了 ORDER BY 子句时，还经常在 SELECT 子句中使用 TOP 关键字。TOP 关键字表示仅在结果集中从前向后列出指定数量的数据行。如果在使用 TOP 关键字的 SELECT 语句中没有使用排序子句，则只是随机地返回指定数量的数据行。

使用 TOP 关键字的基本语法有两种：

- TOP (n)：从前向后返回 n 行数据
- TOP (n) PERCENT：按照百分比返回指定数量的数据行

【例 7.33】 查询班内前 5 个学生的信息。

```
SELECT TOP (5) *
FROM Student
ORDER BY studentID
```

本查询先将结果集中的数据按照 studentID 升序排序，然后取出前 5 个输出显示。

【例 7.34】 查询程序设计基础课程成绩排名在前 30% 的学生学号、姓名和成绩。

分析：先筛选得到"程序设计基础"课程的选课信息并按"成绩"降序排序，然后取出前面 30% 的记录输出显示。

　　　　　因为本查询涉及的信息牵涉到了 3 张表，因此需要将 3 张表连接起来进行查询，关于连接查询请参考 7.9 节。

本查询 SQL 语句如下：

```
SELECT TOP (30) PERCENT Grade.studentID, studentName, Grade
FROM Grade JOIN Student ON Grade.studentID = Student.studentID
```

```
JOIN Course ON Grade.courseID=Course.courseID
WHERE coursename='程序设计基础'
ORDER BY Grade DESC
```

查询结果如图 7.32 所示。

有的读者或许会问，图 7.32 列出了 2 行数据，但是会不会第 3 行、第 4 行甚至更多行的数据值和第 5 行相等呢？如果相等的话，那么这些行的数据是否会显示呢？例如在例 7.34 中，结果集列出了 2 行数据，假设第 3 行数据中 Grade 值也是 78 的话，那不是就丢失了一部分可以使用的信息吗？要解决这个问题很简单，只需要在 TOP 子句后使用 WITH TIES 子句就可以了。

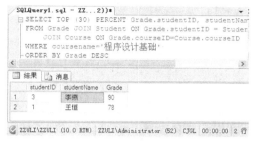

图 7.32　显示部分记录的查询

7.9　连接查询

在设计表时，为了提高表的设计质量，经常把相关的数据分散在不同的表中。但是，在实际使用时，往往需要同时从两个或两个以上表中检索数据，并且每一个表中的数据往往仍以单独的列出现在结果集中。实现从两个或两个以上表中检索数据且结果集中出现的列来自于两个或两个以上表中的检索操作称为连接技术。通过连接，可以从两个或多个表中根据各个表之间的逻辑关系来检索数据。连接指明了 Microsoft SQL Server 应如何使用一个表中的数据来选择另一个表中的行。

　　关于连接，在大多数文献中都记为"连接"，也有文献记为"联接"（参见 SQL Server 联机丛书）。本书沿用了多数文献的记法与习惯，使用"连接"二字。

连接查询是关系数据库中最主要的查询，包括交叉连接、内部连接、外部连接三种。

可以在 FROM 或 WHERE 子句中指定内连接；而只能在 FROM 子句中指定外连接。连接条件与 WHERE 和 HAVING 搜索条件相结合，用于控制从 FROM 子句所引用的基表中选定的行。

在 FROM 子句中指出连接时有助于将连接操作与 WHERE 子句中的搜索条件区分开来。所以，在 Transact-SQL 中推荐使用这种方法。

在 FROM 子句中指定连接条件的语法格式为：

```
FROM first_table join_type second_table [ON (join_condition)]
```

其中：连接类型 join_type 可以是交叉连接（CROSS JOIN）、内部连接（INNER JOIN）、外部连接（OUTER JOIN）；ON 子句指出连接条件，它由被连接表中的列和比较运算符、逻辑运算符等构成。

连接可以对同一个表操作，也可以对多表操作，对同一个表操作的连接又称做自连接。

7.9.1　交叉连接

交叉连接也称为笛卡儿乘积，它返回两个表中所有数据行的全部组合，所得结果集中的数据行数等于第一个表中的数据行数乘以第二个表中的数据行数。

交叉连接使用关键字 CROSS JOIN 来创建，并且不带 WHERE 子句。例如，对"Student"表和"Course"表执行交叉连接，如图 7.33 所示，由于"Student"表中有 7 行数据，"Course"表中有 5 行数据，因此结果集中包含了 35 行数据。

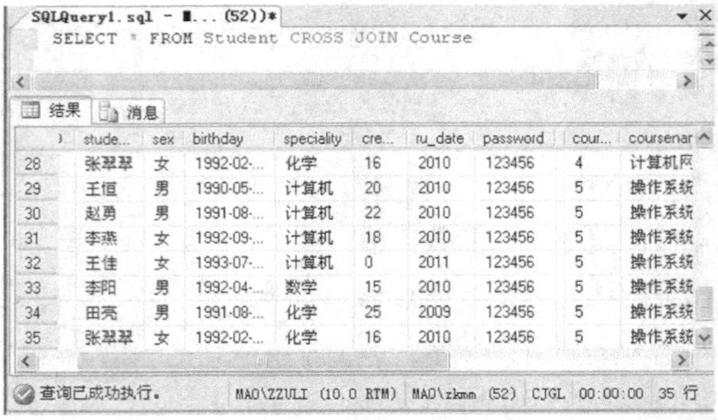

图 7.33　交叉连接查询

但是，如果添加了 WHERE 子句，则交叉连接的行为将与内部连接行为相似。

例如：下面两段代码执行得到的结果集是一样的。

```
SELECT * FROM Student CROSS JOIN Course
WHERE speciality ='计算机'; --带WHERE子句的外连接
SELECT * FROM Student INNER JOIN Course
ON speciality ='计算机' ;              --内连接
```

在实际的应用中，交叉连接的使用是比较少的，但是它是理解外连接和内连接的基础。

7.9.2　内连接

内连接（INNER JOIN）使用比较运算符进行表间某（些）列数据的比较操作，并列出这些表中与连接条件相匹配的数据行。

1. 等值连接查询

连接条件或连接谓词中的运算符为等号（＝）的连接查询，称为等值连接。

【例 7.35】查询每个学生选修课程的情况。

学生信息存放在"Student"表中，学生选课信息存放在"Grade"表中，所以本查询实际上涉及"Student"与"Grade"两个表。这两个表之间的联系是通过公共属性 studentID 实现的。

法（一）：在 FROM 子句中指定连接条件

```
SELECT *
FROM student INNER JOIN Grade
ON student.studentID = grade .studentID
```

法（二）：在 WHERE 子句中指定连接条件

```
SELECT *
FROM student , Grade
WHERE student.studentID = grade .studentID
```

查询结果如图 7.34 所示。

本例中，SELECT 子句、ON 子句与 WHERE 子句中的属性名前都加上了表名前缀，这是因为在"Student"表和"Grade"表中都有属性"studentID"，为了避免混淆，必须加上表名。如果属性名在参加连接的各表中是唯一的，则可以省略表名前缀。

SQL SERVER 2008 执行该连接操作的一种可能过程是：

● 首先，在"Student"表中找到第一个元组，然后从头开始扫描"Grade"表，逐一查找

与"Student"第一个元组的"StudentID"相等的"Grade"元组;

- 找到后就将"Student"表中的第一个元组与该元组拼接起来,形成结果表中的一个元组;

- "Grade"全部查找完后,再找"Student"表中的第二个元组,然后再从头开始扫描"Grade"表,逐一查找满足连接条件的元组,找到后就将"Student"表中的第二个元组与该元组拼接起来,形成结果表中的一个元组。

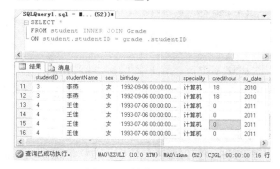

图 7.34 等值连接查询

- 重复以上操作,直到"Student"表中的全部元组都处理完毕。

2. 不等值连接查询

当连接条件或连接谓词中的运算符不是等号(=)时,将该连接称为不等值连接。这些运算符可以是:>、>=、<、<=、!=(或<>),还可以使用 BETWEEN…AND…之类的谓词。

一般情况下,不等值连接通常和等值连接一起组成复合条件,共同完成一组查询。

【例 7.36】 查询每个学生选修课程成绩大于 80 分的情况。

学生情况存放在"Student"表中,学生选课情况存放在"Grade"表中,所以本查询实际上涉及"Student"与"Grade"两个表。这两个表之间的联系是通过公共属性"studentID"实现的。

法(一):在 FROM 子句中指定连接。

```
SELECT Student.*, Grade.*
FROM Student INNER JOIN Grade
ON Student.studentID = Grade.studentID AND Grade.Grade >80
```

法(二):在 WHERE 子句中指定连接。

```
SELECT Student.*, Grade.*
FROM Student, Grade
WHERE Student.studentID = Grade.studentID AND Grade.Grade >80
```

查询结果如图 7.35 所示。

从图 7.34、图 7.35 的结果可以看出,对两个表进行等值、不等值连接查询后,在结果集中出现了重复列"studentID"。如果在进行等值或不等值连接时目标列不使用"*"而使用列名称,从而把结果集中重复的属性列去掉,就成了自然连接。

例如,在例 7.35 中,查询每个学生选修课程的情况,并去掉重复列。可以使用下面的 SQL语句:

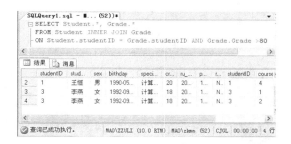

图 7.35 不等值连接查询

```
SELECT Student.studentID, studentName, birthday, speciality, courseID, Grade
FROM Student INNER JOIN Grade
ON Student.studentID = Grade.studentID
```

同样地,也可以在 WHERE 子句中指定连接条件进行查询:

```
SELECT Student.studentID, studentName, birthday, speciality, courseID, Grade
FROM Student, Grade
```

```
WHERE Student.studentID = Grade.studentID
```
执行结果如图 7.36 所示。

3. 自连接查询

连接不仅可以在不同的表之间进行，还可以在同一张表上进行，这种连接称为自连接（Self Join），相应的查询称为自连接查询。

【例 7.37】查找课程不同成绩相同的学生的学号、课程号和成绩（不考虑同一学生成绩相同的情况）。

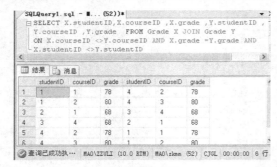

图 7.36　自然连接查询

要查询不同学生课程不同成绩相同的信息，显然，要使用两张"Grade"表。在第一张表中保存学生的课程、成绩，在第二张表中逐条读取学生成绩记录与第一张表中的记录比较，看是否满足条件：课程不同、成绩相同。

```
SQL 语句如下：
SELECT X.studentID,X.courseID ,X.grade ,Y.studentID ,Y.courseID ,Y.grade
FROM Grade X JOIN Grade Y
ON X.courseID <>Y.courseID AND X.grade =Y.grade AND X.studentID <>Y.studentID
```
执行结果如图 7.37 所示。

分析查询结果，可以看到，结果集中的数据并不是我们最终想要的，因为里面的记录两两重复了。在自连接查询中，这是经常出现的情况，因为所有的记录都会被比较两次。要想得到最终的结果，需要加上一些限制条件对结果做进一步处理。执行下面的语句，结果如图 7.38 所示，观察结果有什么变化。

```
SELECT X.studentID,X.courseID ,X.grade ,Y.studentID ,Y.courseID ,Y.grade
FROM Grade X JOIN Grade Y ON X.courseID <>Y.courseID AND X.grade =Y.grade AND X.studentID
>Y.studentID
```

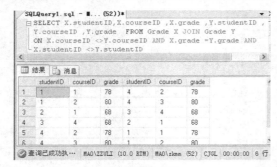

图 7.37　自连接查询

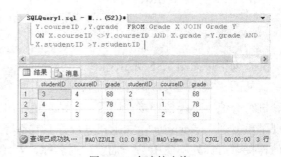

图 7.38　自连接查询

如果需要把同一个学生不同课程、成绩相同的记录同时显示出来，语句该如何实现？

7.9.3　外连接

在内连接操作中，只有满足连接条件的元组才能作为结果输出，如在例 7.35 的结果表中没有关于 5、6、7 号学生的选课信息，原因在于他们没有选课，在"Grade"表中没有这些学生相应的记录，因此内连接后就没有这些学生的选课信息。但是有时需要以"Student"表为主体列出每个学生的基本情况及其选课情况，若某个学生没有选课，则只输出其基本情况信息，其选课信息为空值即可，这时可以使用外连接（OUTER JOIN）。

在 Microsoft SQL SERVER 2008 系统中，可以使用 3 种外连接关键字，即 LEFT OUTER JOIN（或 LEFT JOIN），RIGHT OUTER JOIN（或 RIGHT JOIN）和 FULL OUTER JOIN（或 FULL JOIN）。LEFT OUTER JOIN 表示左外连接，结果集中将包含左表中的所有数据和第二个连接表中满足条件的数据。RIGHT OUTER JOIN 表示右外连接，结果集中将包含右表中的所有数据和第一个连接表中满足条件的数据。FULL OUTER JOIN 表示全外连接，它综合了左外连接和右外连接的特点，返回两个表的所有行。对于不满足外连接条件的数据在另外一个表中的对应值以 NULL 填充。

【例 7.38】　查询所有学生选修课程的情况，包括没有选修课程的学生。

本例和例 7.35 不同的地方在于，例 7.35 只需输出选修了课程的学生信息，没有选修课程的学生信息不输出；而本例却必须输出全部学生信息。因此，必须使用外连接才能实现。SQL 语句如下：

```
SELECT Student.studentID,Student.studentName,courseID, grade
FROM Student LEFT OUTER JOIN Grade
ON Student.studentID = Grade.studentID
```

在该查询语句中，使用了左外连接。所以"Student"表（左表）中的数据将全部输出，而"Grade"表（右表）中不满足查询条件的数据记录在对应的记录位置上都用 NULL 表示。结果如图 7.39 所示。

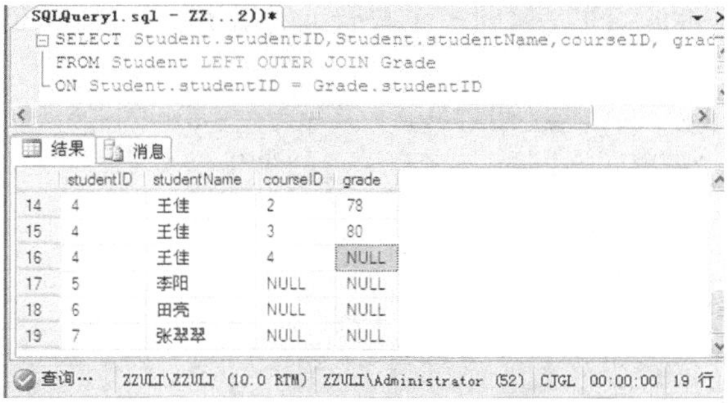

图 7.39　左外连接查询

本例也可以用右外连接来完成。这时只需要把"Student"表和"Grade"表的位置调换一下即可：

```
SELECT Student.studentID,Student.studentName,courseID, grade
FROM Grade RIGHT OUTER JOIN Student
ON Student.studentID = Grade.studentID
```

语句的执行结果与例 7.39 完全一样。

7.10　子查询技术

在 SQL 语言中，一个 SELECT…FROM…WHERE…语句称为一个查询块。将一个查询块嵌套在另一个查询块的 WHERE 子句或 HAVING 短语的条件中的查询称为嵌套查询，又称为子查询。例如：

```
SELECT studentName
FROM Student
WHERE studentID IN
        ( SELECT studentID
        FROM Grade
        WHERE courseID = '2' ) ;
```

在本例中，下层查询块"SELECT studentID FROM Grade WHERE courseID = '2'"是嵌套在上层查询块"SELECT studentName FROM Student WHERE studentID IN"的 WHERE 子句中的。上层查询块称为外层查询或者父查询，下层查询块称为内层查询或子查询。

当查询语句比较复杂、不容易理解，或者一个查询依赖于另外一个查询结果时，就可以使用子查询。

SQL 语言允许多层嵌套查询，即一个子查询中还可以嵌套其他子查询。在使用子查询时，需要注意以下几点。

- 子查询必须使用圆括号括起来。
- 子查询中不能使用 ORDER BY 子句。
- 如果父查询中使用了 ORDER BY 子句，则 ORDER BY 子句必须与 TOP 子句同时出现。
- 嵌套查询一般的求解方法是由里向外，即每个子查询要在上一级查询处理之前求解，子查询的结果用于建立其父查询要使用的查找条件。

7.10.1　带 IN 的嵌套查询

在嵌套查询中，子查询的结果往往是一个集合，所以谓词 IN 是嵌套查询中最常使用的谓词。其主要使用方式为：

```
WHERE expression [NOT] IN ( subquery )
```

【例 7.39】　查询与"王恒"在同一个院系学习的学生信息。

先分步完成此查询，然后再构造嵌套查询。

（1）确定"王恒"所在的系名。

```
SELECT speciality
FROM Student
WHERE studentName='王恒'
```

查找结果为"计算机"，如图 7.40 所示。

（2）查找所有在"计算机"系学习的学生信息。查找结果如图 7.41 所示。

```
SELECT * FROM Student
WHERE speciality='计算机'
```

图 7.40　查询王恒所在系名称　　　　图 7.41　查询在计算机系学习的学生信息

然后将第（1）步查询嵌入到第（2）步查询中，构造出嵌套查询：

```
SELECT * FROM Student
WHERE speciality IN
        (SELECT speciality
        FROM Student
        WHERE studentName='王恒')
```

【例 7.40】　查询选修了课程名为"数据库原理"的学生学号和姓名。

本查询涉及学号、姓名和课程名 3 个属性。学号和姓名存放在"Student"表中，课程名存放在"Course"表中，这两个表之间没有直接的联系，所以需要通过"Grade"表建立二者之间的联系。因此本查询实际上涉及 3 个关系。

`SELECT studentID, studentName`
`FROM Student`
`WHERE studentID IN`
	③最后在"Student"表中取出相应学号的学生信息

`( SELECT studentID`
`    FROM Grade`
`    WHERE courseID IN`
	②然后在"Grade"中找出选修了 3 号课程的学生学号为：1、2、4

`        ( SELECT courseID`
`        FROM Course`
`        WHERE coursename= '数据库原理' ) )`
	①首先在"Course"表中找出"数据库原理"的课程号，结果为 3

查询结果如图 7.42 所示。

图 7.42　查询选修了"数据库原理"课程的学生信息

由例 7.39 和例 7.40 可以看出，当查询涉及多个关系（表）时，用嵌套查询逐步求解，层次清楚，易于构造，具有结构化程序设计的特点。

需要注意的是：包含 IN 和 NOT IN 的子查询只能返回一列数据。

7.10.2　带比较运算符的嵌套查询

带有比较运算符的子查询是指父查询与子查询之间用比较运算符进行连接。当用户能确切知道内层查询返回的是单值时，可以用=、>、<、>=、<=、!=或<>等比较运算符。

例如，在例 7.39 中，由于一个学生只可能在一个系学习，也就是说子查询的结果是一个值，因此可以用"="代替"IN"，其 SQL 语句如下：

```
SELECT * FROM Student
WHERE speciality =
```

```
        (SELECT speciality
        FROM Student
        WHERE studentName='王恒')
```

例 7.39 和例 7.40 中的子查询都只执行一次，其查询结果用于父查询。子查询的条件不依赖于父查询，这类子查询称为不相关子查询。不相关子查询是较简单的一类子查询。如果子查询的查询条件依赖于父查询，这类子查询称为相关子查询。下面就是一个相关子查询的例子。

【例 7.41】 找出每个学生超过他选修课程平均成绩的课程号。

分析：该查询需要用到两张表，一张是学生的选课成绩表 Grade，另一张是学生的平均成绩表，存放学生的平均成绩，该表可以通过查询的结果集来构造。然后用第一张表的学生成绩跟第二张表中该学生的平均成绩做比较，即可找出满足条件的记录。SQL 语句如下：

```
SELECT studentID, courseID
FROM Grade x
WHERE grade > = ( SELECT AVG (grade)
    FROM Grade  y
    WHERE y.studentID = x.studentID )
```

"x" 是表 "Grade" 的别名，又称为元组变量，可以用来表示 "Grade" 的一个元组，内层查询是求一个学生所有选修课程平均成绩的，至于是哪个学生的平均成绩要看参数 "x.studentID" 的值，而该值是与父查询相关的，因此这类查询称为相关子查询。查询结果如图 7.43 所示。

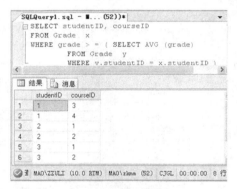

图 7.43　相关子查询

7.10.3　带 ANY 或 ALL 的嵌套查询

子查询返回单值时，可以用比较运算符，但返回多值时，要用 ANY 或 ALL 谓词修饰符。而使用 ANY 或 ALL 谓词时，必须同时使用比较运算符，其语义为

>ANY	大于子查询结果中的某个值
>ALL	大于子查询结果中的所有值
<ANY	小于子查询结果中的某个值
<ALL	小于子查询结果中的所有值
>=ANY	大于等于子查询结果中的某个值
>=ALL	大于等于子查询结果中的所有值
<=ANY	小于等于子查询结果中的某个值

<=ALL	小于等于子查询结果中的所有值
=ANY	等于子查询结果中的某个值
=ALL	等于子查询结果中的所有值（通常没有实际意义）
!=(或< >)ANY	不等于子查询结果中的某个值
!= (或< >)ALL	不等于子查询结果中的任何一个值

【例 7.42】　查询其他系中比计算机系所有学生年龄都大的学生姓名、年龄和所属院系。

```
SELECT studentName, birthday, speciality
FROM Student
WHERE year(getdate())-year(birthday) >ALL ( SELECT year(getdate())-year(birthday)
                    FROM Student
                    WHERE speciality = '计算机' )
AND speciality != '计算机'
```

执行结果如图 7.44 所示。

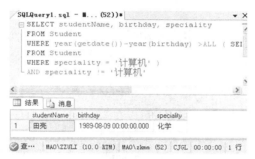

图 7.44　带 ALL 的嵌套查询

系统执行此查询时，首先处理子查询，找出计算机系中所有学生的年龄，构成一个集合（18，19，20，21）。然后处理父查询，找出所有非计算机系且年龄大于 21 的学生。

本查询也可以用聚合函数来实现。首先用子查询找出计算机系学生的最大年龄（21），然后在父查询中查询所有非计算机系其年龄大于 21 的学生。SQL 语句如下：

```
SELECT studentName, birthday, speciality
FROM Student
WHERE birthday > ( SELECT MAX(birthday)
            FROM Student
            WHERE speciality = '计算机' )
AND speciality != '计算机'
```

【例 7.43】　查询与李燕选修过相同课程的学生信息及课程名称。

分析：可以先查询出"李燕"选修过的课程的课程号，然后再查询其他学生是否也选修过这些课程（即课程号与"李燕"选修过的课程号相同）。

```
SELECT S.studentID,studentName,courseName
FROM Student S JOIN Grade ON S.studentID=Grade.studentID JOIN
    Course C ON Grade.courseID=C.courseID
WHERE C.courseID=ANY
    (SELECT courseID FROM Student JOIN Grade
    ON Student.studentID=Grade.studentID WHERE studentName='李燕')
```

查询结果如图 7.45 所示。

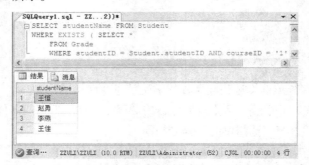

图 7.45　带 ANY 的嵌套查询

7.10.4　带 EXISTS 的嵌套查询

EXISTS 代表存在量词∃。带有 EXISTS 谓词的子查询不返回任何数据，只产生逻辑真值"true"或逻辑假值"false"。使用存在量词 EXISTS 后，若内层查询结果非空，则外层的 WHERE 子句返回真值，否则，返回假值。

【例 7.44】　查询所有选修了 1 号课程的学生姓名。

本查询涉及"Student"和"Grade"关系。可以在"Student"表中依次取每个元组的"studentID"值，再用这个值去检查"Grade"关系。若"Grade"中存在这样的元组：其"studentID"值等于此"Student"表当前的"studentID"值（student.studentID），并且其课程号"courseID"为 1；则取此当前记录的"studentName"送入结果集中。SQL 语句如下：

```
SELECT studentName
FROM Student
WHERE EXISTS
        ( SELECT *
          FROM Grade
          WHERE studentID = Student.studentID AND courseID = '1' )
```

查询结果如图 7.46 所示。

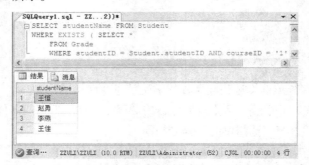

图 7.46　选修了 1 号课程的学生姓名

　　如果想查询所有选修了 1 号课程的学生姓名及课程成绩，该如何实现？你能用多种方法完成该查询吗？

由前面的例子可以看出，只有当使用了 EXISTS 关键字时，才在子查询的列表达式中使用星号（*）代替所有的列名。这是因为当使用 EXISTS 关键字时，子查询不是返回数据，而是判断子查询是否存在数据，这时给出列名没有实际意义。

例 7.44 中子查询的查询条件依赖于外层父查询的"studentID"属性值，因此是相关子查询。求解相关子查询不能像求解不相关子查询那样，一次将子查询求解出来。由于内层查询与外层查询相关，因此必须反复求值。从概念上讲，相关子查询的一般处理过程是：

首先取外层查询表（Student）中的第一个元组，根据它与内存查询相关的属性值（studentID 值）处理内层查询，如果 WHERE 子句返回值为真，则取外层查询中该元组放入结果表；然后再取外层查询表（Student）中的下一个元组；重复这一过程，直到外层查询表全部检查完为止。

与 EXISTS 谓词相对应的是 NOT EXISTS。使用存在两次 NOT EXISTS 后，若内层查询结果为空，则外层的 WHERE 子句返回真值，否则返回假值。

【例 7.45】　查询所有没有选修 1 号课程的学生姓名。

```
SELECT studentName
FROM Student
WHERE NOT EXISTS
        ( SELECT *
            FROM Grade
            WHERE studentID = Student.studentID AND courseID = '1' )
```

【例 7.46】　查询选修了所有全部课程的学生姓名。

查询选修了所有全部课程的学生姓名，等价于查询这样的学生：对于这些学生，不存在任何一门课没有被选修。SQL 语句如下：

```
SELECT studentName
FROM Student
WHERE NOT EXISTS
  (SELECT *
  FROM Course
  WHERE NOT EXISTS
    ( SELECT *
    FROM Grade
    WHERE studentID = Student.studentID AND courseID = Course.courseID)
```

执行结果如图 7.47 所示。

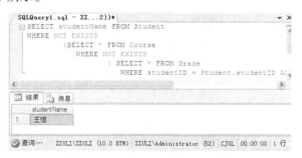

图 7.47　双重 NOT EXISTS 查询

一些带有 EXISTS 或 NOT EXISTS 谓词的子查询不能被其他形式的子查询等价替换，但所有带 IN 谓词、比较运算符、ANY 和 ALL 谓词的子查询都能用 EXISTS 谓词的子查询等价替换。例如，带有 IN 谓词的例 7.39 可以用如下带 EXISTS 谓词的子查询替换：

```
SELECT studentID, studentName, speciality
```

```
FROM Student S1
WHERE EXISTS
    ( SELECT *
        FROM Student S2
        WHERE S2.speciality = S1.speciality AND S2.studentName = '王恒' )
```

由于带 EXISTS 量词的相关子查询只关心内层查询是否有返回值，并不需要查出具体值，因此其效率并不一定低于不相关子查询，甚至有时还是高效的方法。

7.11 集合运算

SELECT 查询语句的结果集往往是一个包含了多行数据（元组）的集合。在数学领域中，集合之间可以进行并、交、差等运算。在 Microsoft SQL Server 2008 中，两个查询语句之间也可以进行集合运算，其中主要包括并操作 UNION、交操作 INTERSECT 和差操作 EXCEPT。需要注意的是，在进行集合运算时，所有查询语句中的列的数量和顺序必须相同，且数据类型必须兼容。

集合运算与连接运算是不同的。在连接运算的结果集中，结果集中的列的数量经常会发生变化，并且行的数量也有可能发生变化。但是，在集合运算的结果集中，结果集中的列的数量不发生变化，只是行的数量可能发生变化。

下面通过几个示例来讲述如何执行集合运算。

7.11.1 并操作

UNION 运算符表示并集运算，结果集中包含了执行并操作的结果集中的所有数据。

其基本格式为

```
< subquery > UNION [ALL] < subquery >
```

【例 7.47】 查询选修了课程 1 或者选修了课程 2 的学生学号。

本查询实际上就是查询选修了课程 1 的学生集合与选修了课程 2 的学生集合的并集。

```
SELECT studentID FROM Grade
WHERE courseID = '1'
UNION ALL
SELECT studentID FROM Grade
WHERE courseID = '2'
```

查询结果如图 7.48 所示。在图中可以看到，结果集中包含了重复数据，这是由于查询语句中使用了 ALL 关键字的缘故。如果去掉 ALL 关键字，而使用 DISTINCT 关键字，则结果集中不会出现重复值。

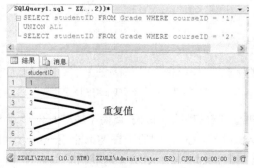

图 7.48　UNION 运算

该查询也可以用以下语句实现（不包含重复值）：

```
SELECT DISTINCT studentID FROM Grade
WHERE courseID = '1' OR courseID = '2';
```

7.11.2　交操作

【例 7.48】　查询既选修了 1 号课程又选修了 2 号课程的学生学号。

本查询实际上就是查询选修了 1 号课程的学生集合与选修了 2 号课程的学生集合的交集。SQL
语句如下：

```
SELECT studentID FROM Grade
WHERE courseID = '1'
INTERSECT
SELECT studentID FROM Grade
WHERE courseID = '2'
```

执行结果如图 7.49 所示。

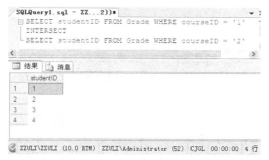

图 7.49　INTERSECT 查询

该查询等价于以下语句：

```
SELECT studentID FROM Grade X
WHERE courseID = '1' AND EXISTS
 (SELECT * FROM Grade Y WHERE courseID = '2'
  AND X.studentID=Y.studentID)
```

如果要查询既选修了课程 1 又选修了课程 2 的学生学号和姓名信息的话，又该如何实现呢？
这点留给读者自己思考。

7.11.3　差操作

【例 7.49】　查询没有选修课程的学生学号、姓名。

```
SELECT studentID,studentName FROM Student
WHERE studentID IN
 (SELECT studentID FROM Student
  EXCEPT
  SELECT studentID FROM Grade)
```

先查询得到所有的学生学号，再从中减去（差集）所有选修了课程的学生学号，即是没有选
修课程的学生学号。根据学生学号即可得到相应的学生姓名。查询结果如图 7.50 所示。

本查询也可使用 IN 查询、EXISTS 查询来实现，SQL 语句如下：

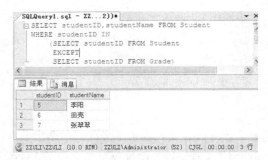

图 7.50　EXCEPT 查询

```
SELECT studentID,studentName FROM Student
WHERE NOT EXISTS
 (SELECT * FROM Grade
 WHERE Student.studentID=Grade.studentID)
```

　　以上介绍了使用 SELECT 语句进行数据查询的命令和操作，这些命令需要读者认真练习并加以掌握。更多命令信息请参阅联机从书。

本章小结

　　SQL 语言的数据查询功能是最丰富、也是最复杂的，本章介绍了数据更新命令和基本的 SQL 查询语句，使用这些语句可以完成数据的插入、修改和删除，以及数据查询操作，包括基本数据查询、条件查询、嵌套查询、集合查询、连接查询、排序查询、统计函数、分组查询等，为读者学习数据库编程和进行数据库操作打下坚实的基础。

　　SQL 语句查询数据的基本格式为

```
SELECT SELECT_list [ INTO new_table ]
[ FROM table_source ]
[ WHERE search_condition ]
[ GROUP BY group_by_expression]
[ HAVING search_condition]
[ ORDER BY order_expression [ ASC | DESC ] ]
```

　　本章所讲内容是使用数据库数据的主要方法和手段，需要读者加强练习，并熟练掌握。

习题

一、选择题

1．下面有关 INSERT…SELECT 语句的描述中，哪些是正确的（　　　）。

A. 新建一个表　　　　　　　　　　　B. 语法不正确

C. 一次可以插入多行数据　　　　　　D. 必须向已有的表中插入数据

2. 在 SELECT 子句中关键字（　　　）用于消除重复项。

A. AS　　　　　　B. DISTINCT　　　　C. TOP　　　　　D. PERCENT

3. 要使用模糊查询来从数据库中查找与某一数据相关的所有元组信息，可使用（　　　）关键字。

A. AND　　　　　B. OR　　　　　　　C. ALL　　　　　D. LIKE

4. 下面关于分组技术的描述哪一种是正确的（　　　）？

A. SELECT 子句中的非统计列必须出现在 GROUP BY 子句中

B. SELECT 子句中的非统计列可以不出现在 GROUP BY 子句中

C. SELECT 子句中的统计列必须出现在 GROUP BY 子句中

D. SELECT 子句中的统计列可以不出现在 GROUP BY 子句中

5. 有关 SELECT colA colB FROM table_name 语句，下面哪种说法是正确的（　　　）？

A. 该语句不能正常执行，因为出现了语法错误

B. 该语句可以正常执行，因为 colA 是 colB 的别名

C. 该语句可以正常执行，因为 colB 是 colA 的别名

D. 该语句可以正常执行，colA 和 colB 是两个不同的别名

6. 下面有关 ESCAPE 子句的说法，哪些是正确的（　　　）？

A. ESCAPE 子句后面的字符是转义符，该字符不能出现在匹配条件中

B. ESCAPE 子句后面的字符是转义符，该字符用于将匹配条件中的通配符转换为正常字符

C. ESCAPE 子句后面的字符是转义符，该字符可以作为通配符使用

D. ESCAPE 子句后面的字符是转义符，该字符可以出现在匹配条件中

二、填空题

1. SELECT 语句中必不可少的两个子句是_____、_____。

2. LIKE 子句中可以使用的 4 个通配符分别是_____、_____、_____、_____。

3. 交叉连接也被称为笛卡儿乘积，返回两个表的乘积。可以使用_____关键字。

三、简答题

（1）内连接和外连接的区别在哪？

（2）有几种改变列标题的方法？

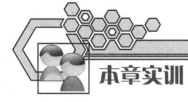

本章实训

一、实训目的

掌握数据更新与数据查询的基本方法，能够熟练使用 INSERT、UPDATE、DELETE 与 SELECT 语句对表内数据进行操作。

二、实训要求

1. 实训前做好上机实训的准备，针对实训内容，认真复习与本次实训有关的知识，

完成实训内容的预习准备工作；

2．认真独立完成实训内容；

3．实训后做好实训总结，根据实训情况完成总结报告。

三、实训学时

10 学时。

四、实训内容

1．练习使用 INSERT 语句插入数据

（1）启动 Microsoft SQL Server Management Studio 工具，打开"CJGL"数据库，新建一个查询。

（2）使用 INSERT 语句在"Student"表中插入如下 2 条记录。

学　　号	姓　　名	性　　别	所 属 院 系
2001	白浩然	男	软件学院
3001	崔蓝	女	计算机

（3）新建一个表"Stu1"（Sno，Sname，Sex），将"Student"表中的数据一次性地插入到"Stu1"中。

（4）分析上面两条 INSERT 语句执行的结果。

2．练习使用 UPDATE 语句

（1）启动 Microsoft SQL Server Management Studio 工具，新建一个查询。

（2）使用 UPDATE 语句更新"Grade"表中的数据，将所有学生的成绩加 5 分。

（3）使用 UPDATE 语句更新"Student"表中的数据，将所属院系为"计算机"的字段记录改为"软件学院"。

（4）查看数据更新后的结果。

3．练习使用删除语句

（1）删除表"Stu1"中的所有计算机学院的学生数据。

（2）将表"Stu1"从数据库中删除。

4．启动 SQL Server Management Studio 工具，打开"CJGL"数据库，新建一个查询。在查询窗口中完成以下查询操作。

（1）查询选修了课程的学生学号（取消重复值）。

（2）查询每个学生选修课程的门数，并为结果集中的目标列指定新的列标题（学号，课程数）。

（3）查询计算机系所有学生的信息。

（4）查询学生姓名中包含"华"字的学生姓名、年龄。

（5）查询姓"陈"并且年龄大于 20 岁的学生姓名和所属院系。

（6）将所有学生信息按照选课成绩进行排序。

（7）查询选课超过一门的学生信息。

（8）找出选课成绩最高的学生姓名、学号和成绩。

（9）找出选课平均成绩前三名的学生姓名和学号。

（10）设计两个查询语句，对查询结果进行并、交、差操作，并分析执行结果。

五、实训思考题

1．分析和比较连接操作与子查询操作的结果。

2．LIKE 子句可以使用哪几种通配符？这些通配符有什么作用？

第8章

Transact-SQL 语言

Transact-SQL 是 Microsoft SQL Server 实现的 ANSI SQL 的加强版语言，它提供了标准的 SQL 命令，另外还对 SQL 命令做了许多扩充，提供类似 Basic、Pascal、C 等第三代语言的基本功能如变量说明、程序流程控制语言、功能函数等。Transact-SQL 语言的分类如下：

- 变量说明；
- 数据定义语言（DDL，Data Definition Language）；
- 数据操纵语言（DML，Data Manipulation Language）；
- 数据控制语言（DCL，Data Control Language）；
- 流程控制语言（Flow Control Language）；
- 内嵌函数；
- 其他命令。

上述分类语言中，数据定义语言（DDL）、数据操纵语言（DML）、数据控制语言（DCL）在其他各章讲述，本章重点讨论变量说明、流程控制、内嵌函数和其他命令。

在 SQL Server 2008 中，可在 SQL Server Management Studio 中调试和运行 SQL 语句，如图 8.1 所示。

图 8.1 SQL Server 2008 Management Studio

8.1 数据类型

在计算机中数据有两种特征：类型和长度。所谓数据类型就是以数据的表现方式和存储方式来划分的数据的种类。在 SQL Server 中每个变量、参数、表达式等都有数据类型。SQL Server 2008 中的数据类型归纳类别如表 8.1 所示。

表 8.1　　　　　　　　　　　SQL Server 2008 提供的数据类型分类

类　　别	数　据　类　型
精确数字	bigint、int、smallint、tinyint、bit、decimal、numeric、money、smallmoney
近似数字	float、real
日期和时间	date、time、datetime、smalldatetime、datetime 2、datetime offset
字符串	char、text、varchar
Unicode 字符串	nchar、ntext、nvarchar
二进制	binary、image、varbinary
其他	cursor、timestamp、sql_variant、uniqueidentifier、table、xml

（1）SQL Server 2008 引入了新的数据类型 DATE、TIME、DATETIME2 和 DATETIMEOFFSET；

（2）cursor 数据类型是唯一不能分配给表列的系统数据类型，它只能用于变量和存储过程参数。

在 Microsoft SQL Server 的未来版本中将删除 ntext、text 和 image 数据类型。请避免在开发工作中使用这些数据类型，考虑修改当前使用这些数据类型的应用程序。改用 nvarchar(max)、varchar(max)和 varbinary(max)。如表 8.2 所示。

表 8.2　　　　　　　大型数据类型与早期版本中的大型对象的对应

大值数据类型	早期版本中的大型对象
varchar(max)	text
nvarchar(max)	ntext
varbinary(max)	image

8.1.1　精确数字类型

1.　整数类型

使用整型的精确数字类型如表 8.3 所示。

表 8.3 使用整型的精确数字类型

数 据 类 型	范　　　围	存　　储
bigint	−2^63(−9 223 372 036 854 775 808)～2^63−1(9 223 372 036 854 7 75　807)	8 Byte
int	−2^31 (−2 147 483 648)～2^31−1 (2 147 483 647)	4 Byte
smallint	−2^15 (−32 768)～2^15−1 (32 767)	2 Byte
tinyint	0～255	1 Byte

int 数据类型是 SQL Server 2008 中的主要整型数据类型，bigint 数据类型用于整数值可能超过 int 数据类型支持范围的情况。实际使用中，要根据所存储数据的最大范围来选择。

2. 逻辑数据类型

bit 是可以取值为 1、0 或 NULL 的整型数据类型。

SQL Server 2008 优化了 bit 列的存储。如果表中的列为 8bit 或更少，则这些列作为 1Byte 存储。如果列为 9～16bit，则这些列作为 2Byte 存储，依此类推。可将只有两个值的数据定义为 bit 类型。

3. decimal 和 numeric

decimal 和 numberic 为带固定精度和小数位数的数值数据类型。使用最大精度时，有效值从 −10^38+1～10^38−1，decimal 在 SQL-92 中的同义词为 dec 和 dec(p, s)。numeric 在功能上等价于 decimal。

定义样式为 decimal[(p[, s])]和 numeric[(p[, s])]。

- p（精度）：最多可以存储的十进制数字的总位数，包括小数点左边和右边的位数。该精度必须是从 1 到最大精度 38 之间的值。
- s（小数位数）：小数点右边的最大位数，小数位数必须是从 0～p 之间的值。

如 decimal(15，5)，表示共有 15 位数，其中整数 10 位，小数 5 位。从表 8.4 可以看出，存储字节数为 9。

表 8.4 decimal 数据类型对应字节数

精　　度	存储字节数
1～9	5
10～19	9
20～28	13
29～38	17

4. money 和 smallmoney

货币数据类型用于存储货币值，在使用货币数据类型时，应在数据前加上货币符号系统才能辨识其为哪国的货币，如果不加货币符号，则默认为"￥"。

money 和 smallmoney 代表货币或货币值的数据类型，数据类型精确到它们所代表的货币单位的万分之一。表 8.5 为货币数据类型和范围以及存储的字节数。

表 8.5   货币数据类型

数 据 类 型	范　　围	存　　储
money	−922 337 203 685 477.5808～922 337 203 685 477.580 7	8 Byte
smallmoney	−214 748.3648～214 748.364 7	4 Byte

8.1.2　近似数字类型

用于表示浮点数值数据的类型为大数值数据类型。浮点数据为近似值，因此，并非数据类型范围内的所有值都能精确地表示。浮点数值类型的范围及存储大小如表 8.6 所示。

表 8.6   浮点数值类型

数 据 类 型	范　　围	存　　储
float	−1.79E + 308～−2.23E−308、0 以及 2.23E−308～1.79E + 308	取决于 n 的值
real	−3.40E + 38～−1.18E−38、0 以及 1.18E−38～3.40E + 38	4 Byte

用法为 float[(n)]，其中 n 为用于存储 float 数值尾数的位数，以科学记数法表示。n 的范围为 [1，53]，SQL Server 2008 将 n 视为下列两个可能值之一。如果 $1 <= n <= 24$，则将 n 视为 24；如果 $25 < = n < = 53$，则将 n 视为 53。如果省略 n，则默认为 53，如表 8.7 所示。

表 8.7   float 存储大小和精度的关系

n 的取值	精　　度	存 储 大 小
1～24	7 位数	4 Byte
25～53	15 位数	8 Byte

real 相当于 float(24)，而 double 相当于 float(53)。

【例 8.1】　使用如下语句创建表。

```
CREATE TABLE testfloat(
   col1 float(20),
   col2 float(53),
   col3 float
)
```

执行之后，查看列的信息如图 8.2 所示，col1 指定 n 小于 24，故定义为 real 类型。

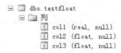

图 8.2　float 例子

8.1.3　日期和时间类型

SQL Server 2008 在原有 datetime 和 smalldatetime 的基础上，增加了新的日期和时间数据类型，如表 8.8 所示, 其中, DATE 为仅表示日期的类型, TIME 为仅表示时间的类型, DATETIMEOFFSET 为可以感知时区的 datetime 类型, DATETIME2 是比现有 DATETIME 类型具有更大小数位和年份范围的 datetime 类型。

表 8.8　　　　　　　　　　　　　　　　日期数据类型

数 据 类 型	存储长度	范　　围	精　确　度
DATE	3B	0001-01-01 到 9999-12-31	1 天
TIME	3～5B	00:00:00.0000000 到 23:59:59.9999999	100 纳秒
SMALLDATETIME	4B	1900-01-01 到 2079-06-06	1 分钟
DATETIME	8B	1753-01-01 到 9999-12-31	0.00333 秒
DATETIME2	6～8B	0001-01-0100:00:00.0000000 到 9999-12-3123:59:59.9999999	100 纳秒
DATETIMEOFFSET	8～10B	0001-01-0100:00:00.0000000 到 9999-12-3123:59:59.9999999（以 UTC 时间表示）	100 纳秒

DATE 数据类型只允许存储日期值, 如果只需要存储日期值而没有时间, 使用 DATE 可以比 SMALLDATETIME 节省一个字节的存储空间; TIME 数据类型存储使用 24 小时制, 他并不关心时区, 如果要存储一个特定的时间信息而不涉及具体的日期, TIME 数据类型非常有用; DATETIME 数据类型把日期和时间部分作为一个单列值存储在一起, 适用于同时需要存储日期和时间的情况; SMALLDATETIME 和 DATETIME 一样, 都用于存储既有日期又有时间的数据, 只是前者支持的日期时间范围更小, 而且精确度更低; 在同时存储日期和时间数据时, 如果希望继续扩大可以存储的日期时间范围或者提高精确度, 可以使用 DATETIME2 数据类型; 如果希望在日期和时间中出现国际时区信息, 那么可以使用 DATETIMEOFFSET 数据类型, 该数据类型要求存储的日期和时间（24 小时制）是与时区一致的。

> 时区一致是指时区标识符是存储在 DATETIMEOFFSET 列上的, 时区标识格式是 [–|+]hh:mm, 一个有效的时区范围是从–14：00 到+14：00, 这个值增加或者减去 UTC （Universal Time Coordinated, 协调世界时）可以获取本地时间。

SQL Server 2008 提供的 6 种数据类型的格式表 8.9 所示。

表 8.9　　　　　　　　　　　　　　　　数据类型格式

数 据 类 型	格　　式
DATE	hh:mm:ss[.nnnnnnn]
TIME	YYYY-MM-DD
SMALLDATETIME	YYYY-MM-DD hh:mm:ss
DATETIME	YYYY-MM-DD hh:mm:ss[.nnn]
DATETIME2	YYYY-MM-DD hh:mm:ss[.nnnnnnn]
DATETIMEOFFSET	YYYY-MM-DD hh:mm:ss[.nnnnnnn] [+|-]hh:mm

SQL Server 可识别下列格式中用单引号（'）括起来的日期和时间:

● 字母日期, 如 "April 15, 1998";
● 数值日期格式, 如 "4/15/1998";
● 未分隔的字符串格式, 如 "19981207" 指 1998 年 12 月 7 日。

可以使用 set dateformat 来设置输入 datetime 或 smalldatetime 数据的日期部分（月/日/年）的顺序。

【例 8.2】 执行以下 SQL 语句。

```
SET DATEFORMAT mdy;        -- Set date format to month, day, year
DECLARE @datevar DATETIME;
SET @datevar = '12/31/2008';
SELECT @datevar AS DateVar;
SET DATEFORMAT dmy;        -- Set date format to day, month, year
DECLARE @datevar DATETIME;
SET @datevar = '31/12/2008';
SELECT @datevar AS DateVar;
```

执行结果如图 8.3 所示。

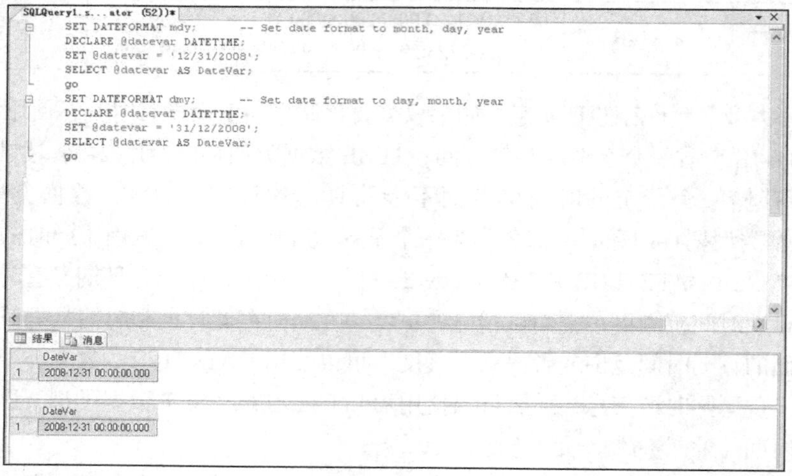

图 8.3　设置日期和时间格式

8.1.4　字符数据类型

字符数据类型是使用最多的数据类型，它可以用来存储各种字母、数字符号、特殊符号。一般情况下，使用字符类型数据时须在其前后加上单引号（'）或双引号（"）。以下介绍字符串和 Unicode 字符串。

1．char

char 数据类型的定义形式为

```
char[(n)]
```

表示长度为 n Byte（若不指定 n 值则系统默认值为 1），n 的取值范围为 1～8 000，存储大小是 n Byte。若输入数据的字符数小于 n 则系统自动在其后添加空格来填满设定好的空间，若输入的数据过长，将会截掉其超出部分。

2．nchar

nchar 数据类型的定义形式为

```
nchar[(n)]
```

它与 char 类型相似，不同的是 nchar 数据类型中 *n* 的取值为 1～4 000，因为 nchar 类型采用 Unicode 标准字符集，Characterset Unicode 标准规定每个字符占用 2Byte 的存储空间，所以它比非 Unicode 标准的数据类型多占用一倍的存储空间。

使用 Unicode 标准的好处是使用 2Byte 做存储单位，一个存储单位的容纳量就大大增加了，可以将全世界的语言文字都囊括在内，在一个数据列中就可以同时出现中文、英文、法文、德文等，而不会出现编码冲突。

Unicode 字符串常量必须以大写字母 N 为前缀。

3．varchar

varchar 数据类型的定义形式为 varchar[(n | max)]。它与 char 类型相似，*n* 的取值也为 1～8 000。若输入的数据过长，将会截掉其超出部分。max 指示最大存储大小是 $2^{31}-1$Byte。不同的是 varchar 数据类型具有变动长度的特性，存储大小是输入数据的实际长度+2Byte。

4．nvarchar

nvarchar 数据类型的定义形式为 nvarchar[(n | max)]，为可变长度 Unicode 字符数据类型。*n* 值在 1～4 000 之间（含）。max 指示最大存储容量为 $2^{31}-1$Byte。存储大小是所输入字符个数的 2 倍+2Byte。

一般情况下，有如下建议。

（1）如果支持多语言，请考虑使用 nchar 或 nvarchar 数据类型。

（2）对于 char（nchar）和 varchar（nvarchar）的区别，建议如下：

① 如果列数据项的大小一致，则使用 char(nchar)，由于 char(nchar)数据类型长度固定，因此它比 varchar(nvarchar)类型的处理速度快；

② 如果列数据项的大小差异较大，则使用 varchar(nvarchar)；

③ 如果列数据项大小相差很大，而且大小超过 8 000 Byte，使用 varchar（max）或 nvarchar（max）。

5．text

用于存储大型非 Unicode 字符，最大长度为 $2^{31}-1$ 个字符，存储大小是所输入字符个数的 2 倍（以字节为单位），在实际应用时需要视硬盘的存储空间而定。

text 类型将在未来版本中删除，请使用 varchar（max）代替。

6．ntext

用于存储大型 Unicode 字符，最大长度为 $2^{30}-1$ 个字符。ntext 类型将在未来版本中删除，请使用 nvarchar（max）代替。

8.1.5　二进制数据类型

二进制数据类型用来存储固定长度或可变长度的 binary 数据类型。

1．binary

binary 数据类型用于存储固定长度二进制数据，其定义形式为 binary [(n)]，其中 *n* 是从 1～

8 000。存储大小为 *n* Byte。

在输入数据时必须在数据前加上字符 "0x" 作为二进制标识，如要输入 "abc"，则应输入 "0xabc"。若输入的数据过长将会截掉其超出部分，若输入的数据位数为奇数，则会在起始符号 "0x" 后添加一个 0，如上述 "0xabc" 会被系统自动变为 "0x0abc"。

2．varbinary

varbinary 数据类型用于存储可变长度二进制数据，其定义形式为 varbinary [(n | max)]，其中 *n* 是从 1～8 000。max 指示最大的存储大小为 $2^{31}-1$ Byte。存储大小为所输入数据的实际长度+ 2 Byte。

对于 binary 和 varbinary 的使用，建议如下：

（1）如果列数据项的大小一致，则使用 binary；

（2）如果列数据项的大小差异相当大，则使用 varbinary；

（3）当列数据条目超出 8 000 Byte 时，使用 varbinary(max)。

3．image

image 存储长度大量可变的二进制数据，从 0～$2^{31}-1$ (2 147 483 647) Byte。

它通常用来存储图形等 OLE（Object Linking and Embedding，对象连接和嵌入）对象。在输入数据时同 binary 数据类型一样，必须在数据前加上字符 "0x" 作为二进制标识。

当二进制数据存储到表中时，可以使用 SELECT 语句来检索，但是，检索结果以 16 进制数据格式来显示。

【例 8.3】执行以下 SQL 语句。

```
CREATE TABLE TEST_BINARY
(COL1 BINARY(10), COL2 BINARY(10) ,COL3 BINARY(10) )
GO
INSERT INTO TEST_BINARY
VALUES(0,16,9876543210)
GO
SELECT * FROM TEST_BINARY
```

执行结果如图 8.4 所示。

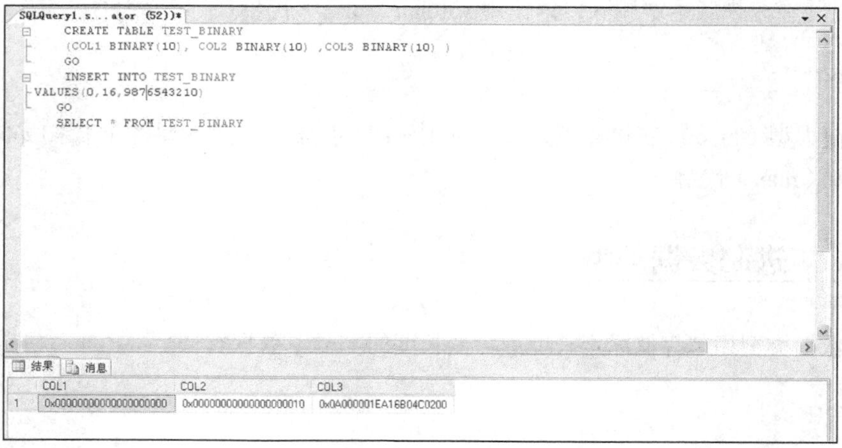

图 8.4　二进制数据显示

8.1.6　其他类型

1.　游标 cursor

在数据库开发过程中，经常需要从某一结果集中逐一读取每条记录，那么如何解决这种问题呢？游标为我们提供了一种极为优秀的解决方案，关于游标的详细内容，请参阅本章 8.7 节。

2.　timestamp

公开数据库中自动生成的唯一二进制数字的数据类型。TIMESTAMP 通常用作给表行加版本戳的机制。存储大小为 8 Byte。

一个表只能有一个 timestamp 列。每次修改或插入包含 timestamp 列的行时，就会在 timestamp 列中插入增量数据库时间戳值。这一属性使 timestamp 列不适合作为键使用，尤其是不能作为主键使用。

在 CREATE TABLE 或 ALTER TABLE 语句中，不必为 timestamp 数据类型指定列名，如 CREATE TABLE EXAMPLETABLE (PRIKEY INT PRIMARY KEY, TIMESTAMP);

另外，使用 SELECT @@DBTS，可以返回数据库的时间戳。

3.　sql_variant

一种数据类型，用于存储 SQL Server 2008 支持的各种数据类型（不包括 text、ntext、image、timestamp 和 sql_variant）的值。

4.　table

一种特殊的数据类型，用于存储结果集以进行后续处理。table 主要用于临时存储一组行，这些行是作为表值函数的结果集返回的。

使用 DECLARE @local_variable (Transact-SQL)来声明类型为 table 的变量。

5.　xml

存储 xml 数据的数据类型。可以在列中或者 xml 类型的变量中存储 xml 实例。xml 数据类型方法有：query（），value（），exists（），modify（），nodes（）。

8.1.7　用户自定义类型

可以从基本数据类型创建别名数据类型。这使程序员能更容易地理解该数据类型的用途。如 CREATE TYPE birthday FROM datetime NULL，接下来就可以使用 birthday 来定义数据对象了。

8.2　变量

在 Transact-SQL 中，变量分为局部变量（Local Variable）和全局变量（Global Variable）。局

部变量由用户定义和维护，而全局变量由系统定义和维护。

8.2.1　局部变量

局部变量的作用范围仅在程序内部，通常用来储存从表中查询到的数据，或当作程序执行过程中的暂存变量。

局部变量必须以@开头，而且必须先用 DECLARE 命令声明后才可使用，其声明形式如下：

DECLARE　@变量名　变量类型 [, @变量名　变量类型…]

其中变量类型可以是 SQL Server 2008 支持的所有数据类型，也可以是用户自定义的数据类型。

在 Transact-SQL 中不能像在一般的程序语言中，使用"变量=变量值"来给变量赋值，必须使用 SELECT 或 SET 命令来设定变量的值，其语法如下：

```
SELECT  @局部变量 = 变量值
SET  @局部变量 = 变量值
```

【例 8.4】执行下列 SQL 语句。

```
USE AdventureWorks;
GO
DECLARE @EmpID int;
SET @EmpID = 100;
SELECT *  FROM humanresources.employee  WHERE EmployeeID = @EmpID;
```

示例数据库"AdventureWorks"默认是不安装的，必须安装之后才能运行本代码。

变量也可以作为存储过程参数，参数是用于在存储过程和执行该存储过程的批处理或脚本之间传递数据的对象。参数分为输入参数和输出参数。

【例 8.5】用@PruductID 作为输入参数。

```
USE AdventureWorks;
GO
CREATE PROCEDURE ParmSample
@PruductID int
AS
SELECT Name,SellStartDate FROM production.product
WHERE PruductID = @PruductID
GO
EXEC ParmSample @PruductID = 322
GO
```

8.2.2　全局变量

全局变量是 SQL Server 系统内部使用的变量，其作用范围并不局限于某一程序，而是任何程序均可随时调用。全局变量通常存储一些 SQL Server 的配置设定值和效能统计数据。用户可在程序中用全局变量来测试系统的设定值或 Transact-SQL 命令执行后的状态值。

例如，@@VERSION 表示返回当前安装的 SQL Server 的日期、版本、处理器。而 @@CONNECTIONS 表示自 SQL Server 最近一次启动以来，连接或企图连接到 SQL Server 的连接数目。执行语句 SELECT @@CONNECTIONS 即可返回其值。

全局变量不是由用户的程序定义的，它们是在服务器定义的，所以只能使用预先说明及定义的全局变量。引用全局变量时，必须以@@开头。局部变量的名称不能与全局变量的名称相同，否则会在应用中出错。

8.3　运算符及表达式

8.3.1　运算符

1．算术运算符

算术运算符用于对两个表达式执行数学运算，这两个表达式是数值数据类型的算术运算符主要有：+（加）、-（减）、*（乘）、/（除）、%（取余）。

其中+（加）和-（减）运算符也可用于对 datetime 和 smalldatetime 类型的值进行算术运算。

2．赋值运算符

=(等号) 是唯一的 Transact-SQL 赋值运算符。

3．位运算符

位运算符的操作数可以是整数或二进制字符串数据类型类别中的任何数据类型（image 数据类型除外），但两个操作数不能同时是二进制数据类型中的某种数据类型。位运算符有：&（位与）、|（位或）、^（位异或）。

4．比较运算符

比较运算符测试两个表达式是否相同。比较运算符可以用于除了 text、ntext 或 image 数据类型外的所有类型。

比较运算符有：=（等于）、>（大于）、<（小于）、>=（大于等于）、<=（小于等于）、<>（不等于）、!=（不等于）、!<（不小于）、!>（不大于）。返回值为 True、False、UNKNOWN 3 种。

5．逻辑运算符

逻辑运算符对某些条件进行测试，以获得其真实情况。逻辑运算符和比较运算符一样，返回带有 True 或 False 的 Boolean 数据类型。逻辑运算符的含义如表 8.10 所示。

表 8.10　　　　　　　　　　　　　　　　逻辑运算符表

运　算　符	含　义
ALL	如果所有表达式都为 True，那么就为 True
AND	如果两个条件表达式都为 True，那么就为 True
ANY	只要有一个表达式为 True，那么就为 True
BETWEEN	如果操作数在某个范围之内，那么就为 True
EXISTS	如果子查询包含一些行，那么就为 True

运　算　符	含　　义
IN	如果操作数等于表达式列表中的一个，那么就为 True
LIKE	如果操作数与一种模式相匹配，那么就为 True
NOT	对任何其他布尔运算符的值取反
OR	如果两个条件表达式中的一个为 True，那么就为 True
SOME	如果在所有表达式中，有些为 True，那么就为 True

6. 字符串串联运算符

+（加号）是字符串串联运算符，可以用它将字符串串联起来，其他所有字符串操作都使用字符串函数如 SUBSTRING 进行处理。

7. 一元运算符

一元运算符有：+（正）、－（负）、～（位非）。

+（正）和－（负）运算符可以用于 numeric 数据类型的表达式。～（位非）运算符只能用于整数数据类型的表达式。

8. 运算符的优先级

运算符优先级从高到低如表 8.11 所示。当一个表达式中的两个运算符有相同的运算符优先级时，将按照它们在表达式中的位置对其从左到右进行求值。

表 8.11　　　　　　　　　　　　　运算符的优先级

级　　别	运　算　符
1	～（位非）
2	*（乘）、/（除）、%（取模）
3	+（正）、－（负）、+（加）、(+ 连接)、－（减）、&（位与）
4	=,> 、＜、>=、<=、< >、!=、!>、!<（比较运算符）
5	^（位异或）、|（位或）
6	NOT
7	AND
8	ALL、ANY、BETWEEN、IN、LIKE、OR、SOME
9	=（赋值）

8.3.2　表达式

表达式是标识符、值和运算符的组合，可以对其求值以获取结果。例如，可以将表达式用作要在查询中检索的数据的一部分，也可以用作查找满足一组条件的数据时的搜索条件。

表达式可以是下列任何一种：常量、函数、列名、变量、子查询、CASE、NULLIF 或 COALESCE，还可以用运算符对这些实体进行组合以生成表达式。

【例 8.6 】　下面查询中使用了多个表达式，employeeid、year(birthdate)、sickleavehours 和 5 都是表达式。

```
SELECT employeeid,year(birthdate),sickleavehours*5
FROM humanresources.employee  WHERE employeeid = 1
```

8.3.3　注释符

注释是程序代码中不执行的文本字符串（也称为备注）。注释通常用于记录程序名、作者姓名和主要代码更改的日期。注释可用于描述复杂的计算或解释编程方法。暂不需要执行的代码也可注释掉。

在 Transact-SQL 中可使用两类注释符。

- --（双连字符）：可以注释从双连字符到行尾的代码。
- /* ... */（正斜杠-星号字符对）：开始注释对（/*）与结束注释对（*/）之间的所有内容均视为注释，因此可以跨越多行进行注释。

8.3.4　通配符

通配符主要用于 LIKE 运算符中，用来比较字符串是否与指定模式相匹配。在 SQL Server 中，匹配串中可包含四种通配符，具体可参考本书 7.5.2 节。

8.4　控制语句和批处理

Transact-SQL 提供了控制语句，用于控制 Transact-SQL 语句、语句块和存储过程的执行流。控制流语言使用与其他高级程序设计语言相似。控制流语句不能跨越多个批处理或存储过程。

8.4.1　IF…ELSE

其语法如下：

```
IF 条件表达式
    {SQL 语句或语句组}
[ELSE
    {SQL 语句或语句组}]
```

IF 指定 Transact-SQL 语句的执行条件。条件表达式的值为 True，则执行 IF 和条件表达式之后的 SQL 语句，如果条件表达式的值为 False，并且有 ELSE 语句，则执行 ELSE 后的 SQL 语句。IF 语句允许嵌套使用。

【例 8.7】查看雇员表中编号为 1 的员工的性别。

```
USE AdventureWorks;
GO
DECLARE @gender char
SELECT @Gender =gender FROM humanresources.employee
WHERE employeeid = 1
IF @Gender = 'M'  print N'男'  ELSE  print N'女'
```

8.4.2　BEGIN…END

其语法如下：

```
BEGIN
    {SQL 语句或语句组}
END
```

BEGIN…END 包括一系列的 Transact-SQL 语句，将在 BEGIN…END 内的所有程序视为一个单元执行。BEGIN…END 允许嵌套使用。

8.4.3　WHILE…CONTINUE…BREAK

只要 WHILE 后的条件为真，循环执行 SQL 语句。其语法如下：

WHILE 条件表达式

```
BEGIN
    {SQL 语句或语句块}
    BREAK
    {SQL 语句或语句块}
    CONTINUE
    {SQL 语句或语句块}
END
```

当 WHILE 命令之后的条件表达式值为 True 时，重复执行 SQL 语句或语句块。CONTINUE 命令可以让程序跳过 CONTINUE 命令之后的语句，回到 WHILE 循环内的第一行命令，BREAK 命令则让程序跳出当前 WHILE 循环，将执行出现在 END 关键字后的内容。

WHILE 语句允许嵌套。在循环嵌套时，BREAK 只能跳出当前 WHILE 循环，从而进入外层 WHILE 循环。

【例 8.8】执行如下步骤：

① 如果产品的平均标价小于$300，将价格乘 2；

② 然后选择最高价格。如果最高价格大于$500，则 WHILE 循环结束；

③ 重复执行第 1 步；

④ 最后退出 WHILE 循环，并打印一条消息。

```
USE AdventureWorks;
GO;
WHILE (SELECT AVG(ListPrice) FROM Production.Product) < $300
BEGIN
   UPDATE Production.Product
     SET ListPrice = ListPrice * 2
   SELECT MAX(ListPrice) FROM Production.Product
   IF (SELECT MAX(ListPrice) FROM Production.Product) > $500
     BREAK
   ELSE
     CONTINUE
END
PRINT 'Too much for the market to bear';
```

8.4.4 CASE

根据不同条件表达式返回对应的结果，如果哪个条件都不满足，则返回 ELSE 分支的结果。CASE 具有两种格式：

- 简单 CASE 函数：将某个表达式与一组简单表达式进行比较以确定结果；
- CASE 搜索函数：计算一组布尔表达式以确定结果。

两种格式都支持可选的 ELSE 参数。

1. 简单 CASE 函数

简单 CASE 函数格式为

```
CASE {输入表达式}
    WHEN {值表达式} THEN {结果表达式}
    ...
    [ ELSE {结果表达式} ]
END
```

【例 8.9】如果是男员工洗漱费为 80，女员工为 100，程序如下。

```
USE adventureworks;
GO;
SELECT employeeid,washFee =
    CASE gender
        WHEN 'M' then 80
        WHEN 'F' then 100
    END
FROM humanresources.employee
```

2. 搜索函数表达式

搜索函数表达式的语法格式为：

```
CASE
    WHEN {条件表达式} THEN {结果表达式}
    ...
    [ELSE {结果表达式}]
END
```

【例 8.10】根据交税类型设定不动的税率增长率。

```
USE AdventureWorks;
GO
Update Sales.SalesTaxRate
SET TaxRate =
    CASE
        WHEN TaxType=1 THEN TaxRate*1.1
        WHEN TaxType=2 THEN TaxRate*1.2
        WHEN TaxType=3 THEN TaxRate*1.3
    END
```

8.4.5 RETURN

RETURN 语法格式为

```
RETURN [整数值]
```

RETURN 语句无条件终止查询、存储过程或批处理。在存储过程或批处理中，RETURN 语句后面的语句都不执行。

可以指定整数值返回。如果未指定值，默认返回 0。一般情况下，没有发生错误时返回值 0。任何非 0 值都表示有错误发生。

【例 8.11】 创建存储过程 sp_deleteData，删除表中指定时间段的数据：如果开始时间大于结束时间，程序返回；否则，删除在开始时间与结束时间之间的数据。

```sql
CREATE PROCEDURE dbo.sp_deleteData
    @tablename      varchar(40),
    @begindatetime smalldatetime,
    @enddatetime    smalldatetime,
AS
BEGIN
    DECLARE @asSQL varchar(300)
    IF(@begindatetime > @endDateTime )
        RETURN 1;
    SELECT @asSQL=' delete FROM '+ @tablename
            + ' WHERE '
      + ' reporttime >= '''+CONVERT(char(20),@beginDateTime,20)+''''
            + ' AND reporttime < '''+CONVERT(char(20),@enddatetime,20)+''''
    EXEC(@asSQL)
END
```

8.4.6 批处理

批处理是一个 SQL 语句集，这些语句一起提交并作为一个组来执行。批处理结束的符号是"GO"。由于批处理中的多个语句是一起提交给 SQL Server 的，所以可以节省系统开销。

CREATE DEFAULT、CREATE PROCEDURE、CREATE RULE、CREATE TRIGGER 和 CREATE VIEW 语句不能在批处理中与其他语句组合使用。批处理必须以 CREATE 语句开始，所有跟在 CREATE 后的其他语句将被解释为第一个 CREATE 语句定义的一部分。

- 在同一个批处理中不能既绑定到列又使用规则或默认。
- 在同一个批处理中不能删除一个数据库对象又重建它。
- 在同一个批处理中不能改变一个表再立即引用其新列。

脚本是一系列顺序提交的批处理。

8.4.7 其他命令

1. BACKUP 和 RESTORE

备份和恢复数据库。详情请参阅本书"第 13 章数据库的备份与还原"的章节。

2. USE

指定当前数据库。

3. EXECUTE（EXEC）

执行 SQL 字符串或存储过程。

【例 8.12】　执行字符串或字符串变量。

```
EXEC ('USE CJGL; GO; SELECT StudentID, StudentName FROM Student;');
```

【例 8.13】　执行存储过程。

隐式传递变量：EXEC dbo.uspGetEmployeeManagers 6

显式传递变量：EXEC dbo.uspGetEmployeeManagers @EmployeeID = 6;

4. PRINT

打印字符串，其他类型变量需要先使用 CONVERT 转换为字符串才能使用 PRINT。

【例 8.14】PRINT N'This message was printed on '

```
          + RTRIM(CAST(GETDATE() AS NVARCHAR(30))) + N'.';
```

5. SHUTDOWN

关闭数据库服务器，其语法为

```
SHUTDOWN [ WITH NOWAIT ]。
```

WITH NOWAIT：可选参数，不对每个数据库执行检查点操作，在尝试终止全部用户进程后即退出。服务器重新启动时，将针对未完成事务执行回滚操作。

8.5　常用函数

SQL Server 2008 提供了许多内置函数，同时也允许创建用户定义函数。函数类型如表 8.12 所示，本章介绍其中最常用的函数。

表 8.12　　　　　　　　　　　　　函数类型

行 集 函 数	返回可在 SQL 语句中像表引用一样使用的对象
聚合函数	对一组值进行运算，但返回一个汇总值
排名函数	对分区中的每一行均返回一个排名值
标量函数	对单一值进行运算，然后返回单一值

对于标量函数，分为如下类型，如表 8.13 所示。

表 8.13　　　　　　　　　　　　　标量函数分类

配 置 函 数	返回当前配置信息
游标函数	返回游标信息
日期和时间函数	对日期和时间输入值执行运算，返回字符串、数字或日期和时间值
数学函数	基于作为函数的参数提供的输入值执行运算，返回数字值
元数据函数	返回有关数据库和数据库对象的信息
安全函数	返回有关用户和角色的信息
字符串函数	对字符串输入值执行运算，返回一个字符串或数字值
系统函数	执行运算后返回 SQL Server 实例中有关值、对象和设置的信息
系统统计函数	返回系统的统计信息

8.5.1　聚合函数

聚合函数对一组值执行计算，并返回单个值。除了 COUNT 以外，聚合函数都会忽略空值。

聚合函数只能在以下位置作为表达式使用。

（1）SELECT 语句的选择列表（子查询或外部查询）。

（2）COMPUTE 或 COMPUTE BY 子句。

（3）HAVING 子句。

Transact-SQL 提供下列聚合函数，如表 8.14 所示。

表 8.14　　　　　　　　　　　　　　　　　　聚合函数

函　　数	说　　明
SUM、AVG	返回表达式中所有值的和、求平均值
MAX、MIN	返回表达式中所有值的最大值、最小值
COUNT、COUNT_BIG	返回表达式中所有值的个数，COUNT 返回 int 型，COUNT_BIG 返回 bigint 型值
STDDV、STDEVP	返回表达式中所有值的标准偏差、总体标准偏差
VAR、VARP	返回指定表达式中所有值的方差、总体方差

【例 8.15】　对不同颜色的产品进行统计。

```
USE AdventureWorks
GO
SELECT Color, AVG(ListPrice) 平均价格, MAX(ListPrice) 总价格, STDDV (ListPrice) 价格标准
差, VAR (ListPrice) 价格方差格, count(distinct ListPrice) 不同价格总数
FROM Production.Product
WHERE Color IS NOT NULL  AND ListPrice != 0.00
GROUP BY Color
ORDER BY Color;
GO
```

8.5.2　标量函数

1．数学函数

数学函数对所有数值类型进行操作。数学函数的返回值是 6 位小数，如果使用出错，则返回 NULL 并显示警告信息。

（1）三角函数 SIN（正弦）、COS（余弦）、TAN（正切）、COT（余切）。

```
SIN ( float_expression )
```

参数为弧度，返回类型为浮点数。

（2）三角函数 ASIN（反正弦）、ACOS（反余弦）、ATAN（反正切）、ATAN2（反余切）。

```
ASIN ( float_expression )
```

参数为浮点数，返回类型为弧度。

（3）角度转换函数 RADIANS（角度→弧度）、DEGREES（弧度→角度）。

```
RADIANS ( numeric_expression )
```
输入角度，返回弧度值。

```
DEGREES ( numeric_expression ),
```
输入弧度，返回角度值。

（4）幂函数 SQRT，SQUARE、EXP、LOG，LOG10，POWER。

```
SQRT ( float_expression )
```
返回表达式的平方根。

```
SQUARE ( float_expression )
```
返回表达式的平方。

```
POWER ( numeric_expression , y )
```
返回 numeric_expression 的 y 次方。

```
EXP ( float_expression )
```
返回自然对数 e 的 float_expression 次方。

```
LOG ( float_expression )
```
返回以自然对数 e 为底的 float_expression 的对数值。

```
LOG10 ( float_expression )
```
返回以 10 为底的 float_expression 的对数值。

（5）符号函数 ABS，SIGN。

```
ABS ( numeric_expression )
```
返回指定数值表达式的绝对值（正值）。

```
SIGN ( numeric_expression )
```
返回指定表达式的正号（+1）、零（0）或负号（−1）。

（6）近似函数 ROUND、CEILING、FLOOR。

```
FLOOR ( numeric_expression )
```
返回小于或等于指定数值表达式的最大整数。

```
CEILING ( numeric_expression )
```
返回大于或等于指定数值表达式的最小整数。

```
ROUND ( numeric_expression , length [ ,function ] )
```
将数值表达式舍入到指定的长度或精度，length 实际是精度的意思，精确到小数点后 length 位，如果 length 为负值，则表示精确到小数点前。省略 function 或使用 0 值（默认）时，将对 numeric_expression 进行舍入。当 function 指定为非 0 值时，将对 numeric_expression 进行截断，如表 8.15 所示。

表 8.15　　　　　　　　　　　　　　　　近似函数

表 达 式	值
Ceiling(−3.5)	−3
Ceiling(3.5)	4
Floor(−3.5)	−4
Floor(3.5)	3
ROUND(123.9994, 3)	123.999
ROUND(123.9995, 3)	124.000 0
ROUND(748.58, −1)	750.00
ROUND(748.58, −2)	700.00
ROUND(150.75, 0)	151.00
ROUND(150.75, 0, 2)	150

【例 8.16】 使用 SQL 语句来求以上表达式的值。

```
SELECT CEILING(-3.5),CEILING(3.5),
      FLOOR(-3.5),FLOOR(3.5),
      ROUND(123.9994, 3),ROUND(123.9995, 3),
      ROUND(748.58, -1),ROUND(748.58, -2),
      ROUND(150.75, 0),ROUND(150.75, 0, 2)
```

（7）其他函数 RAND、PI。

RAND 语法格式为

```
RAND ( [ seed ] )
```

返回从 0～1 之间的随机 float 值。可以指定 seed 值，对于指定的 seed 值，RAND 产生的值相同。

对于一个连接，RAND 的所有后续调用将基于首次 RAND 调用生成结果。

【例 8.17】 产生 10 个 0～3 之间的随机整数。

```
DECLARE @counter smallint
SET @counter = 1
WHILE @counter <= 10
BEGIN
SELECT round(RAND()*4,0) Random_Number
   SET @counter = @counter + 1
END
```

PI 的语法格式为

```
PI()
```

返回圆周率π的常量值。如：SELECT PI()*2.5*2，返回半径为 2.5 的圆的周长。

2. 日期函数

日期函数用来操作 datetime 和 smalldatetime 类型的数据。

（1）当前日期函数 GETDATE、GETUTCDATE。其语法格式为：

```
GETDATE ( )
```

按照 SQL Server 标准内部格式返回当前系统日期和时间的 datetime 值。

在查询中，日期函数可用于 SELECT 语句的选择列表或 WHERE 子句。在设计报表时，GETDATE 函数可用于在每次生成报表时打印当前日期和时间。GETDATE 对于跟踪活动也很有用，如记录事务在某一账户上发生的时间。

GETUTCDATE 返回当前 UTC 时间（格林尼治标准时间）的 datetime 值。

【例 8.18】执行下列 SQL 语句。

返回系统日期：SELECT GETDATE()

使用系统日期创建表：

```
CREATE TABLE STUDENT(
        stu_ID char(11) NOT NULL,
        STU_name varchar(40) NOT NULL,
        Enter_Date  datetime DEFAULT GETDATE(),
)
```

（2）日期部分值函数 DAY、MONTH、YEAR。

```
DAY ( date )
```

返回一个整数，表示指定日期的"天"部分。

```
MONTH ( date )
```
返回表示指定日期的"月"部分的整数。

```
YEAR ( date )
```
返回表示指定日期的"年"部分的整数。

【例 8.19】执行下列 SQL 语句。

```
SELECT YEAR('2007-8-1'),MONTH('2007-8-1'),DAY('2007-8-1')
```
执行结果为 2007，8，1。

（3）日期部分操作函数 DATENAME、DAAEPART、DATEADD、DATEDIFF。

```
DATENAME ( datepart ,date )
```
返回指定日期的部分字符串。

```
DATEPART ( datepart , date )
```
返回指定日期的部分值。

```
DATEADD (datepart , number, date )
```
给指定日期的部分加上一个时间间隔。

```
DATEDIFF ( datepart , startdate , enddate )
```
返回两个指定日期的部分间隔值。

其中 date、startdate、enddate 表示 datetime 或 smalldatetime 型值，或日期格式的字符串。如果输入字符串，需将其放入引号中。

参数 datepart 指定要返回的日期部分的参数，其含义如表 8.16 所示。

表 8.16　　　　　　　　　　　　　datepart 含义

日 期 部 分	缩　　写
year	yy, yyyy
quarter	qq, q
month	mm, m
dayofyear	dy, y
day	dd, d
week	wk, ww
Hour	Hh
minute	mi, n
second	ss, s
millisecond	Ms

【例 8.20】返回当前系统日期的年、月、日、星期。

```
SELECT
DATEPART(yy,getdate()),DATEPART(mm,getdate()),DATEPART(dd,getdate()),DATEPART(dw,ge
tdate())
```
返回当前日期的小时字符串

```
SELECT DATENAME(hour, getdate())
```
返回当前日期 49 天之后的日期

```
SELECT dateadd(dd,49,getdate())
```
计算你出生之后的天数，假设你的生日为"1986-1-1 3:00:00"

```
SELECT datediff(dd,'1981-1-1 3:00:00',getdate())
```

3. 字符串函数

字符串函数对字符串输入值执行操作，并返回字符串或数值。

（1）长度函数 LEN。返回指定字符串表达式的字符（而不是字节）数，其中不包含尾随空格，用于 varchar、varbinary、text、image、nvarchar 和 ntext 数据类型。NULL 的 DATALENGTH 的结果是 NULL。LEN 函数和 DATALENGTH 函数的功能一样。

其语法格式如下：

```
LEN ( string_expression )
```

【例 8.21】求每个学生姓名的最大长度。

```
SELECT max(len(stuname)) as NAME_MAX_LEN from student
```

（2）子串函数 LEFT、RIGHT、SUBSTRING。这 3 个函数求指定字符串的子串，如表 8.17 所示。

表 8.17　　　　　　　　　　　　　　　　　求子串

表　达　式	值
LEFT('abcdefg',2)	'ab'
RIGHT('abcdefg',3)	'efg'
SubString（'abcdefg',3,2)	'cd'

其语法格式如下。

```
LEFT ( character_expression , integer_expression )
```
返回字符串中从左边开始指定个数的字符。

```
RIGHT ( character_expression , integer_expression )
```
返回字符串中从右边开始指定个数的字符。

```
SUBSTRING ( expression ,start , length )
```
返回字符表达式、二进制表达式、文本表达式或图像表达式的一部分。

（3）字符串转换函数 ASCII、UNICODE、CHAR、NCHAR、LOWER、UPPER、STR。字符转换函数如表 8.18 所示，其语法格式如下。

表 8.18　　　　　　　　　　　　　　　　字符串转换函数

表　达　式	值
ascii('a')	97
Unicode(N'数据库')	25968
char(98)	'b'
nchar(99)	'c'
upper('aBc')	'ABC'
lower('DeF')	'abc'
Str(123.45)	'123'
str(123.45,10,1)	'123.5'
str(123.45,5,1)	'123.5'
str(123.45,2,1)	'**'

```
ASCII ( character_expression )
```
返回字符表达式中最左侧的字符的 ASCII 值。

UNICODE ('ncharacter_expression')

返回输入表达式的第一个字符的整数值。

CHAR (integer_expression)

将 int 型 ASCII 代码转换为字符。

NCHAR (integer_expression)

返回具有指定的整数代码的 Unicode 字符。

LOWER (character_expression)

返回指定字符串的小写。

UPPER (character_expression)

返回指定字符串的大写。

STR (float_expression [, length [, decimal]])

返回由数字数据转换来的字符数据。其中 length 表示转换后的总长度（包括小数点、符号、数字以及空格），缺省为 10。decimal 表示小数点之后的位数，缺省为 0，即缺省没有小数位。length 长度太小时，则转化为"**"。

（4）去空格函数 LTRIM、RTRIM。

LTRIM (character_expression)

去掉字符串左边空格。

RTRIM (character_expression)

去掉字符串右边空格。

如果要去掉两边的空格，则需要将两个函数嵌套。

【例 8.22】去掉字符串两边的空格。

SELECT rtrim(ltrim(' hello '))

结果为'hello'。

（5）字符串替换函数 REPLACE。其语法格式为：

REPLACE (string_expression1 ,string_expression2 , string_expression3)

用 string_expression3 替换 string_expression1 中所有 string_expression2 的匹配项。

【例 8.23】 执行下列 SQL 语句。

SELECT REPLACE('abcdefghicde','cde','xxx')

结果为 abxxxfghixxx。

（6）字符串比较函数 CHARINDEX、PATINDEX。语法格式为：

CHARINDEX (expression1 ,expression2 [, start_location])

表示在 expression2 中，从第 start_location 个字符开始，寻找第一次出现 expression1 的位置并返回。

【例 8.24】 执行下列 SQL 语句。

SELECT CHARINDEX('ef','abcdefghefhi')

结果为 5。

SELECT CHARINDEX('ef','abcdefghefhi',6)

由于是从 6 个开始找，则将找到第 2 个'ef'所在位置，则结果为 9。

PATINDEX 的语法格式为

PATINDEX ('%pattern%' , expression)

返回指定表达式中某模式第一次出现的起始位置。可以进行模糊查找（字符串前后加'%'）。

CHARINDEX 和 PATINDEX 的区别在于：前者可以指定开始查找位置，后者不能，只能从开始查找；前者不可以使用通配符'%'进行模糊查找，后者可以。

（7）其他函数。

- SPACE

语法格式为

```
SPACE ( integer_expression )
```

产生指定个数空格的字符串。

- REPLICATE

语法格式为

```
REPLICATE ( character_expression ,integer_expression )
```

产生指定个数和字符的字符串。

- REVERSE

语法格式为

```
REVERSE ( character_expression )
```

返回字符表达式的逆向表达式。

表 8.19 所示为其他字符节转换函数。

表 8.19　　　　　　　　　　　　　　字符串转换函数

表　达　式	值
SPACE(5)	' '
REPLICATE('数',3)	'数数数'
REVERSE('Hello')	'olleH'

4. 数据类型转换函数

在一般情况下 SQL Server 会自动完成数据类型的转换，例如，可以直接将字符数据类型或表达式与 datatime 数据类型或表达式比较。当表达式中用 integer、smallint 或 tinyint 时，SQL Server 也可将 integer 数据类型或表达式转换为 smallint 数据类型或表达式，这称为隐式转换。如果不能确定 SQL Server 是否能完成隐式转换或者使用了不能隐式转换的其他数据类型，就需要使用数据类型转换函数做显式转换了，此类函数有 CAST 和 CONVERT。

其语法格式为

```
CAST ( expression AS data_type [ (length ) ])
CONVERT ( data_type [ ( length ) ] , expression [ , style ] )
```

将 expression 转换为 data_type。length 主要用于转换为字符串、二进制类型时指定长度。style 在日期转换为字符串时指定格式，或是数值转换为字符串时指定格式。具体格式请参阅 SQL Server 联机丛书。

【例 8.25】　执行下列 SQL 语句。

```
SELECT getdate(),
        CONVERT (char(12), getdate()),
        CONVERT (char(24), getdate(),100),
CONVERT (char(12), getdate(),112)
```

执行结果如图 8.5 所示。

| 1 | 2011-06-11 20:25:30.717 | 06 11 2011 | 06 11 2011 8:25PM | 20110611 |

图 8.5　CONVERT

5. 系统函数

系统函数可以访问 SQL Server 2008 系统表中的信息。建议使用系统函数来获得系统信息，而不要直接查询系统表，因为不同版本 SQL Server 的系统表可能会有较大差别。

（1）带@@的函数。某些 Transact-SQL 系统函数的名称以两个@开头（全局变量也是以@@开头），但它们不是全局变量，而且其功能与变量的功能不同。其语法的使用遵循函数的规则，如表 8.20 所示。

表 8.20　　　　　　　　　　　　　　　带@@的系统函数

函　　数	说　　明
@@ERROR	上一个语句的错误号。如没有错误返回 0
@@IDENTITY（函数）	最后插入的标识值
@@ROWCOUNT	受上一语句影响的行数
@@TRANCOUNT	当前连接的活动事务数

（2）判断格式是否有效的函数。

有效则返回 1，否则 0，见表 8.21。

（3）ISNULL：指定的替换值替换 NULL。语法格式如下：

```
ISNULL ( check_expression , replacement_value )。
```

表 8.21　　　　　　　　　　　　　　　判断格式是否有效的函数

函　　数	说　　明
ISDATE	确定输入表达式是否为有效日期
ISNUMERIC	确定表达式是否为有效的数值类型

【例 8.26】　判断重量是否为空，如果为空，则返回 50。

```
SELECT AVG(ISNULL(Weight, 50))  FROM Production.Product;
```

（4）APP_NAME。返回当前会话的应用程序名称（如果进行了设置）。

【例 8.27】　在不同环境下执行 SELECT app_name()，在 SQL Management Studio 新建查询执行之后返回"Microsoft SQL Server Management Studio-查询"。而在 SQLCMD 则返回"SQLCMD"。

（5）数据库、主机、对象、登录名和用户函数。下列每对系统函数在给定标识符（ID）时返回名称，在给定名称时返回 ID。

- 数据库：DB_ID 和 DB_NAME。
- 主机：HOST_ID 和 HOST_NAME。
- 对象：OBJECT_ID 和 OBJECT_NAME，需要一个或两个参数。
- 登录名：SUSER_ID 和 SUSER_NAME（或 SUSER_SID 和 SUSER_SNAME）。
- 用户：USER_ID 和 USER_NAME。

以上除对象函数外，其余函数参数如果省略，则返回当前数据库、主机、登录名、用户。

【例 8.28】　在"CJGL"数据库中，执行下列 SQL 语句。

```
SELECT DB_ID(), DB_NAME(),
       HOST_ID(),HOST_NAME(),
       SUSER_ID(),SUSER_NAME(),
       USER_ID(),USER_NAME()
```

执行结果如图 8.6 所示。

| 1 | 7 | CJGL | 2584 | LENOVO-85911F4E | 261 | LENOVO-85911F4E\Administrator | 1 | dbo |

图 8.6　执行结果

【例 8.29】使用 OBJECT_ID 检查指定对象是否存在，通常用在创建对象前。

```
IF OBJECT_ID (N'dbo.AWBuildVersion', N'U') IS NOT NULL
DROP TABLE dbo.AWBuildVersion;
GO;
CREATE TABLE dbo.AWBuildVersion ... --创建表
GO
```

8.6　用户自定义函数

除了使用系统提供的函数外，用户还可以根据需要自定义函数。用户自定义函数有如下优点：模块化程序设计；执行速度更快；减少了网络流量。但是在用户自定义函数中不能更改数据，仅用于返回信息。

根据返回类型，用户自定义函数可以分为以下两种。

（1）标量函数。只返回单个数据值。函数体语句定义在 BEGIN…END 语句内，其中包含了带有返回值的 Transact-SQL 命令。返回类型可以是除 text、ntext、image、cursor 和 timestamp 外的任何数据类型。

（2）表值函数。返回 table 数据类型，可以看作一个临时表。

根据函数体 SQL 语句构成，表值函数又可分为以下两种。

（1）内联函数。RETURN 子句在括号中包含单个 SELECT 语句，一般用作表值函数。RETURNS 子句只包含关键字 table，不必定义返回变量的格式，不用包含 BEGIN…END。

（2）多语句函数。在 BEGIN…END 语句块中定义的函数体包含一系列 T-SQL 语句，这些语句可生成行并将其插入将返回的表中。

标量函数定义的语法格式如下：

```
CREATE FUNCTION [所有者名.] 函数名
 ( 参数 1 [AS] 类型 1 [ = 默认值 ] ) [ ,…参数 n [AS] 类型 n [ = 默认值 ] ] ] )
RETURNS 返回值类型
[ AS ]
BEGIN
      函数体
      RETURN 标量表达式
END
```

【例 8.30】下例创建一个标量函数，当输入成绩时，返回成绩的等级。

```
CREATE FUNCTION dbo.GetGradeLevel(@grade int)
RETURNS char
AS
BEGIN
    DECLARE @strLevel char
    SET @strLevel = CASE
        WHEN @grade>=90 THEN 'A'
        WHEN @grade>=80 THEN 'B'
        WHEN @grade>=70 THEN 'C'
        WHEN @grade>=60 THEN 'D'
```

```
        ELSE  'e'
    END
    RETURN(@strLevel)
END
```

标量函数创建成功后，可以通过下面两种方式调用：

（1）在 SELECT 语句中调用。

调用形式：SELECT 所有者名.函数名（实参 1,…,实参 n）

（2）利用 EXEC 语句执行。

调用形式：

EXEC 所有者名.函数名 实参 1,…,实参 n

或

EXEC 所有者名.函数名 形参名 1=实参 1,…, 形参名 n=实参 n

下面为函数 GetGradeLevel 的调用语句，输入 90，查看结果

SELECT dbo.GetGradeLevel (90)

用户自定义函数相比于存储过程，用户自定义函数比存储过程灵活，代码精简；在用户自定义函数中不能更改数据，而存储过程可以，但这并不是用户自定义函数的目的。

8.7　游标技术

8.7.1　游标概述

在 SQL Server 2008 数据库系统开发中，执行 SELECT 语句可进行查询并返回满足条件的所有记录，这一完整的记录集称为结果集。由于应用程序并不总是能将整个结果集作为一个单元来有效地处理，因此往往需要一种机制，便于每次处理结果集中的一条或一部分记录。游标就能够提供这种机制，对结果集中的部分记录进行处理，不但允许定位在结果集的特定记录上，还可以从结果集的当前位置检索若干条记录，并支持对结果集中当前记录进行数据修改。

1．游标概念及特点

在 SQL Server 数据库中,游标是一个比较重要的概念,它总是与一条 T-SQL 选择语句相关联。游标是一种处理数据的方法，它可对结果集中的记录进行逐行处理，可将游标视作一种指针，用于指向处理结果集中任意位置的数据。就本质而言，游标提供了一种对从表中检索出的数据进行操作的灵活手段。由于游标由结果集和结果集中指向特定记录的游标位置组成，因此当决定对结果集进行处理时，必须声明一个指向该结果集的游标。

游标具有如下特点。

- 允许定位在结果集的特定行上。
- 可以从结果集的当前位置检索一行或一部分行。
- 支持对结果集中当前位置的行进行数据修改。
- 为由其他用户对显示在结果集中的数据库数据所做的更改，提供不同级别的可见性支持。
- 提供脚本、存储过程和触发器中用于访问结果集中的数据的 Transact-SQL 语句。

2. 游标分类

SQL Server 2008 中的游标可分为 3 类：Transact-SQL 游标、API 服务器游标和客户端游标。

（1）Transact-SQL 游标。Transact-SQL 游标是由 SQL Server 服务器实现的游标，主要用于存储过程、触发器和 Transact-SQL 脚本中，它们使结果集中的内容可用于其他 Transact-SQL 语句。

（2）API 服务器游标。API 服务器游标在服务器上实现，并由 API 游标函数进行管理。当应用程序调用 API 游标函数时，游标操作由 OLE DB 访问接口或 ODBC 驱动程序传送给服务器。

（3）客户端游标。客户端游标，即在客户端实现的游标。在客户端游标中，将使用默认结果集把整个结果集高速缓存在客户端上，所有的游标操作都针对此客户端高速缓存来执行。客户端游标将不使用 Microsoft SQL Server 2008 的任何服务器游标功能。客户端游标仅支持静态游标。

由于 Transact-SQL 游标和 API 服务器游标用于服务器端，所以被称为服务器游标，也被称为后台游标。本节主要讲述服务器游标。

8.7.2　声明游标

SQL Server 2008 提供了两种声明游标的方式：一种是 SQL-92 语法，另一种是 T-SQL 扩充语法。但这两种声明形式不能混合使用，只能选择其中一种来进行游标的声明。当在 CURSOR 关键词之前指定 SCROLL 或 INSENSITIVE 关键词时，则在 CURSOR 与 FOR select-statement 之间就不能使用任何关键词；若在 CURSOR 与 FOR select-statement 之间指定了关键词，就无法在 CURSOR 关键词之前指定 SCROLL 或 INSENSITIVE。

下面们将分别针对这两个语法来说明。

1. 使用 SQL-92 语法来声明 CURSOR

使用 SQL-92 语法来声明 CURSOR 的语法代码如下：

```
DECLARE cursor_name [INSENSITIVE][SCROLL] CURSOR
FOR select_statement
[FOR {READ ONLY|UPDATE [OF column_name[,...n]]}]
```

主要参数说明如下。

（1）cursor_name：CURSOR（游标）的名称。

（2）INSENSITIVE：定义一个游标，以创建由该游标使用的数据的临时复本。对游标的所有请求都从 Tempdb 中的这一临时表中得到应答；因此，在对该游标进行提取操作时，返回的数据中不反映对基表所做的修改，并且该游标不允许修改。如果省略 INSENSITIVE，则已提交的（任何用户）对基表的删除和更新都反映在后面的提取中。

（3）SCROLL：指定所有的提取选项（FIRST、LAST、PRIOR、NEXT、RELATIVE、ABSOLUTE）均可用。如果未指定 SCROLL，则 NEXT 是唯一支持的提取选项。

（4）select_statement：定义游标结果集的标准 SELECT 语句。在游标声明的 select_statement 内不允许使用关键字 COMPUTE、COMPUTE BY、FOR BROWSE 和 INTO。

（5）READ ONLY：禁止通过该游标进行更新。在 UPDATE 或 DELETE 语句的 WHERE CURRENT OF 子句中不能引用游标。该选项优于要更新的游标的默认功能。

（6）UPDATE [OF column_name[,...n]]：定义游标中可更新的列。如果指定了 OF column_name

[,…n]，则只允许修改列出的列。如果指定了 UPDATE，但未指定列的列表，则可以更新所有列。

2. T-SQL 扩充语法来声明 CURSOR

使用 T-SQL 扩充语法来声明 CURSOR 的语法代码如下：

```
DECLARE cursor_name CURSOR
[LOCAL|GLOBAL]
[FORWARD_ONLY|SCROLL][STATIC|KEYSET|DYNAMIC|FAST_FORWARD]
[READ_ONLY|SCROLL_LOCKS|OPTIMISTIC]
[TYPE_WARNING]
FOR select_statement[FOR UPDATE[ OF column_name [,…n ]]]
```

主要参数说明如下。

（1）cursor_name：CURSOR（游标）的名称。

（2）LOCAL：指定对于创建的批处理、存储过程或触发器，该游标的作用域是局部的。该游标名称仅在这个作用域内有效。在批处理、存储过程、触发器或存储过程的 OUTPUT 参数中，该游标可由局部游标变量引用。OUTPUT 参数用于将局部游标传递回调用的批处理、存储过程或触发器。批处理、存储过程或触发器可在存储过程终止后为游标变量分配参数使其引用游标。除非OUTPUT 参数将游标传递回来，否则游标将在批处理、存储过程或触发器终止时隐式释放。如果OUTPUT 参数将游标传递回来，则游标在最后引用它的变量释放或离开作用域时释放。

（3）GLOBAL：指定该游标的作用域是全局的。在由连接执行的任何存储过程或批处理中，都可以引用该游标。该游标仅在断开连接时隐式释放。

（4）FORWARD_ONLY：指定游标只能向前滚动。FETCH NEXT 是唯一支持的提取选项。如果在指定 FORWARD_ONLY 时不指定 STATIC、KEYSET 和 DYNAMIC 关键字，则游标作为DYNAMIC 游标进行操作。如果 FORWARD_ONLY 和 SCROLL 均未指定，则除非指定 STATIC、KEYSET 或 DYNAMIC 关键字，否则游标默认为 FORWARD_ONLY。STATIC、KEYSET 和DYNAMIC 游标默认为 SCROLL。

（5）STATIC：定义一个游标，以创建由该游标使用的数据的临时复本。对游标的所有请求都从 Tempdb 中的这一临时表中得到应答。因此，在对该游标进行提取操作时，返回的数据中不反映对基表所做的修改，并且该游标不允许修改。

（6）KEYSET：指定当游标打开时，游标中行的成员身份和顺序已经固定。对行进行唯一标识的键集内置在 Tempdb 内一个称为"keyset"的表中。

（7）DYNAMIC：定义一个游标，以反映在滚动游标时对结果集内的各行所做的所有数据更改。行的数据值、顺序和成员身份在每次提取时都会更改。动态游标不支持 ABSOLUTE 提取选项。

（8）FAST_FORWARD：指定启用了性能优化的 FORWARD_ONLY、READ_ONLY 游标。如果指定了 SCROLL 或 FOR_UPDATE，则不能同时指定 FAST_FORWARD。

（9）READ_ONLY：禁止通过该游标进行更新。在 UPDATE 或 DELETE 语句的 WHERE CURRENT OF 子句中不能引用游标。该选项优于要更新的游标的默认功能。

（10）SCROLL_LOCKS：指定通过游标进行的定位更新或删除一定会成功。将行读取到游标中，以确保这些行对随后的修改可用，这时，Microsoft SQL Server 将锁定这些行。如果指定了FAST_FORWARD，则不能指定 SCROLL_LOCKS。

（11）OPTIMISTIC：指定如果行自从被读入游标以来已得到更新，则通过游标进行的定位更新或定位删除不会成功。当将行读入游标时，SQL Server 不会锁定行，SQL Server 会使用 timestamp

列值的比较，如果表没有 timestamp 列，则使用校验和值，以确定将行读入游标后是否已修改该行。如果已修改该行，则尝试进行的定位更新或删除将失败。如果指定了 FAST_FORWARD，则不能指定 OPTIMISTIC。

（12）TYPE_WARNING：指定如果游标从请求的类型隐式转换为另一种类型，则向客户端发送警告消息。

（13）select_statement：定义游标结果集的标准 SELECT 语句。在游标声明的 select_statement 内不允许使用关键字 COMPUTE、COMPUTE BY、FOR BROWSE 和 INTO。

（14）FOR UPDATE [OF column_name [,…n]]：定义游标中可更新的列。如果提供了 OF column_name [,…n]，则只允许修改列出的列。如果指定了 UPDATE，但未指定列的列表，则除非同时指定了 READ_ONLY 选项，否则可以更新所有的列。

【例 8.31】 在"CJGL"数据库中声明一个名称为学生_Cursor 的游标。

```
DECLARE 学生_Cursor CURSOR FOR
SELECT studentID, studentName
FROM Student;
```

8.7.3　打开游标

当打开 CURSOR 时，会先执行 SELECT 语句，接着 CURSOR 会执行。当 CURSOR 执行完毕，此时 CURSOR 的指针会指到第一条记录的前面。如果在 CURSOR 内，任意行的大小超过了 SQL Server 表的最大行限制时，执行 OPEN 语句就会失败。如果以 KEYSET 选项声明了游标，OPEN 会创建临时表存放索引键集，临时表存放在 Tempdb 数据库中。打开游标的语法代码如下：

```
OPEN {{[GLOBAL] cursor_name}|cursor_variable_name}
```

主要参数说明如下。

（1）GLOBAL：指定 cursor_name 是全局游标。

（2）cursor_name：已声明的游标的名称。如果全局游标和局部游标都使用 cursor_name 作为其名称，那么如果指定了 GLOBAL，则 cursor_name 是全局游标；否则 cursor_name 是局部游标。

（3）cursor_variable_name：游标变量的名称。该变量引用一个游标。

【例 8.32】 打开一个名称为"学生_Cursor"的游标。

```
OPEN 学生_Cursor;
```

8.7.4　从游标中提取记录

声明一个游标并成功地打开该游标之后，就可以使用 FETCH 语句从该游标中提取特定的记录，其语法代码格式如下：

```
FETCH
  [[NEXT|PRIOR|FIRST|LAST|ABSOLUTE{n|@nvar}|RELATIVE{n|@nvar}]
  FROM]{{[GLOBAL]cursor_name}|@cursor_variable_name}
  [INTO@variable_name[,…n]]
```

主要参数说明如下。

（1）NEXT：返回紧跟当前行之后的结果行，并将当前行递增为结果行。如果 FETCH NEXT 为对游标的第一次提取操作，则返回结果集中的第一行。NEXT 为默认的游标提取选项。

（2）PRIOR：返回紧邻当前行的前面的结果行，并且当前行递减为结果行。如果 FETCH PRIOR 为对游标的第一次提取操作，则没有行返回，并将游标置于第一行之前。

（3）FIRST：返回游标中的第一行并将其作为当前行。

（4）LAST：返回游标中的最后一行并将其作为当前行。

（5）ABSOLUTE {n|@nvar}：如果 n 或@nvar 为正数，则返回从游标开始的第 *n* 行，并将返回行变成新的当前行。如果 n 或@nvar 为负数，则返回从游标末尾开始的第 *n* 行，并将返回行变成新的当前行。如果 n 或@nvar 为 0，则不返回行。n 必须是整数常量，@nvar 的数据类型必须为 smallint、tinyint 或 int。

（6）RELATIVE{n|@nvar}：如果 n 或@nvar 为正数，则返回从当前行开始的第 *n* 行，并将返回行变成新的当前行。如果 n 或@nvar 为负数，则返回当前行之前的第 *n* 行，并将返回行变成新的当前行。如果 n 或@nvar 为 0，则返回当前行。在对游标完成第一次提取时，如果在将 n 或@nvar 设置为负数或 0 的情况下指定 FETCH RELATIVE，则不返回行。n 必须是整数常量，@nvar 的数据类型必须为 smallint、tinyint 或 int。

（7）GLOBAL：指定 cursor_name 是全局游标。

（8）cursor_name：要从中进行提取的，打开的游标名称。如果同时存在具有以 cursor_name 作为名称的全局和局部游标，若指定了 GLOBAL，则 cursor_name 是指全局游标，如果未指定 GLOBAL，则指局部游标。

（9）@cursor_variable_name：游标变量名，引用要从中进行提取操作的打开的游标。

（10）INTO @variable_name[,…n]：允许将提取操作的列数据放到局部变量中。列表中的各个变量从左到右与游标结果集中的对应列相关联。各变量的数据类型必须与相应的结果集列的数据类型匹配，或是结果集列数据类型所支持的隐式转换。变量的数目必须与游标选择列表中的列数一致。

执行游标语句后，可通过@@FETCH_STATUS 全局变量返回游标当前的状态。在每次使用 FETCH 从游标中读取数据时都应该检查该变量，以确定上次 FETCH 操作是否成功，进而决定如何进行下一步处理。@@FETCH_STATUS 全局变量有 3 个不同的返回值。

0：FETCH 语句执行成功。

−1：FETCH 语句执行失败或者行数据超出游标结果集的范围。

−2：提取的数据不存在。

【例 8.33】　从一个已经被打开的游标（学生_Cursor）中逐行提取记录。

```
FETCH NEXT FROM 学生_Cursor
WHILE @@FETCH_STATUS = 0
BEGIN
  FETCH NEXT FROM 学生_Cursor
END
```

8.7.5　关闭游标

通过一个游标完成提取记录或修改记录的操作以后，应当使用 CLOSE 语句关闭该游标，以释放当前的结果集并解除定位于该游标的记录行上的游标锁定。使用 CLOSE 语句关闭该游标之后，该游标的数据结构仍然存储在系统中，可以通过 OPEN 语句重新打开。但关闭后不允许提取和定位更新，直到游标重新打开。CLOSE 语句必须在一个打开的游标上执行，而不允许在一个仅仅声明的游标或一个已经关闭的游标上执行。关闭游标的语法代码格式如下：

```
CLOSE {{[GLOBAL] cursor_name}|cursor_variable_name}
```

主要参数说明如下。

（1）GLOBAL：指定 cursor_name 是指全局游标。

（2）cursor_name：打开的游标的名称。

（3）cursor_variable_name：与打开的游标关联的游标变量的名称。

【例 8.34】 关闭一个已经打开的游标（学生_Cursor）。

```
CLOSE 学生_Cursor;
```

8.7.6 释放游标

关闭一个游标以后，其数据结构仍然存储在系统中。为了将该游标占用的资源全部归还给系统，还需要使用 DEALLOCATE 语句删除游标引用，让 SQL Server 释放组成该游标的数据结构。释放游标的语法代码格式如下：

```
DEALLOCATE {{[GLOBAL] cursor_name}|cursor_variable_name}
```

主要参数说明如下。

（1）GLOBAL：指定 cursor_name 是全局游标。

（2）cursor_name：声明的游标的名称。

（3）cursor_variable_name：cursor 变量的名称。

【例 8.35】 释放一个名称为"学生_Cursor"的游标。

```
DEALLOCATE 学生_Cursor;
```

8.7.7 游标的应用

前面们介绍了如何声明游标，打开游标，从游标中提取数据以及关闭和释放游标的方法。下面们将通过两个应用实例使读者更深刻地理解游标的原理与应用。

【例 8.36】 建立一个名称为"学生_Cursor"的游标，通过该游标逐行浏览学生表"Student"中的记录。

步骤如下。

（1）启动"SQL Server Management Studio"，在"对象资源管理器"下选择"数据库"，定位到"CJGL"数据库。

（2）单击"新建查询"按钮，在弹出的"查询编辑器"的编辑区里输入以下代码：

```
--声明游标
DECLARE 学生_Cursor CURSOR FOR
SELECT * FROM Student;
--打开游标
OPEN 学生_Cursor;
--提取数据
FETCH NEXT FROM 学生_Cursor
--判断 FETCH 是否成功
WHILE @@FETCH_STATUS = 0
```

```
BEGIN
    --提取下一行
    FETCH NEXT FROM 学生_Cursor
END
--关闭游标
CLOSE 学生_Cursor;
--释放游标
DEALLOCATE 学生_Cursor;
```

（3）单击"执行"按钮，运行结果如图 8.7 所示。

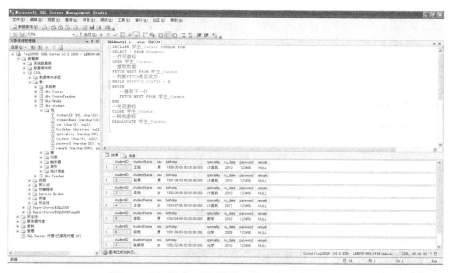

图 8.7　通过游标逐行浏览"学生表"中的记录

【例 8.37】　建立一个名称为"修改成绩_Cursor"的游标，通过该游标修改"grade"中 studentID = '1'的成绩值。

步骤如下。

（1）启动"SQL Server Management Studio"，在"对象资源管理器"下选择"数据库"，定位到"CJGL"数据库。

（2）单击"新建查询"按钮，在弹出的"查询编辑器"的编辑区里输入以下代码：

```
DECLARE @xh varchar(10),@grade  int
DECLARE 修改成绩_Cursor CURSOR FOR
SELECT studentID,grade FROM grade WHERE studentID = '1';
OPEN 修改成绩_Cursor;
FETCH NEXT FROM 修改成绩_Cursor INTO @xh ,@grade;
PRINT '修改前: ' + @xh+'同学成绩为: ' + convert(varchar,@grade);
UPDATE grade SET grade = grade + 1
WHERE current of 修改成绩_Cursor;
CLOSE 修改成绩_Cursor;
OPEN 修改成绩_Cursor;
FETCH NEXT FROM 修改成绩_Cursor INTO @xh, @grade;
PRINT '修改后: ' + @xh + '同学成绩为: ' + convert(varchar,@grade)
CLOSE 修改成绩_Cursor;
DEALLOCATE 修改成绩_Cursor;
```

（3）单击"执行"按钮，运行结果如图 8.8 所示。

图 8.8　通过游标修改学生表中的数据

本章小结

　　本章着重介绍了 Transact-SQL 语言的基本概念，包括数据类型、变量、表达式、常用函数及其使用方法，并介绍了用户自定义函数和游标的使用方法。Transact-SQL 语言需要大量的实践，才能熟练运用。

习题

一、选择题

1. 定义学生姓名，适宜使用的类型为（　　　）。

　　A. int　　　　　　B. real　　　　　　C. VarChar(30)　　　　　　D. VarChar(MAX)

2. 下列运算符号优先级最高的是（　　　）。

　　A. AND　　　　　　B. ALL　　　　　　C. NOT

3. 下面哪个不是数学函数中的近似函数（　　　）。

　　A. ROUND　　　B. FIX　　　　　　C. CEILING　　　　　　D. FLOOR

4. 删除游标所用的关键字为（　　　）。

　　A. close　　　　　　B. delete　　　　　　C. drop　　　　　　　　D. deallocate

二、填空题

　　1. 整数类型包括_____、_____、_____、_____。

　　2. 求字符串子串的函数有_____、_____、_____。

　　3. 变量分为_____和_____。

三、简答题

　　1. 简述数据类型 char 或 varchar 的区别，数据类型 varchar 和 nvarchar 的区别。

2. 举例说明 CASE 语句的两种格式。

3. 聚合函数有哪些？举例说明其应用。

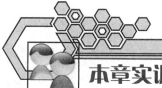

本章实训

一、实训目的

1. 掌握 Transact-SQL 语言的各个要素：数据类型、变量和常量、运算符、控制语句、常用函数。

2. 熟悉用户自定义函数。

二、实训要求

1. 实训前做好上机实训的准备，针对实训内容，认真复习与本次实训有关的知识，完成实训内容的预习准备工作。

2. 认真独立完成实训内容。

3. 实训后做好实训总结，根据实训情况完成总结报告。

三、实训学时

2 学时。

四、实训内容

1. 创建一个学生表"Student"，包括以下字段：学号（5 位数字），姓名，性别，出生日期，入学日期，入学成绩，院系，个人简历（大概 300 字）。试考虑每个字段所用类型，并在机器上实现。

2. 写脚本查询"Student"表中年龄大于 18 的学生的平均入学成绩。

3. 以下脚本计算 1+2+3+…+100 的和，并使用 PRINT 显示计算结果。

```
DECLARE @I int, @sum int, @csum char(10)
SELECT  @I=1, @sum=0
WHILE  @I<=_____
   BEGIN
      SELECT @sum = _____
      SELECT @I=@I+1
   END
   SELECT @csum=convert(char(10),@sum)
   _____  '1+2+3+…+100=' + @csum
```

试填空，并上机实验。

4. 写脚本返回今天的日期和 100 天之后的日期。

5. 上机调试例 8.31～8.35，并测试其运行结果。

五、实训思考题

1. Transact-SQL 有哪些语法要素？

2. 举例说明 varchar(max)、nvarchar(max)、varbinary(max) 3 种数据类型的用途。

第9章

视图

如果说一张表像一个房间的话，那么视图就像是房间的窗户——即使不进入房间，也可以通过窗户看到房间里的部分布局。但是，视图又与窗户不同，通过视图不仅能看到一个表中的部分数据，还可以看到多个表中的部分数据，甚至可以通过视图更改表中的数据。

本章将介绍视图的基本概念、类型和特点，以及创建、修改视图的基本方法。通过本章的学习，读者可以了解如何使用图形化工具和 SQL 命令创建、修改视图，以及如何通过视图更改数据。

9.1　视图的作用和基本类型

视图是查看数据库中表数据的一种方式。它提供了存储预定义的查询语句作为数据库中的对象供以后使用的能力。视图是一种逻辑对象，是一种虚拟表。除非是索引视图，否则视图不占用物理存储空间。

在视图中被查询的表称为视图的基表。大多数的 SELECT 语句都可以用在视图的创建中。一般地，视图的内容包括：

（1）基表中列的子集或行的子集，也就是说视图可以是基表的一部分。

（2）两个或多个基表的联合，也就是说视图是对多个基表进行联合检索的 SELECT 语句。

（3）两个或多个基表的连接，也就是说视图是通过对若干个基表的连接生成的。

（4）基表的统计汇总，也就是说视图不仅仅是基表的投影，还可以是经过对基表的各种复杂运算而得到的结果。

（5）另外一个视图的子集，也就是说视图既可以基于表，也可以基于另外一个视图。

（6）视图和基表的混合，在视图的定义中，视图和基表可以起到同样的作用。

从技术上来讲，视图是 SELECT 语句的存储定义。可以在视图中定义一个或多个表的 1 024 列，所能定义的行数是没有限制的。

使用视图有很多有优点，例如使得查询简单化、提高数据的安全性、掩码数据库的复杂性以及为了向其他应用程序输出而重新组织数据等。

（1）查询简单化。

如果一个查询非常复杂，跨越多个数据表，那么可以通过将这个复杂查询定义为视图，从而简化用户对数据的访问，因为用户只需要查询视图即可。

（2）提高数据的安全性。

视图创建了一种可以控制的环境，即数据表中的一部分数据允许访问，而另一部分则不允许访问。那些没有必要的、敏感的或不适合的数据都从视图中排除了，用户只能查询和修改视图中显示的数据。可以为用户只授予访问视图的权限，而不授予访问数据表的权限，从而提高数据库的安全性能。

（3）掩码数据库的复杂性。

视图把数据库设计的复杂性与用户的使用方式屏蔽开了。在设计数据库和数据表时，因为种种因素，通常命名的名字都是十分复杂和难以理解的，而视图可以将那些难以理解的列替换成数据库用户容易理解和接受的名称，从而为用户的使用提供极大便利。

（4）为向其他应用程序输出而重新组织数据。

可以创建一个基于连接两个或多个表的复杂查询的视图，然后把视图中的数据引出到另外一个应用程序中，以便对这些数据进行进一步的分析和使用。

在 Microsoft SQL Server 2008 系统中，可以把视图分成 3 种类型，即标准视图、索引视图和分区视图。

标准视图组合了一个或多个表中的数据，您可以获得使用视图的大多数好处，包括将重点放在特定数据上及简化数据操作。

索引视图是被物理化、具体化了的视图，即它已经过计算并存储。可以为视图创建索引，即对视图创建一个唯一的聚集索引。索引视图可以显著提高某些类型查询的性能。索引视图尤其适于聚合许多行的查询。但它们不太适于经常更新的基本数据集。

分区视图在一台或多台服务器间水平连接一组成员表中的分区数据。这样，数据看上去如同来自于一个表。如，连接同一个 SQL Server 实例中的成员表的视图是一个本地分区视图。

9.2　视图的创建

和表的创建类似，在 Microsoft SQL Server 2008 中，可以通过两种方式完成视图的创建：一是使用图形化工具，二是使用 SQL 命令。

9.2.1　在图形界面下创建视图

本节将以创建学生选课成绩视图为例，介绍如何在图形界面下创建视图。

打开 Microsoft SQL Server Management Studio 环境的"对象资源管理器"（如果该窗口关闭，选中"视图"菜单，选择"对象资源管理器"选项，即可打开该窗口），打开指定的服务器实例，选中"数据库"节点，再打开指定的数据库，例如"CJGL"数据库。右键单击"视图"节点，从弹出菜单中选择"新建视图"命令，则出现如图 9.1 所示的"添加表"对话框。

从"添加表"对话框中选择将要用于视图定义的基表、视图或函数。一个视图可以有多个基表。选中某个表，单击"添加"按钮，该表就添加到了视图设计器中，如图 9.2 所示。视图设计器包含 4 个窗格："关系图"窗格、"条件"窗格、"SQL"窗格和"结果"窗格。

图 9.1 "添加表"对话框

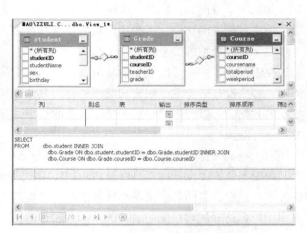

图 9.2 视图设计器

（1）在"关系图"窗格中可以进行以下操作。

- 添加或移除表和表值对象并指定要输出的数据列。
- 创建或修改表和表值对象之间的连接。

（2）"条件"窗格用于指定查询选项（例如要显示哪些数据列、如何对结果进行排序以及选择哪些行等），可以通过将选择输入到一个类似电子表格的网格中来进行指定。在"条件"窗格中，可以指定以下项目。

- 要显示的列以及列名别名。
- 列所属的表。
- 计算列的表达式。
- 查询的排序顺序。
- 搜索条件。
- 分组条件，包括用于摘要报告的聚合函数。

在"条件"窗格中所做的更改将自动反映到"关系图"窗格和 SQL 窗格中。同样，"条件"窗格也会自动更新以反映在其他窗格中所做的更改。

（3）在 SQL 窗格中，可以进行以下操作。

- 通过输入 SQL 语句创建新查询。
- 根据在"关系图"窗格和"条件"窗格中进行的设置，对查询和视图设计器创建的 SQL 语句进行修改。

（4）在"结果"窗格中，可以以类似于电子表格的网格查看最近执行的 SELECT 查询的结果集。

然后选择视图中要显示的列，这里选中"Student"表中的"studentName"列、"sex"列和"speciality"列，"Course"表中的"courseName"列，"Grade"表中的"grade"列。

在"条件"窗格中为选中的列设置别名、排序类型、排序顺序、是否分组、筛选条件等。

单击工具栏的"保存"按钮，输入视图名称"vw_stu_gra1"，保存视图的定义。

单击"执行"按钮，在结果窗格显示视图的执行结果。如图 9.3 所示。

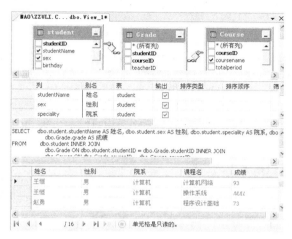

图 9.3　视图执行结果

9.2.2　用 SQL 语句创建视图

除了使用图形化工具定义视图，还可以使用 CREATE VIEW 语句定义视图。

需要注意的是，只能在当前的数据库中创建视图，视图的名称必须符合命名规则，因为视图的外表和表的外表是一样的，因此应该使用一种能与表区别开的命名机制，使人容易分辨出表和视图，一般情况下，选择在视图名称前使用 vw_ 作为前缀。

使用 CREATE VIEW 语句创建视图的基本语法为

```
CREATE VIEW view_name [ (column [ ,…n ] ) ]
[ WITH ENCRYPTION ]
AS select_statement
[ WITH CHECK OPTION ] [ ; ]
```

参数说明：

（1）column：视图中的列使用的名称。

组成视图的列名要么全部省略要么全部指定，没有第 3 种选择。如果省略了视图的各个列名，则视图列将获得与 SELECT 语句中的列相同的名称。但是对于下列情况，必须在视图定义中指定每列的名称。

● 视图中有任何从算术表达式、内置函数或常量派生出的列。

● 视图中两列或多列具有相同名称（通常由于视图定义包含连接，而来自两个或多个不同表的列具有相同的名称）。

● 希望使视图中的列名与它的源列名不同。这时也可以在视图中重命名列。无论重命名与否，视图列都会继承其源列的数据类型。

（2）WITH ENCRYPTION：对 CREATE VIEW 语句文本进行加密。使用 WITH ENCRYPTION 可防止在 SQL Server 复制过程中发布视图。

（3）AS：指定视图要执行的操作。

（4）*select_statement*：定义视图的 SELECT 语句。该语句可以是任意复杂的 SELECT 语句，可以使用多个表和其他视图。但通常不允许含有 ORDER BY 子句。如果包含 ORDER BY 子句的话，必须同时包含 TOP 子句。

> ORDER BY 子句仅用于确定视图定义中的 TOP 子句返回的行。它保证在查询视图时得到有序结果，除非在查询视图时也指定了 ORDER BY。

（5）WITH CHECK OPTION：强制针对视图执行的所有数据修改语句都必须符合在 *select_statement* 中设置的条件。通过视图修改行时，WITH CHECK OPTION 可确保提交修改后，仍可通过视图看到数据。

【例 9.1】 建立计算机系学生的视图。

```
CREATE VIEW vw_Stu_jsj1
AS
SELECT studentID, studentName, sex, speciality
FROM Student
WHERE speciality = '计算机'
```

本查询省略了视图列名，隐含为与 SELECT 语句中的列相同的名称。

【例 9.2】 建立计算机系学生的视图，并要求通过该视图进行查询、修改和插入操作时只能操作计算机系的学生信息。

```
CREATE VIEW vw_Stu_jsj2
AS
SELECT studentID, studentName, sex, , speciality
FROM Student
WHERE speciality = '计算机'
WITH CHECK OPTION
```

由于在定义"vw_Stu_jsj2"时加上了 WITH CHECK OPTION 子句，所以以后对该视图进行插入、修改和删除操作时，系统会自动加上"speciality = '计算机'"的条件。

视图不仅可以建立在单表上，也可以建立在多个基表上。

【例 9.3】 建立所有学生选修课程及其成绩的视图。

```
CREATE VIEW vw_StuGrade1 ( studentID, studentName, courseName, speciality, Grade )
AS
SELECT Student.studentID, studentName, courseName, speciality, Grade
FROM Student INNER JOIN Grade ON Student.studentID = Grade.studentID
         INNER JOIN Course ON Grade.Cno = Course.Cno
```

由于视图"vw_StuGrade1"的属性列中包含了"Student"表与"Grade"表的同名列"studentID"，所以在视图名后面必须指明视图的各个属性列名，而不能像例 9.1、例 9.2 中那样，将视图中的列名省略。

视图除了可以建立在一个或多个基表上，还可以建立在一个或多个已定义好的视图上，或建立在基本表与视图上。

【例 9.4】 建立选修课程成绩在 85 分以上的学生的视图。

```
CREATE VIEW vw_StuGrade2
AS
SELECT studentID, studentName, courseName, Grade
FROM vw_StuGrade1
WHERE Grade > 85
```

还可以用带有聚集函数、GROUP BY 子句的查询来定义视图。

【例 9.5】　为每个学生及其平均成绩建立一个视图。

```
CREATE VIEW vw_AvgGrade (studentID, Gavg)
AS
SELECT studentID, AVG ( Grade )
FROM Grade
GROUP BY studentID
```

在创建视图的过程中，用户应注意以下几个问题。

- 只能在当前数据库中创建视图。但是，如果使用分布式查询定义视图，则新视图所引用的表和视图可以存在于其他数据库中，甚至其他服务器上。
- 视图名称必须遵循标识符的规则，且对每个用户必须为唯一。此外，该名称不得与该用户拥有的任何表的名称相同。
- 可以在其他视图和引用视图的过程之上建立视图。
- 定义视图的查询不可以包含 ORDER BY、COMPUTE 或 COMPUTE BY 子句或 INTO 关键字。
- 不能在视图上定义全文索引。
- 不能创建临时视图，也不能在临时表上创建视图。

9.3　视图的修改

如果使用 SELECT 语句创建了一个视图，然后又修改了基表的结构，例如增加了一个新列，则这个新列不会自动出现在该视图中。为了能在视图中看到这个新列，必须修改视图的定义。只有对视图的定义经过修改并将新列增加到视图定义中之后，新增加的列才能反映到视图中。

界面下视图的修改操作可参考 9.2.1 节创建视图的方法。

也可以使用 ALTER VIEW 语句修改视图。当用该语句修改视图时，视图原有的权限不会发生变化。

【例 9.6】　修改例 9.3 中的视图定义，将视图中的"studentID"列去掉，并为每个列重新命名。

SQL 语句如下：

```
ALTER VIEW vw_StuGrade1 ( 姓名, 课程名, 所属院系, 分数 )
AS
SELECT studentName, courseName, speciality, Grade
FROM Student INNER JOIN Grade ON Student.studentID = Grade.studentID
        INNER JOIN Course ON Grade.Cno = Course.Cno
```

9.4　通过视图查询数据

视图定义好后，用户就可以像对基本表一样对视图进行查询了。

【例 9.7】　在计算机系学生的视图中找出所有女生信息。

```
SELECT studentID, studentName, sex
FROM vw_Stu_jsj1
WHERE sex= '女'
```

执行结果如图 9.4 所示。

系统执行对视图的查询时，首先进行有效性检查，以确认查询中涉及的表、视图等是否存在。如果存在，则从数据字典中取出视图的定义，把定义好的子查询和用户的查询结合起来，转换成等价的对基本表的查询。例如，本例的查询就相当于执行了下面的 SQL 语句：

图 9.4　查询视图

```
SELECT studentID, studentName, sex
FROM Student
WHERE speciality = '计算机' AND sex= '女'
```

9.5　通过视图更新数据

由于视图是不实际存储数据的虚表，因此无论在什么时候更新视图的数据，实际上都是在修改视图的基表中的数据。在利用视图更新基表中的数据时，应该注意以下几个问题。

- 创建视图的 SELECT 语句中如果包含 GROUP BY 子句，则不能修改。
- 更新基于两个或两个以上基表的视图时，每次修改数据只能影响其中的一个基表，也就是说，不能同时修改视图所基于的两个或两个以上的数据表。
- 不能修改视图中没有定义的基表中的列。
- 不能修改通过计算得到值的列、有内置函数的列和有统计函数的列。

更新的基本操作包括插入（INSERT）数据、删除（DELETE）数据和修改（UPDATE）数据。命令语法格式与更新表的语法格式完全一致，只需要把命令中的表名改为视图名，表列名改为视图列名。

【例 9.8】　向计算机学生视图"vw_Stu_jsj1"中插入一个新的学生记录。

```
INSERT INTO vw_Stu_jsj1 (studentID, studentName, sex, speciality)
VALUES ('8', '白皓', '男', '计算机')
```

语句执行后，提示：(1 行受影响)。表明数据插入成功。

如果执行下面的语句，即不指定该生为计算机学院学生：

```
INSERT INTO vw_Stu_jsj1 (studentID, studentName, sex)
VALUES ('9', '白皓', '男')
```

执行结果仍然是：(1 行受影响)。打开"Student"表，可以发现多了一条学号为 9 的学生记录，如图 9.5 所示。但是该生的院系不是"计算机"，而是默认值"软件学院"，也就是说，通过计算机系学生视图插入了一条非计算机专业的学生信息。这在实际应用中一般是不合理的。另外，打开计算机系学生视图查看数据的话，也看不到新插入的 9 号学生的记录。

注意　对于视图中没有包含的表的列，没有办法通过视图进行更新，因此必须保证这些列要么允许为空（NULL），要么存在默认值。

【例 9.9】　向计算机系学生视图"vw_Stu_jsj2"中插入一个新的学生记录。

SQL 语句如下：

```
INSERT INTO vw_Stu_jsj2 (studentID, studentName, sex)
VALUES ('10', '王岚', '女' )
```

执行结果如图 9.6 所示，提示不能插入，因为插入的记录不满足 CHECK OPTION 的条件，即 speciality= '计算机'。

图 9.5　通过视图插入的数据记录　　　　图 9.6　更新包含 WITH CHECK OPTION 选项的视图

从这个结果大家可以看出 WITH CHECK OPTION 选项的作用。它可以限制通过视图更新不满足视图定义的 WHERE 子句约束的记录。

【例 9.10】　通过计算机系学生视图"vw_Stu_jsj2"将学号为 8 的学生姓名改为"白浩"。

```
UPDATE vw_Stu_jsj2
SET studentName='白浩'
WHERE studentID='8'
```

执行结果：

(1 行受影响)

【例 9.11】　删除计算机系学生视图"vw_Stu_jsj"中学号为 8 的记录。

```
DELETE FROM vw_Stu_jsj1
WHERE studentID = '8'
```

语句执行后查看"Student"表中的信息，可以发现学号为 8 的学生记录已被删除。

为了防止用户通过视图对数据进行增加、删除、修改，有意无意地对不属于视图范围内的基本表数据进行操作，建议在定义视图的时候加上 WITH CHECK OPTION 子句。这样在视图上进行增、删、改操作时，系统会检查视图定义中的条件，若不满足条件，则拒绝执行该操作。

9.6　视图的删除

如果视图不需要了，可以通过执行 DROP VIEW 语句把视图的定义从数据库中删除。该语句的基本语法为

```
DROP VIEW view_name […, n ]
```

删除一个视图，就是删除其定义和赋予它的全部权限。删除基本表后，由该表导出的所有视图以及由这些视图导出的视图都将失效，但并不能自动删除，必须使用 DROP VIEW 语句显式地删除。

【例 9.12】　删除视图"vw_AvgGrade1"。

```
DROP VIEW vw_AvgGrade1
```

执行该语句后，"vw_AvgGrade1"视图的定义将从数据字典中删除。同时因为视图"vw_AvgGrade2"依赖于"vw_AvgGrade1"，所以执行删除操作后，视图"vw_AvgGrade2"将不能再使用，需要再次执行删除语句，删除"vw_AvgGrade2"。

本章小结

本章介绍了视图的基本概念、类型和优点等，并通过示例详细讲述了视图的创

建、修改和删除操作，以及如何通过视图完成数据的查询和更新。视图是用户更灵活地管理和使用数据库中数据的工具，通过使用视图可以更方便用户使用查询，同时提高系统安全性。

标准视图是一种虚拟表，它只保存了视图的定义，并不实际存储数据。对视图的管理可以通过两种方式来完成：图形化方式和 SQL 语句。

使用 SQL 语句创建视图的命令是 CREATE VIEW，修改视图的命令是 ALTER VIEW，删除视图的命令是 DELETE VIEW。通过视图查询和修改数据的过程实际上是对基本表查询和修改数据的过程。

本章涉及的各种 SQL 语句和命令需要读者多加练习，并熟练掌握。

习题

一、选择题

1. 下面关于视图特征的描述，哪些是正确的（　　　）？

   A. ORDER BY 子句可以出现在 CREATE VIEW 语句中

   B. ORDER BY 子句不可以出现在 CREATE VIEW 语句中

   C. GROUP BY 子句可以出现在 CREATE VIEW 语句中

   D. GROUP BY 子句不可以出现在 CREATE VIEW 语句中

2. 以下各种视图中，会占用一部分存储空间的是（　　　）。

   A. 标准视图

   B. 索引视图

   C. 分区视图

3. 通过视图更改数据表时，下列说法不正确的是（　　　）。

   A. 在利用视图向数据表插入数据时，必须确保视图中没有定义的列允许空值，否则将提示出错信息

   B. 通过视图，用户可以更新数据表中的任何列值

   C. 用户只能访问视图中定义的字段，对于视图中没有定义的数据表中的字段，用户不能通过视图访问

   D. 通过视图修改数据表时，数据表中不能包含统计函数，且 SELECT 语句中不能包含 GROUP BY 子句

二、填空题

1. Microsoft SQL Server 2008 系统提供的视图类型包括_____、_____、_____。

2. 视图是从_____中导出的表，数据库中实际存放的是视图的_____。

三、简答题

1. 什么是视图？视图有什么作用？

2. 什么情况下必须在视图的定义中指定列的名称？

3. 视图的基表可以是哪些对象？

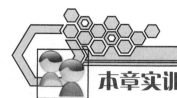

本章实训

一、实训目的

1. 理解视图的基本概念和作用。

2. 掌握创建视图和修改视图的方法。

3. 掌握通过视图查询和更新数据的方法。

4. 掌握删除视图的方法。

二、实训要求

1. 实训前做好上机实训的准备，针对实训内容，认真复习与本次实训有关的知识，完成实训内容的预习准备工作；

2. 认真独立完成实训内容；

3. 实训后做好实训总结，根据实训情况完成总结报告。

三、实训学时

2 学时。

四、实训内容

1. 为学生基本信息建立一个视图，视图中包含学生学号、姓名、所属院系。

2. 为"CJGL"信息建立一个视图，视图中包含学生学号、姓名、所属院系、课程名、选课分数。

3. 为所有学生建立一个平均成绩视图。

4. 在学生基本信息视图中增加"学生年龄"列。

5. 向学生基本信息视图中增加一条学生记录。

6. 通过学生基本信息视图将所有学生的年龄增加一岁。

7. 如果要删除平均成绩低于 50 分的"CJGL"信息，请问，能通过学生平均成绩视图实现吗？为什么？

8. 如果要删除选课成绩为空的学生记录，请问，能通过"CJGL"视图实现吗？为什么？

9. 删除学生基本信息视图。

五、实训思考题

1. 创建视图时，应该注意哪些问题？

2. 在利用视图更新数据时，要注意哪些问题？

第10章

索引

索引是与表或视图关联的磁盘上结构，可以加快从表或视图中检索行的速度。

本章首先介绍索引的基本概念，然后详细介绍如何创建、修改和删除索引，以及如何对索引进行优化。通过本章的学习，可以了解索引的基本知识，掌握使用图形界面和代码创建、修改和删除索引的方法，以及使用数据库引擎优化顾问对索引进行优化的方法。

10.1 索引简介

索引是一个单独的、物理的数据库结构，是为了加速对表中的数据行的检索而创建的一种分散存储结构。索引是针对一个表而建立的，每个索引页面中的行都含有逻辑指针，指向数据库表中的物理位置，以便加速检索物理数据。

与书中的索引一样，数据库中的索引使您可以快速找到表或索引视图中的特定信息。索引包含从表或视图中一个或多个列生成的键，以及映射到指定数据的存储位置的指针。通过创建设计良好的索引以支持查询，可以显著提高数据库查询和应用程序的性能。索引可以减少为返回查询结果集而必须读取的数据量。索引还可以强制表中的行具有唯一性，从而确保表数据的完整性。

索引是与表或视图关联的磁盘上结构，可以加快从表或视图中检索行的速度。索引包含由表或视图中的一列或多列生成的键。这些键存储在一个结构（B 树）中，使 SQL Server 可以快速有效地查找与键值关联的行。

10.2 索引的类型和特点

表或视图可以包含以下类型的索引。

1. 聚集索引（clustered index，也称聚类索引、簇集索引）

聚集索引根据数据行的键值在表或视图中排序和存储这些数据行。索引定义中包含聚集索引列。每个表只能有一个聚集索引，因为数据行本身只能按一个顺序排序。

只有当表包含聚集索引时，表中的数据行才按照排序顺序存储。如果表具有聚集索引，则该表称为聚集表。如果表没有聚集索引，则其数据行存储在一个称为堆的无序结构中。

2. 非聚集索引（nonclustered index，也称非聚类索引、非簇集索引）

非聚集索引具有独立于数据行的结构。非聚集索引包含非聚集索引键值，并且每个键值项都有指向包含该键值的数据行的指针。

从非聚集索引中的索引行指向数据行的指针称为行定位器。行定位器的结构取决于数据页是存储在堆中还是聚集表中。对于堆，行定位器是指向行的指针。对于聚集表，行定位器是聚集索引键。

实际上，您可以把索引理解为一种特殊的目录。下面，我们举例来说明一下聚集索引和非聚集索引的区别。

其实，我们的汉语字典的正文本身就是一个聚集索引。比如，我们要查"安"字，就会很自然地翻开字典的前几页，因为"安"的拼音是"an"，而按照拼音排序汉字的字典是以英文字母"a"开头并以"z"结尾的，那么"安"字就自然地排在字典的前部。如果翻完了所有以"a"开头的部分仍然找不到这个字，那么就说明您的字典中没有这个字；同样的，如果查"张"字，那您也会将您的字典翻到最后部分，因为"张"的拼音是"zhang"。也就是说，字典的正文部分本身就是一个目录，您不需要再去查其他目录来找到您需要找的内容。我们把这种正文内容本身就是一种按照一定规则排列的目录称为"聚集索引"。

如果您认识某个字，您可以快速地从自动中查到这个字。但您也可能会遇到您不认识的字，不知道它的发音，这时候，您就不能按照刚才的方法找到您要查的字，而需要去根据"偏旁部首"查到您要找的字，然后根据这个字后的页码直接翻到某页来找到您要找的字。但您结合"部首目录"和"检字表"而查到的字的排序并不是真正的正文的排序方法，比如您查"张"字，我们可以看到在查部首之后的检字表中"张"的页码是 672 页，检字表中"张"的上面是"驰"字，但页码却是 63 页，"张"的下面是"弩"字，页面是 390 页。很显然，这些字并不是真正的分别位于"张"字的上下方，现在您看到的连续的"驰、张、弩"三字实际上就是他们在非聚集索引中的排序，是字典正文中的字在非聚集索引中的映射。我们可以通过这种方式来找到您所需要的字，但它需要两个过程，先找到目录中的结果，然后再翻到您所需要的页码。我们把这种目录纯粹是目录，正文纯粹是正文的排序方式称为"非聚集索引"。

通过以上例子，我们可以理解到什么是"聚集索引"和"非聚集索引"。进一步引申一下，我们可以很容易地理解：每个表只能有一个聚集索引，因为目录只能按照一种方法进行排序。

聚集索引和非聚集索引都可以是唯一的。这意味着任何两行都不能有相同的索引键值。另外，索引也可以不是唯一的，即多行可以共享同一键值。

在 SQL Server 2008 中，每当修改了表数据后，都会自动维护表或视图的索引。

由上面的介绍可以看出，索引有以下优点。

（1）加快检索速度。

（2）加速对连接表查询和执行排序或分组操作的查询。

（3）如果创建了唯一性索引，还可以保证数据表中每一行数据的唯一性。

（4）查询优化器依赖于索引起作用。

索引可以加速检索，但是它会消耗硬盘空间并招致开销和维护成本。索引有以下缺点。

（1）创建索引要花费时间并占有存储空间。

（2）降低数据维护的速度。在已索引的列上维护数据时，SQL Server 会更新相关的索引。维护索引需要时间和资源。

索引设计不佳和缺少索引是提高数据库和应用程序性能的主要障碍，因此设计索引应该注意以下几个原则：

- 在高选择性的列上创建索引；
- 如果索引包含多个列，则应考虑列的顺序。用于连接或搜索条件的列放在前面，其他列基于非重复级别进行排序；
- 不要在包括大量重复数据的列上创建索引；
- 不能将 ntext、text、image、varchar(max)、nvarchar(max) 和 varbinary(max) 数据类型的列指定为索引键列。

10.3　创建索引

下面我们通过用实例来说明如何创建索引。

10.3.1　在图形界面下创建索引

（1）打开 Microsoft SQL Server Manager Studio。

（2）在左侧的对象资源管理器中，依次展开"数据库→CJGL→表"，就可以看到已存在的表。

（3）选择要创建索引的表，如"Course"表。单击该表左侧的"+"号，然后选择索引，单击右键，在弹出菜单中选择"新建索引"命令，如图 10.1 所示。

图 10.1　新建索引

（4）在弹出的"新建索引"对话框中输入索引的名称，设置索引的类型，如图 10.2 所示。

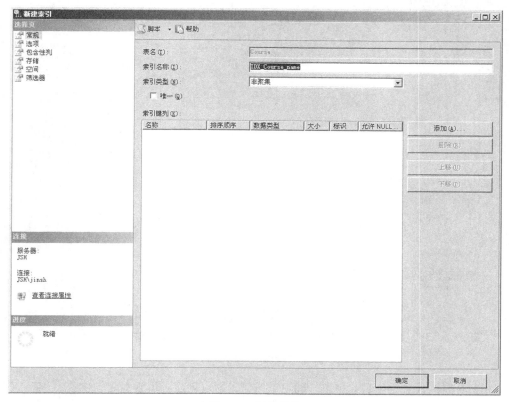

图 10.2 新建索引

（5）在对话框中单击"添加"按钮，将弹出"选择列"对话框，选择要添加到索引键的表列，这里我们选择的列是"coursename"，如图 10.3 所示，然后单击"确定"按钮关闭该对话框，返回新建索引对话框，结果如图 10.4 所示。

图 10.3 "选择列"对话框

（6）还可以通过单击选择页中的"选项"、"包含性列"、"存储"、"空间"和"筛选器"，对索引的属性进行进一步设置。

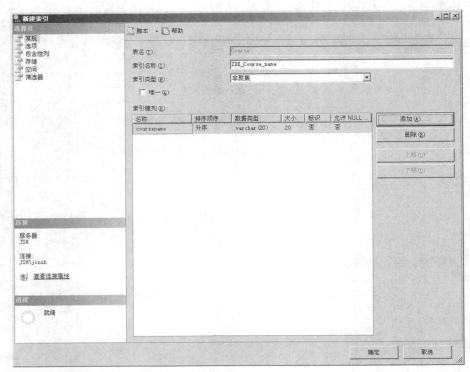

图 10.4　新建索引

（7）所有属性设置完毕后，单击"确定"按钮，即可创建一个索引。

10.3.2　用 SQL 语句创建索引

除了能够使用图形界面方式创建索引，还可以使用 CREATE INDEX 语句来创建索引。

CREATE INDEX 语句所涉及的选项数量众多，但很多并不常用，在下面的语法格式中仅列出一些常用的选项：

```
CREATE [UNIQUE][CLUSTERED|NONCLUSTERED] INDEX index_name
ON {TABLE|VIEW}(column [ASC|DESC][,...n])
[INCLUDE ( column_name [ ,...n ] ) ]
```

参数说明如下：

（1）UNIQUE：为表或视图创建唯一索引。唯一索引不允许两行具有相同的索引键值。视图的聚集索引必须唯一。无论 IGNORE_DUP_KEY 是否设置为 ON，数据库引擎都不允许为已包含重复值的列创建唯一索引。否则，数据库引擎会显示错误消息。必须先删除重复值，然后才能为一列或多列创建唯一索引。唯一索引中使用的列应设置为 NOT NULL，因为在创建唯一索引时，会将多个 null 值视为重复值。

（2）CLUSTERED：创建索引时，键值的逻辑顺序决定表中对应行的物理顺序。一个表或视图只允许同时有一个聚集索引。

具有唯一聚集索引的视图称为索引视图。为一个视图创建唯一聚集索引会在物理上具体化该视图。必须先为视图创建唯一聚集索引，然后才能为该视图定义其他索引。

在创建任何非聚集索引之前创建聚集索引。创建聚集索引时会重新生成表中现有的非聚集索引。如果没有指定 CLUSTERED，则创建非聚集索引。

（3）NONCLUSTERED：创建一个指定表的逻辑排序的索引。对于非聚集索引，数据行的物理排序独立于索引排序。每个表都最多可包含 999 个非聚集索引。对于索引视图，只能为已定义唯一聚集索引的视图创建非聚集索引。

（4）index_name：索引的名称。索引名称在表或视图中必须唯一，但在数据库中不必唯一。索引名称必须符合标识符的规则。

（5）[ASC | DESC]：确定特定索引列的升序或降序排序方向。默认值为 ASC。

在表上创建索引时，要考虑以下事项和原则。

（1）使用 CREATE TABLE 或 ALTER TABLE 对列定义 PRIMARY KEY 或 UNIQUE 约束时，SQL Server 2008 自动创建唯一索引。比起标准创建索引的方法，应优先考虑使用定义 PRIMARY KEY 或 UNIQUE 约束的方法来创建索引。

（2）必须是表的所有者，才能在其上执行 CREATE INDEX 语句。

（3）尽量在较小的列上定义索引，因为较小的索引比具有较大的键值的索引更有效率。

（4）根据唯一性选择列，这样每一个键值可以标识少量行。

下面我们通过一些例子来说明如何使用 Create Index 语句创建索引。

【例 10.1】　创建唯一的、非聚集索引。

在"Student"表的"studentName"列上创建一个唯一的、非聚集索引。

```
USE CJGL
GO
CREATE UNIQUE NONCLUSTERED INDEX IX_Student_StudentName
ON dbo.Student(StudentName)
GO
```

【例 10.2】　创建聚集索引。

在"Student"表的"studentID"列上创建一个聚集索引。

```
USE CJGL
GO
CREATE CLUSTERED INDEX IX_Student_StudentID
ON dbo.Student(StudentID)
GO
```

【例 10.3】　创建简单非聚集组合索引。

在"Student"表的"studentName"、"sex"列上创建非聚集组合索引。

```
USE CJGL
GO
CREATE INDEX IX_Student_Name_sex
ON dbo.Student(StudentName,sex)
GO
```

【例 10.4】　使用 IGNORE_DUP_KEY 选项。

本示例首先在该选项设置为 ON 时在临时表中插入多行，然后在该选项设置为 OFF 时执行相同操作，以演示 IGNORE_DUP_KEY 选项的影响。单个行被插入"#Test"表，在执行第二个多行 INSERT 语句时将导致出现重复值。表中的行计数会返回插入的行数。

```
USE CJGL
GO
CREATE TABLE #Test (C1 int, C2 nchar(50));
```

```
GO
CREATE UNIQUE INDEX AK_Index ON #Test (C1)
    WITH (IGNORE_DUP_KEY = ON);
GO
INSERT INTO #Test VALUES (1, 'zhangsan');
INSERT INTO #Test VALUES (1, 'lisi');
GO
DROP TABLE #Test;
GO
```

执行第二个 INSERT 语句的结果如图 10.5 所示。

图 10.5　第二个 INSERT 语句的执行结果

　　　违反唯一性约束的行将不能成功插入，系统会发出警告并忽略重复行，但不会回滚整个事务。

将再次执行相同语句，但将 IGNORE_DUP_KEY 设置为 OFF。

```
USE CJGL
GO
CREATE TABLE #Test (C1 int, C2 nchar(50));
GO
CREATE UNIQUE INDEX AK_Index ON #Test (C1)
    WITH (IGNORE_DUP_KEY = OFF);
GO
INSERT INTO #Test VALUES (1, 'zhangsan');
INSERT INTO #Test VALUES (1, 'lisi');
GO
DROP TABLE #Test;
GO
```

执行第二个 INSERT 语句的结果如图 10.6 所示。

图 10.6　第二个 INSERT 语句的执行结果

【例 10.5】　使用 DROP_EXISTING 删除和重新创建索引。

本示例使用 DROP_EXISTING 选项在"Student"表的"StudentName"列上删除并重新创建现有索引。

```
USE CJGL
GO
CREATE NONCLUSTERED INDEX IX_Student_StudentName
```

```
ON dbo.Student(StudentName)
WITH (DROP_EXISTING = ON)
GO
```

【例 10.6】 为视图创建索引。

本示例将创建一个视图并为该视图创建索引。

```
USE CJGL
GO
IF OBJECT_ID('dbo.v_StuInfo') IS NOT NULL
  DROP VIEW dbo.v_StuInfo;
GO
CREATE VIEW dbo.v_StuInfo
with SCHEMABINDING
AS
SELECT studentID, studentName,sex,birthday
FROM dbo.student
GO


CREATE UNIQUE CLUSTERED INDEX idx_stuid
ON dbo.v_StuInfo(studentID)
GO
```

【例 10.7】 创建具有包含性（非键）列的索引。

本示例创建具有一个键列 (studentID) 和两个非键列（studentname、sex）的非聚集索引。

```
USE CJGL
GO
CREATE NONCLUSTERED INDEX idx_id_name
ON dbo.Student(studentID,studentName, sex)
GO
```

然后执行该索引覆盖的查询。若要显示查询优化器选择的索引，执行查询前请在 SQL Server Management Studio 中的 "查询" 菜单上选择 "包括实际的执行计划"。

```
SELECT studentID, studentName,sex,birthday
FROM dbo.student
WHERE studentID BETWEEN '1' and '3'
GO
```

10.4 修改索引

下面介绍如何修改系统中已经存在的索引。

10.4.1 通过 SQL 语句修改索引

在 Microsoft SQL Server 2008 中，可以使用 ALTER INDEX 语句修改索引。

ALTER INDEX 语句的语法如下：

```
ALTER INDEX { index_name | ALL }
 ON <object>
 { REBUILD
  [ [ WITH ( <rebuild_index_option> [ ,...n ] ) ]
   | [ PARTITION = partition_number
```

```
    [ WITH ( <single_partition_rebuild_index_option>
      [ ,...n ] )
    ]
  ]
 ]
| DISABLE
| REORGANIZE
  [ PARTITION = partition_number ]
  [ WITH ( LOB_COMPACTION = { ON | OFF } ) ]
| SET ( <set_index_option> [ ,...n ] )
}
```

下面通过一些具体的实例来说明如何修改索引。

1. 禁用索引

禁用索引可防止用户访问该索引，对于聚集索引，还可防止用户访问基础表数据。索引定义保留在元数据中，非聚集索引的索引统计信息仍保留。对视图禁用非聚集索引或聚集索引会以物理方式删除索引数据。禁用表的聚集索引可以防止对数据的访问，数据仍保留在表中，但在删除或重新生成索引之前，无法对这些数据执行 DML 操作。

【例 10.8】 禁用索引。

```
USE CJGL
GO
ALTER INDEX IDX_Course_name ON Course DISABLE
GO
```

【例 10.9】 启用索引。

```
USE CJGL
GO
ALTER INDEX IDX_Course_name ON Course REBUILD
GO
```

2. 重新组织和重新生成索引

无论何时对基础数据执行插入、更新或删除操作，SQL Server 2008 都会自动维护索引。随着时间的推移，这些修改可能会导致索引中的信息分散在数据库中（含有碎片）。碎片非常多的索引可能会降低查询性能，导致应用程序响应缓慢。可以通过重新组织索引或重新生成索引来修复索引碎片。

重新组织索引是通过进行物理重新排序，从而对表或视图的聚集索引和非聚集索引的叶级别进行碎片整理，提高索引扫描的性能。重新生成索引将删除该索引并创建一个新索引。

【例 10.10】 重新组织表"Course"的索引"IDX_Course_name"。

```
USE CJGL
GO
ALTER INDEX IDX_Course_name ON Course REORGANIZE
GO
```

【例 10.11】 重新生成表"Course"中的全部索引。

```
USE CJGL
GO
ALTER INDEX ALL ON Course REBUILD
GO
```

3．重命名索引

重命名索引将用提供的新名称替换当前的索引名称。指定的名称在表或视图中必须是唯一的。
使用 sp_rename 重命名索引，sp_rename 语法如下：

```
sp_rename 'object_name' , 'new_name' [ ,'object_type']
```

【例 10.12】 重命名索引。

```
EXEC SP_RENAME 'dbo.Course.IDX_Course_name','IDX_Name','INDEX'
```

10.4.2　通过图形界面修改索引

通过使用 SQL Server Management Studio 中的对象资源管理器执行常规索引维护任务。

首先我们先打开 SQL Server Management Studio，在对象资源管理器中选择一个数据表。

（1）对表的所有索引进行修改操作，选择索引并单击鼠标右键，如图 10.7 所示。

（2）对单个索引进行修改操作，选择一个索引并单击右键，如图 10.8 所示。选择弹出菜单中的相应菜单命令执行修改操作。

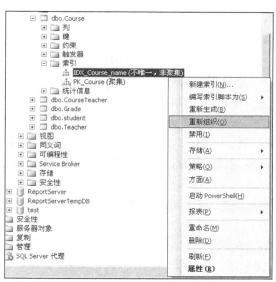

图 10.7　修改所有索引　　　　　　　　图 10.8　修改单个索引

10.5　删除索引

当一个索引不再需要时，可以将其从数据库中删除，以回收它当前使用的磁盘空间。这样数据库中的任何对象都可以使用此回收的空间。

使用 DROP INDEX 语句可以删除表或视图的索引。在删除索引时，需要考虑以下事项。

- 必须先删除 PRIMARY KEY 或 UNIQUE 约束，才能删除约束使用的索引。通过修改索引，实质上可以删除并重新创建 PRIMARY KEY 或 UNIQUE 约束使用的索引，而无需删除并重新创建约束。
- 删除视图或表时，将自动删除为永久性和临时性视图或表创建的索引。

- 在删除聚集索引时，表中的所有非聚集索引都会被自动重建。

DROP INDEX 语句的语法如下：

```
DROP INDEX index_name ON {table|view}[,…n]
```

【例 10.13】从"Course"表中删除"IDX_Name"索引。

```
USE CJGL
GO
DROP INDEX IDX_Name ON dbo.Course
GO
```

> DROP INDEX 语句不适用于通过定义 PRIMARYKEY 或 UNIQUE 约束创建的索引。若要删除该约束和相应的索引，可以使用带有 DROP CONSTRAINT 选项的 ALTER TABLE 语句将其删除。删除约束时，作为约束的一部分而创建的索引也将被删除。

10.6 索引优化向导

为数据库项目创建正确索引并不简单。需要考虑许多因素：

- 数据库的数据模型；
- 表中数据的数量和分布；
- 对数据库执行哪些查询；
- 查询发生的频率；
- 数据更新的频率。

为了帮助我们设计索引，SQL Server 提供了一个称为"数据库引擎优化顾问"的工具。使用该工具可以优化数据库，提高查询处理的性能。数据库引擎优化顾问检查指定数据库中处理查询的方式，然后建议如何通过修改物理设计结构（例如索引、索引视图和分区）来改善查询处理性能。

它取代了 Microsoft SQL Server 2000 中的索引优化向导，并提供了许多新增功能。例如，数据库引擎优化顾问提供两个用户界面：图形用户界面（GUI）和 dta 命令提示实用工具。使用 GUI 可以方便快捷地查看优化会话结果，而使用 dta 实用工具则可以轻松地将数据库引擎优化顾问功能并入脚本中，从而实现自动优化。此外，数据库引擎优化顾问可以接受 XML 输入，该输入可对优化过程进行更多控制。

请先打开数据库引擎优化顾问图形用户界面（GUI）。第一次使用时，必须由 sysadmin 固定服务器角色的成员来启动数据库引擎优化顾问，以初始化应用程序。初始化后，db_owner 固定数据库角色的成员便可使用数据库引擎优化顾问来优化他们拥有的数据库。

使用数据库引擎优化顾问 GUI 的步骤如下。

（1）启动 SQL Server Management Studio，单击"新建查询"快捷菜单，并更改数据库上下文为"CJGL"。

（2）在查询编辑器中，输入以下 SQL 语句。将该文件保存为 MyScript.sql，并存储在可以轻松找到的目录中。

```
SELECT student.studentName, Course.coursename,
       Grade.grade, Teacher.teacherName
FROM   Course INNER JOIN Grade
       ON Course.courseID = Grade.courseID
       INNER JOIN student
       ON Grade.studentID = student.studentID
```

```
        INNER JOIN Teacher
        ON Grade.teacherID = Teacher.teacherID
WHERE   (Course.coursename = '数据结构')
GO
```

（3）启动数据库引擎优化顾问。在 SQL Server Management Studio 中，在"工具"菜单上选择"数据库引擎优化顾问"。或者在 Windows 的"开始"菜单上，依次指向"所有程序"、Microsoft SQL Server 2008 和"性能工具"，再单击"数据库引擎优化顾问"。

（4）在"连接到服务器"对话框中，采用默认设置，直接单击"连接"按钮。数据库引擎优化顾问将打开如图 10.9 所示的配置。

图 10.9　数据库引擎优化顾问

第一次打开时，数据库引擎优化顾问 GUI 中将显示两个主窗格。

① 左窗格包含会话监视器，其中列出已对此 Microsoft SQL Server 实例执行的所有优化会话。打开数据库引擎优化顾问时，在窗格顶部将显示一个新会话。可在相邻窗格中对此会话命名。最初，仅列出默认会话。这是数据库引擎优化顾问为您自动创建的默认会话。对数据库进行优化后，您所连接的 SQL Server 实例的所有优化会话都将在新会话下面列出。可用右键单击优化会话以对其重命名、关闭、删除或克隆。如果在列表中单击右键，则可按照名称、状态或创建时间对会话排序，或创建新会话。在此窗格的底部将显示选定优化会话的详细信息。您可以选择使用"按分类顺序"按钮，以显示按类别分组的详细信息；也可使用"按字母顺序"按钮，在按字母排序的列表中显示详细信息。也可以通过将右窗格边框拖动到窗口的左侧来隐藏会话监视器。若要再次查看，请将窗格边框重新拖动回左侧。利用会话监视器可以查看以前的优化会话，或使用这些会话来创建具有类似定义的新会话。还可以使用会话监视器来评估优化建议。有关详细信息，请参阅使用会话监视器评估优化建议。

② 右窗格包含"常规"和"优化选项"选项卡。在此可以定义数据库引擎优化会话。在"常规"选项卡中，键入优化会话的名称，指定要使用的工作负荷文件或表，并选择要在该会话中优化

的数据库和表。工作负荷是对要优化的一个或多个数据库执行的一组 Transact-SQL 语句。优化数据库时，数据库引擎优化顾问使用跟踪文件、跟踪表、Transact-SQL 脚本或 XML 文件作为工作负荷输入。在"优化选项"选项卡上，可以选择您希望数据库引擎优化顾问在分析过程中考虑的物理数据库设计结构（索引或索引视图）和分区策略。在此选项卡上，还可以指定数据库引擎优化顾问优化工作负荷使用的最大时间。默认情况下，数据库引擎优化顾问优化工作负荷的时间为一个小时。

（5）在数据库引擎优化顾问 GUI 右窗格的"会话名称"中，键入"MySession"。

（6）针对"工作负荷"选择"文件"，再单击"查找工作负荷文件"按钮，以查找在步骤 1 中保存的 MyScript.sql 文件。

（7）在"用于工作负荷分析的数据库"列表中选择"CJGL"，或在"选择要优化的数据库和表"网格中选择"CJGL"，使"保存优化日志"保持选中状态。"用于工作负荷分析的数据库"指定数据库引擎优化顾问在优化工作负荷时连接到的第一个数据库。设置结果如图 10.10 所示。

图 10.10　常规选项卡设置结果

（8）单击"优化选项"选项卡。不必为本练习设置任何优化选项，但请花些时间来查看默认的优化选项。按 F1 键可查看该选项卡式页面的帮助。单击"高级选项"可查看其他的优化选项。请在"高级优化选项"对话框中单击"帮助"，以了解有关此处所显示的优化选项的信息。单击"取消"关闭"高级优化选项"对话框，并保留选中默认选项。

（9）在工具栏上，单击"开始分析"按钮。在数据库引擎优化顾问分析工作负荷时，您可以监视"进度"选项卡上的状态。优化完成后，"建议"选项卡随即显示。在"建议"选项卡上，使用选项卡式页面底部的滚动条可以查看所有"索引建议"列。每个行中列出的是数据库引擎优化顾问建议删除或创建的一个数据库对象（索引或索引视图）。

（10）在"索引建议"窗格中右键单击网格。在右键单击后出现的菜单中，您可以选择或取消选择建议。您还可以使用此菜单更改网格文本的字体。

选中选项卡式页面底部的"显示现有对象"，可以查看"CJGL"数据库中当前存在的所有数据库对象。如图 10.11 所示。如果未选中此选项，则数据库引擎优化顾问将仅显示已为其生成建议的对象。使用选项卡式页面右侧的滚动条可以查看所有对象。

图 10.11　索引建议窗口

（11）单击"操作"菜单中的"保存建议"，将所有建议保存到一个 Transact-SQL 脚本中。将脚本命名为 MySessionRecommendations.sql。

在 SQL Server Management Studio 的查询编辑器中打开 MySessionRecommendations.sql 脚本进行查看。通过在查询编辑器中执行脚本，可将建议应用于"CJGL"数据库。但现在不需要执行该操作，直接在查询编辑器中将其关闭。

本章小结

本章首先介绍了 SQL Server 2008 索引的基本概念，然后介绍了如何通过图形界面方式和 SQL 语句方式进行索引的创建、修改、删除等操作。最后介绍了使用数据库引擎优化顾问对索引进行优化的方法。

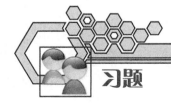

习题

1．什么是索引？
2．索引有哪些类型，各类型之间有哪些区别？
3．创建索引的目的是什么？

本章实训

一、实训目的

1. 掌握使用企业管理器创建并维护索引的步骤与方法。

2. 掌握使用 Transact-SQL 语句创建与管理索引。

3. 熟悉系统自动索引的创建。

4. 理解 CREATE INDEX 选项的使用。

5. 了解查询性能信息的获取方法。

二、实训要求

1. 能认真独立完成实验内容；

2. 实验前做好上机实验的准备，针对实验内容，认真复习与本次实验有关的知识，完成实验内容的预习准备工作；

3. 实验后做好实验总结，根据实验情况完成实验报告、总结报告。

三、实训学时

2 学时。

四、实训内容

分别使用图形界面和 SQL 语句实现如下操作。

1. 在数据库"CJGL"的"Student"表的"studentName"列上创建不唯一、非聚集索引"IX_studentName"。

2. 使用 DROP_EXISTING 删除和重新创建索引"IX_studentName"。

3. 删除索引"IX_studentName"。

4. 创建一个具有包含性列的索引，并对比创建前、后查询执行的效率。

```
SELECT studentName,sex,birthday
FROM dbo.student
WHERE studentName >'李' studentName < '王'
GO
```

5. 使用上例中的 Select 语句作为工作负荷，用数据库引擎优化顾问产生一个索引优化建议，验证上例索引建立的有效性。

五、实训思考题

在一个表中可以有多个聚簇索引吗？为什么？

存储过程

存储过程是一个被命名的存储在服务器上的 Transact-SQL 语句的集合，是封装重复性工作的一种方法，它支持用户声明的变量、条件执行和其他强大的编程功能，在大型数据库管理系统中具有非常重要的作用。

本章首先简单介绍存储过程的基本概念，然后详细介绍了如何创建、修改、删除和执行存储过程，以及重命名存储过程。通过本章的学习，可以了解存储过程的基本知识，掌握使用图形界面和代码创建、修改和删除存储过程的方法。

11.1 存储过程简介

存储过程（Stored Procedure）是一组为了完成特定功能的 SQL 语句集，用户通过指定存储过程的名字并给出参数（如果该存储过程带有参数）来执行它。SQL Server 2008 不仅提供了用户自定义存储过程的功能，而且还提供了许多可作为工具使用的系统存储过程。

11.1.1 存储过程的类型

SQL Server 支持 3 种类型的存储过程。

1. 系统存储过程

SQL Server 中的许多管理活动都是通过一种特殊的存储过程执行的，这种存储过程被称为系统存储过程。例如，sys.sp_changedbowner 就是一个系统存储过程。从物理意义上讲，系统存储过程存储在源数据库中，并且带有 sp_前缀。从逻辑意义上讲，系统存储过程出现在每个系统定义数据库和用户定义数据库的 sys 构架中。在 SQL Server 2008 中，可将 GRANT、DENY 和 REVOKE 权限应用于系统存储过程。

2. 用户定义的存储过程

存储过程是指封装了可重用代码的模块或例程。存储过程可以接受输入参数、向客户端返回表格或标量结果和消息、调用 DDL 和 DML 语句，然后返回输出参数。在 SQL Server 2008 中，存储过程有两种类型：Transact-SQL 或 CLR。

Transact-SQL 存储过程是指保存的 Transact-SQL 语句集合，可以接受和返回用户提供的参数。例如，存储过程中可能包含根据客户端应用程序提供的信息，在一个或多个表中插入新行所需的语句。存储过程也可能从数据库向客户端应用程序返回数据。例如，电子商务 Web 应用程序可能使用存储过程根据联机用户指定的搜索条件返回有关特定产品的信息。

CLR 存储过程是指对 Microsoft .NET Framework 公共语言运行时（CLR）方法的引用，可以接受和返回用户提供的参数。它们在 .NET Framework 程序集中是作为类的公共静态方法实现的。

3. 扩展存储过程

扩展存储过程允许您使用编程语言（例如 C 语言）创建自己的外部例程。扩展存储过程是指 Microsoft SQL Server 的实例可以动态加载和运行的 DLL。扩展存储过程直接在 SQL Server 的实例的地址空间中运行，可以使用 SQL Server 扩展存储过程 API 完成编程。

> 后续版本的 Microsoft SQL Server 将删除该功能。请不要在新的开发工作中使用该功能，并着手修改当前还在使用该功能的应用程序。

11.1.2　存储过程的优点

在 SQL Server 中使用存储过程而不使用存储在客户端计算机本地的 Transact-SQL 程序的好处包括以下几点。

- 存储过程可以强制应用程序的安全性。

参数化存储过程有助于保护应用程序不受 SQL Injection 攻击。

- 存储过程具有安全特性（例如权限）和所有权链接，以及可以附加到它们的证书。

用户可以被授予权限来执行存储过程而不必直接对存储过程中引用的对象具有权限。

- 改进性能。

如果某一操作包含大量的 Transaction-SQL 代码或分别被多次执行，那么存储过程要比批处理的执行速度快很多。因为存储过程是预编译的，在首次运行一个存储过程时，查询优化器对其进行分析、优化，并给出最终被存在系统表中的执行计划。而批处理的 Transaction- SQL 语句在每次运行时都要进行编译和优化，因此速度相对要慢一些。

- 存储过程允许模块化程序设计。

存储过程一旦创建，以后即可在程序中调用任意多次。这可以改进应用程序的可维护性，并允许应用程序统一访问数据库。

- 减少网络通信流量。

一个需要数百行 Transact-SQL 代码的操作可以通过一条执行过程代码的语句来执行，而不需要在网络中发送数百行代码。

11.2 存储过程的创建与执行

几乎所有可以写成批处理的 Transact-SQL 代码都可以用来创建存储过程。存储过程的设计规则包括以下内容。

- CREATE PROCEDURE 定义自身可以包括任意数量和类型的 SQL 语句，但以下语句除外。不能在存储过程的任何位置使用下面这些语句。

CREATE AGGREGATE	CREATE RULE
CREATE DEFAULT	CREATE SCHEMA
CREATE 或 ALTER FUNCTION	CREATE 或 ALTER TRIGGER
CREATE 或 ALTER PROCEDURE	CREATE 或 ALTER VIEW
SET PARSEONLY	SET SHOWPLAN_ALL
SET SHOWPLAN_TEXT	SET SHOWPLAN_XML
USE database_name	

- 其他数据库对象均可在存储过程中创建。可以引用在同一存储过程中创建的对象，只要引用时已经创建了该对象即可。
- 可以在存储过程内引用临时表。
- 如果在存储过程内创建本地临时表，则临时表仅为该存储过程而存在；退出该存储过程后，临时表将消失。
- 如果执行的存储过程将调用另一个存储过程，则被调用的存储过程可以访问由第一个存储过程创建的所有对象，包括临时表在内。
- 存储过程中的参数的最大数目为 2 100。
- 存储过程中的局部变量的最大数目仅受可用内存的限制。
- 存储过程没有预定义的最大大小。

11.2.1 在图形界面下创建存储过程

在图形界面下创建存储过程步骤如下。

（1）打开 Microsoft SQL Server Manager Studio，并连接数据库。

（2）在对象资源管理器中，依次展开"数据库→CJGL →可编程性"，选中"存储过程"单击鼠标右键，选择"新建存储过程"，如图 11.1 所示。

（3）系统将在查询编辑器中打开存储过程模版，如图 11.2 所示。在模版中输入存储过程的名称，设置相应的参数。也可以通过菜单"查询"→"指定模版参数的值"进行设置，如图 11.3 所示。

（4）"指定模版参数的值"窗口的前 3 行分别是创建人、创建时间、描述，是对存储过程进行注释。从第 4 行开始，分别指定存储过程名称、参数名称、

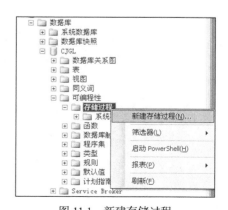

图 11.1 新建存储过程

数据类型、参数的缺省值。设置完成后，如图 11.4 所示。

```
-- =============================================
-- Template generated from Template Explorer using:
-- Create Procedure (New Menu).SQL
--
-- Use the Specify Values for Template Parameters
-- command (Ctrl-Shift-M) to fill in the parameter
-- values below.
--
-- This block of comments will not be included in
-- the definition of the procedure.
-- =============================================
SET ANSI_NULLS ON
GO
SET QUOTED_IDENTIFIER ON
GO
-- =============================================
-- Author:        <Author,,Name>
-- Create date: <Create Date,,>
-- Description: <Description,,>
-- =============================================
CREATE PROCEDURE <Procedure_Name, sysname, ProcedureName>
    -- Add the parameters for the stored procedure here
    <@Param1, sysname, @p1> <Datatype_For_Param1, , int> = <Default_Value_For_Param1, , 0>,
    <@Param2, sysname, @p2> <Datatype_For_Param2, , int> = <Default_Value_For_Param2, , 0>
AS
BEGIN
    -- SET NOCOUNT ON added to prevent extra result sets from
    -- interfering with SELECT statements.
    SET NOCOUNT ON;

    -- Insert statements for procedure here
    SELECT <@Param1, sysname, @p1>, <@Param2, sysname, @p2>
END
GO
```

图 11.2   系统存储过程模版

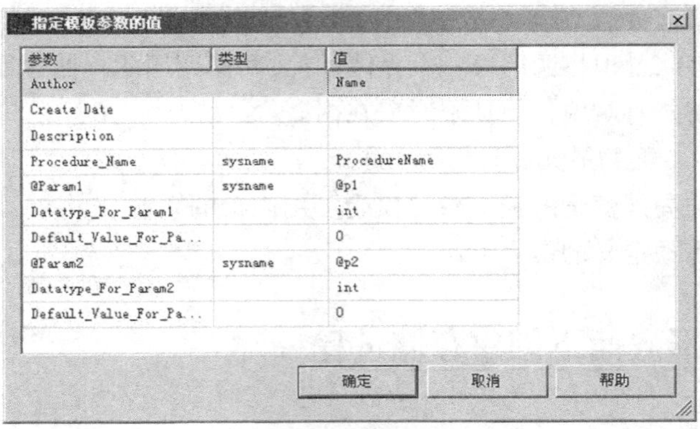

图 11.3   指定模版参数的值

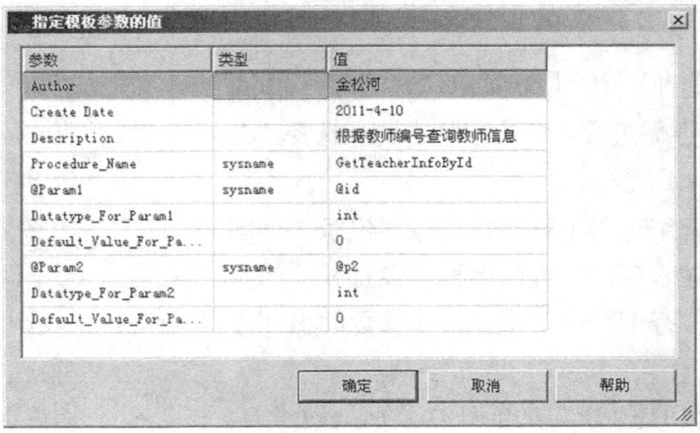

图 11.4   指定参数值后的窗口

（5）单击"确定"按钮，查询编辑器中代码如下：

```
-- =================================================
-- Template generated from Template Explorer using:
-- Create Procedure (New Menu).SQL
--
-- Use the Specify Values for Template Parameters
-- command (Ctrl-Shift-M) to fill in the parameter
-- values below.
--
-- This block of comments will not be included in
-- the definition of the procedure.
-- =================================================
SET ANSI_NULLS ON
GO

SET QUOTED_IDENTIFIER ON
GO


-- =================================================
-- Author:        金松河
-- Create date: 2011-4-10
-- Description:   根据教师编号查询教师信息
-- =================================================
CREATE PROCEDURE GetTeacherInfoById
    -- Add the parameters for the stored procedure here
    @id int = 0,
    @p2 int = 0
AS
BEGIN
    -- SET NOCOUNT ON added to prevent extra result sets from
    -- interfering with SELECT statements.
    SET NOCOUNT ON;

    -- Insert statements for procedure here
    SELECT @id, @p2
END
GO
```

（6）删除掉参数@p2，并编写相应的 SQL 语句。SQL 语句如下：

```
BEGIN
    -- SET NOCOUNT ON added to prevent extra result sets from
    -- interfering with SELECT statements.
    SET NOCOUNT ON;

    -- Insert statements for procedure here
    SELECT *
    FROM Teacher
    WHERE (teacherID = @id)
END
```

（7）单击工具栏上的执行按钮 ! 执行(X) 来创建存储过程，如没有错误，消息框中则显示"命令已成功完成"，如图 11.5 所示。

图 11.5　提示信息窗口

11.2.2　用 SQL 语句创建存储过程

使用 CREATE PROCEDURE 语句可以创建存储过程。其语法如下：

```
CREATE { PROC | PROCEDURE } [schema_name.] procedure_name [ ;number ]
    [ { @parameter [ type_schema_name. ] data_type }
        [ VARYING ] [ = default ] [ OUT | OUTPUT ] [READONLY]
    ] [ ,...n ]
[ WITH <procedure_option> [ ,...n ] ]
[ FOR REPLICATION ]
AS { [ BEGIN ] sql_statement [;] [ ...n ] [ END ] }
[;]
```

各参数含义如下。

（1）schema_name：过程所属架构的名称。过程是绑定到架构的。如果在创建过程时未指定架构名称，则自动分配正在创建过程的用户的默认架构。

（2）procedure_name：新存储过程的名称。过程名必须符合标识符规则，且对于数据库及其所有者必须唯一。

要创建局部临时过程，可以在 procedure_name 前面加一个编号符（#procedure_name），要创建全局临时过程，可以在 procedure_name 前面加两个编号符(##procedure_name)。完整的名称（包括 #或## ）不能超过 128 个字符。指定过程所有者的名称是可选的。

（3）;number：是可选的整数，用来对同名的过程分组，以便用一条 DROP PROCEDURE 语句即可将同组的过程一起除去。例如，名为 orders 的应用程序使用的过程可以命名为 orderproc;1、orderproc;2 等。DROP PROCEDURE orderproc 语句将除去整个组。如果名称中包含定界标识符，则数字不应包含在标识符中，只应在 procedure_name 前后使用适当的定界符。

（4）@parameter：过程中的参数。在 CREATE PROCEDURE 语句中可以声明一个或多个参数。用户必须在执行过程时提供每个所声明参数的值（除非定义了该参数的默认值）。存储过程最多可以有 2 100 个参数。

使用@符号作为第一个字符来指定参数名称。参数名称必须符合标识符的规则。每个过程的参数仅用于该过程本身；相同的参数名称可以用在其他过程中。默认情况下，参数只能代替常量，而不能用于代替表名、列名或其他数据库对象的名称。

（5）data_type：参数的数据类型。所有数据类型（包括 text、ntext 和 image）均可以用作存储过程的参数。不过，cursor 数据类型只能用于 OUTPUT 参数。如果指定的数据类型为 cursor，也必须同时指定 VARYING 和 OUTPUT 关键字。

对于可以是 cursor 数据类型的输出参数，没有最大数目的限制。

（6）VARYING：指定作为输出参数支持的结果集（由存储过程动态构造，内容可以变化）。仅适用于游标参数。

（7）Default：参数的默认值。如果定义了默认值，不必指定该参数的值即可执行过程。默认值必须是常量或 NULL。如果过程将对该参数使用 LIKE 关键字，那么默认值中可以包含通配符（%、_、[]和[^]）。

（8）OUTPUT：表明参数是返回参数。该选项的值可以返回给 EXEC[UTE]。使用 OUTPUT 参数可将信息返回给调用过程。Text、ntext 和 image 参数可用作 OUTPUT 参数。使用 OUTPUT 关键字的输出参数可以是游标占位符。

（9）n：表示最多可以指定 2 100 个参数的占位符。

（10）{RECOMPILE | ENCRYPTION | RECOMPILE, ENCRYPTION}：RECOMPILE 表明 SQL Server 不会缓存该过程的计划，该过程将在运行时重新编译。在使用非典型值或临时值而不希望覆盖缓存在内存中的执行计划时，请使用 RECOMPILE 选项。

ENCRYPTION 表示 SQL Server 加密 syscomments 表中包含 CREATE PROCEDURE 语句文本的条目。使用 ENCRYPTION 可防止将过程作为 SQL Server 复制的一部分发布。

（11）FOR REPLICATION：指定不能在订阅服务器上执行为复制创建的存储过程。使用 FOR REPLICATION 选项创建的存储过程可用作存储过程筛选，且只能在复制过程中执行。本选项不能和 WITH RECOMPILE 选项一起使用。

（12）AS：指定过程要执行的操作。

（13）sql_statement：构成过程主体的一个或多个 Transact-SQL 语句。您可以使用可选的 BEGIN 和 END 关键字将这些语句括起来。

下面给出一些存储过程示例。

【例 11.1】　无参数的存储过程。

查询表"Teacher"的内容的存储过程。

```
USE CJGL;
GO
CREATE PROC GetTeacherInfo
AS
SELECT * FROM Teacher
GO
```

【例 11.2】　在存储过程中使用输入参数。

创建名为"GetStuInfoById"的存储过程，返回指定学号学生的基本信息。

```
USE  CJGL
GO
CREATE PROC GetStuInfoById
@id int
AS
SELECT * FROM student
  where studentID = @id
GO
```

【例 11.3】　在存储过程中使用输出参数。

以下示例将创建 GetStuNameById 存储过程。此过程有一个输入参数@ID 和一个输出参数@Name，根据输入参数的值，查询对应学生的姓名，并通过输出参数返回到外部。

```
USE CJGL
GO
CREATE PROCEDURE dbo. GetStuNameById
    @ID int,
    @Name varchar(20) OUTPUT
AS
  SELECT @Name = studentName
  FROM student
  WHERE studentID = @ID
GO
```

【例 11.4】 使用带有通配符参数的简单过程。

以下存储过程从数据表"Course"中返回指定的一些课程信息。此存储过程模式与所传递的参数相匹配；如果未提供参数，则使用预设的默认值（以字母"计算机"打头的课程）。

```
USE CJGL
GO
CREATE PROCEDURE GetCourseInfo
    @courseName varchar(40) = '计算机%'
AS
    SELECT *
    FROM dbo.Course
    WHERE courseName LIKE @courseName+'%'
GO
```

【例 11.5】 使用 WITH RECOMPILE 选项。

如果为过程提供的参数不是典型的参数，并且新的执行计划不应被缓存或存储在内存中，则 WITH RECOMPILE 子句会很有用。

```
USE CJGL
GO
CREATE PROCEDURE dbo.GetStuInfoByDate
  @ru_date AS DATETIME
WITH RECOMPILE
AS
SELECT *
FROM dbo.Student
WHERE ru_Date >= @ru_date
GO
```

【例 11.6】 使用 WITH ENCRYPTION 选项。

使用 WITH ENCRYPTION 选项可阻止返回存储过程的定义。

```
USE CJGL
GO
CREATE PROCEDURE dbo.getCourse_encry
WITH ENCRYPTION
AS
  SELECT courseID,coursename,totalperiod
         ,weekperiod,credithour,remark
  FROM CJGL.dbo.Course
GO
```

【例 11.7】 典型示例。

以下示例创建一个 usp_userLogin 存储过程，该过程根据输入的 Loginid 和 Password，判断是否为一个合法用户，并返回错误原因。

```
USE CJGL
GO
--创建数据表 userLogin
CREATE TABLE userLogin
(
 loginid varchar(50),
 username varchar(20),
 password varchar(20),
 allowlogin bit
)
GO
--创建存储过程 usp_userLogin，用于判断用户是否为合法用户。
CREATE PROCEDURE usp_userLogin
   @loginid varchar(50),
   @password varchar(50),
   @reason varchar(50) output
AS
   select username from userLogin where  LoginID = @loginid
   if (@@RowCount<1)
       begin
           set  @reason ='不存在此用户'
       end
   else
   begin
       SELECT username
   FROM userLogin
   WHERE (LoginID = @loginid) AND (Password = @password )
     if (@@RowCount<1)
         begin
             set  @reason ='口令错误'
         end
     else
         begin
             SELECT username
               FROM userLogin
                WHERE (LoginID = @loginid) AND
                  (Password = @password and AllowLogin=1)
             if (@@RowCount<1)
                 begin
                     set  @reason ='该用户已禁用'
                 end
             else
                 begin
                     set  @reason ='成功'
                 end
             end
         end
   RETURN
GO
```

11.2.3 存储过程的执行

建立一个存储过程以后，可以使用 EXECUTE 语句来执行这个存储过程。EXECUTE 语句的语法如下：

```
[ { EXEC | EXECUTE } ]
{
[ @return_status = ]
{ procedure_name [ ;number ] | @procedure_name_var }
[ [ @parameter = ] { value | @variable [ OUTPUT ]|[ DEFAULT ]}]
[ ,...n ]
[ WITH RECOMPILE ]
```

在这个语法格式中，@return_status 用于保存存储过程的返回状态。使用 Execute 语句之前，这个变量必须在批处理、存储过程或函数中声明过。当执行与其他同名存储过程处于同一分组中的存储过程时，应当指定此存储过程在组内的标识号。@参数名给出在 CREATE PROCEDURE 语句中定义的过程参数。在以"@参数名 = 值"格式使用时，参数名称和常量不一定按照 CREATE PROCEDURE 语句中定义的顺序出现。@变量是用来保存参数或者返回参数的变量。OUTPUT 关键字指定存储过程必须返回一个参数。DEFAULT 关键字用于提供参数的默认值。WITH RECOMPILE 子句指定强制编译新的计划，建议尽量少使用该选项，因为它会消耗较多的系统资源。

使用 EXECUTE 语句时应注意以下几点：

（1）EXECUTE 语句可以用于执行系统存储过程、用户定义存储过程或扩展存储过程，同时支持 Transact-SQL 批处理内的字符串的执行。

（2）如果 EXECUTE 语句是批处理的第一条语句，那么省略 EXECUTE 关键字也可以执行该存储过程。

（3）向存储过程传递参数时，如果使用"@参数 = 值"的形式，则可以按任意顺序来提供参数，还可以省略那些已经提供默认值的参数。一旦以"@参数 = 值"形式提供了一个参数，就必须按这种形式提供后面所有的参数。如果不是以"@参数 = 值"形式来提供参数，则必须按照 CREATE PROCEDURE 语句中给出的顺序提供参数。

（4）虽然可以省略已提供默认值的参数，但只能截断参数列表。例如，如果一个存储过程有 5 个参数，可以省略第 4 个和第 5 个参数，但不能跳过第 4 个参数而仍然包含第 5 个参数，除非以"@参数=值"形式提供参数。

（5）如果在建立存储过程时定义了参数的默认值，那么下列情况下将使用默认值：执行存储过程时未指定该参数的值；将 Default 关键字指定为该参数的值。

（6）如果在存储过程中使用了带 LIKE 关键字的参数名称，则提供的默认值必须是常量，并且可以包含%、_、[]、[^]通配符。

【例 11.8】 执行简单存储过程。

执行例 11.1 创建的存储过程"GetTeacherInfo"。

```
USE CJGL
GO
```

```
EXECUTE dbo.GetTeacherInfo
GO
```

【例 11.9】 通过参数名传递值。

执行例 11.2 创建的存储过程 "GetStuInfoById"。

```
USE CJGL
GO
EXECUTE dbo.GetStuInfoById
        @id=1
GO
```

【例 11.10】通过定位传递值。

执行例 11.2 创建的存储过程 "GetStuInfoById"。

```
USE CJGL
GO
EXECUTE dbo.GetStuInfoById  1
GO
```

【例 11.11】使用输出参数返回值。

执行例 11.3 创建的存储过程 "GetStuNameById"。

```
USE CJGL
GO
DECLARE @ID int,
        @Name varchar(15)
EXECUTE dbo. GetStuNameById  '1', @Name OUT
print '该编号对应的学生姓名是'+cast(@Name as varchar(20))
GO
```

执行存储过程结果如图 11.6 所示。

图 11.6 程序运行结果

【例 11.12】 执行带有通配符参数的存储过程。

执行例 11.4 创建的存储过程 "GetCourseInfo"。不指定参数,则使用默认参数值执行。

```
USE CJGL
GO
EXECUTE GetCourseInfo
GO
```

结果如图 11.7 所示。

图 11.7 不指定参数时的运行结果

指定参数值,参数值为"数据"。

```
USE CJGL
```

197

```
GO
EXECUTE GetCourseInfo '数据'
GO
```

结果如图 11.8 所示。

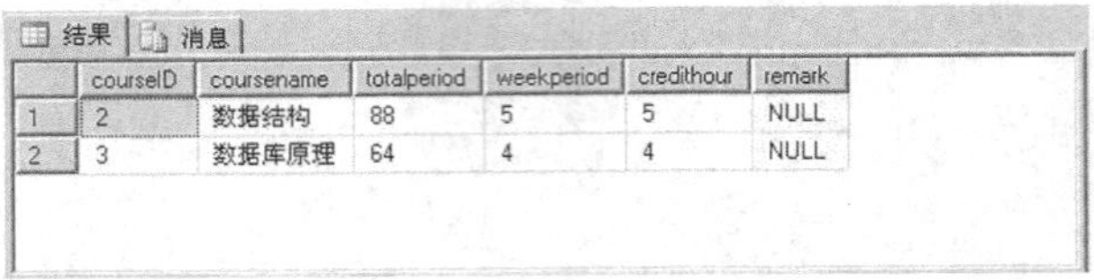

	courseID	coursename	totalperiod	weekperiod	credithour	remark
1	2	数据结构	88	5	5	NULL
2	3	数据库原理	64	4	4	NULL

图 11.8   指定参数时的运行结果

11.3   修改存储过程

如果需要更改存储过程中的语句或参数，可以删除并重新创建该存储过程，也可以通过 SQL 语句修改该存储过程。删除并重新创建存储过程时，与该存储过程关联的所有权限都将丢失。修改存储过程时，将更改过程或参数定义，但为该存储过程定义的权限将保留，并且不会影响任何相关的存储过程或触发器。还可以修改存储过程以加密其定义或使该过程在每次执行时都得到重新编译。

使用 ALTER PROCEDURE 语句修改存储过程，其语法如下：

```
ALTER PROC[EDURE] procedure_name [;number]
   [ { @parameter data_type }
        [ VARYING ] [ = default ] [ OUTPUT ]
   ] [ ,...n ]
[ WITH{ RECOMPILE | ENCRYPTION | RECOMPILE , ENCRYPTION } ]
[ FOR REPLICATION ]
AS sql_statement [ ...n ]
```

【例 11.13】 修改存储过程。

修改存储过程"GetTeacherInfo"，使返回的结果集按照"teacherName"进行排序。

```
USE CJGL
GO
ALTER procedure [dbo].[GetTeacherInfo]
AS
SELECT * FROM Teacher
ORDER BY teacherName
GO
```

11.4   重命名存储过程

在 Microsoft SQL Server Manager Studio 的对象资源管理器中重命名存储过程很简单，选择要重命名的存储过程，单击右键，在弹出的菜单中选择"重命名"命令，就可以修改了。

使用系统存储过程 sp_rename 也可以重命名存储过程。其语法如下：

```
sp_rename 'object_name' , 'new_name' [ ,'object_type' ]
```

【例 11.14】 将"CJGL"数据库中存储过程"GetTeacherInfo"重命名为"GetTeacherInfoNew"。

```
USE CJGL
```

```
GO
EXEC sp_rename 'dbo.GetTeacherInfo', 'GetTeacherInfoNew'
GO
```

建议不要使用此语句来重命名存储过程，而是删除该对象，然后使用新名称重新创建该对象。

11.5　删除存储过程

不再需要存储过程时可将其删除。如果另一个存储过程调用某个已被删除的存储过程，Microsoft SQL Server 2008 将在执行调用进程时显示一条错误消息。但是，如果定义了具有相同名称和参数的新存储过程来替换已被删除的存储过程，那么引用该过程的其他过程仍能成功执行。例如，如果存储过程"proc1"引用存储过程"proc2"，而"proc2"已被删除，但又创建了另一个名为"proc2"的存储过程，现在"proc1"将引用这一新存储过程。"proc1"也不必重新创建。

使用 DROP PROCEDURE 语句来删除用户定义的存储过程。其语法如下：

```
DROP PROCEDURE {procedure}[,…n]
```

【例 11.15】　将 "CJGL" 数据库中存储过程 "GetTeacherInfo" 删除。

```
USE CJGL
GO
DROP PROCEDURE dbo.GetTeacherInfo
GO
```

本章小结

本章主要介绍存储过程的基本概念，并详细介绍如何创建、修改、删除和执行存储过程，以及重命名存储过程。通过本章的学习，可以了解存储过程的基本知识，掌握使用图形界面和代码创建、修改和删除存储过程的方法。

习题

一、填空题

1. 存储过程是_____，可分为三类，分别是_____，_____，_____。
2. 创建存储过程的命令是_____。

二、简答题

1. 简述存储过程的优点。
2. 简述重命名存储过程的方法。

本章实训

一、实训目的

1. 掌握使用向导创建存储过程并更新相应数据。

2. 掌握使用 Transact-SQL 语句创建一个存储过程并验证。

3. 掌握创建和执行带参数的存储过程。

4. 熟练使用系统存储过程、系统函数和企业管理器查看存储过程的定义。

二、实训要求

1. 实训前做好上机实训的准备，针对实训内容，认真复习与本次实训有关的知识，完成实训内容的预习准备工作；

2. 能认真独立完成实训内容；

3. 实训后做好实训总结，根据实训情况完成总结报告。

三、实训学时

2学时。

四、实训内容

1. 创建存储过程"getTeachers"，列出"teacher"表中所有信息。

2. 创建一个名为"AddTeacher"的存储过程，该存储过程向"Teacher"表插入教师信息。

3. 创建一个名为"AdjustTelephone"的存储过程，该存储过程能够实现对"Teacher"表中联系电话的修改。

4. 分别执行"AddTeacher"、"AdjustTelephone"两个存储过程，参数的传递分别使用按参数名传递和按位传递两种方法。

5. 使用"AlterProcedure"修改"getTeachers"存储过程，选择数据表"teacher"中的部分列，并按照列"teacherName"进行升序排序。

6. 使用"sp_rename"将存储过程"AdjustTelephone"重命名为"AdjustTelephoneNew"。

7. 删除"AddTeacher"存储过程。

8. 使用图形方式查看存储过程的信息。

9. 使用系统存储过程查看存储过程的信息。

10. 创建一个存储过程，并使用 WITH ENCRYPTION 选项进行加密，然后分别通过图形方式和系统存储过程 sp_helptext 查看该存储过程的定义。

五、实训思考题

1. 存储过程的类型有哪些？分别有什么特征？

2. 如何创建一个存储过程？试述存储过程在程序设计中的作用。

第12章

触发器

触发器实际上是一种特殊类型的存储过程，它是在执行某些特定的 T-SQL 语句时可以自动执行的一种存储过程。SQL Server 包括三种常规类型的触发器：DML 触发器、DDL 触发器和登录触发器。

本章首先介绍了触发器的类型和特点，然后详细介绍了如何创建、修改和删除触发器。通过本章的学习，可以了解触发器的基本概念，掌握使用图形界面和代码创建、修改和删除触发器的方法。

12.1 触发器简介

12.1.1 触发器的概念

触发器实际上就是一种特殊类型的存储过程，它在执行某些特定的 T-SQL 语句或操作时可以自动执行。

在 SQL Server 2000 及其之前的版本中，触发器是针对数据表的特殊的存储过程，当这个表发生了 INSERT、UPDATE 或 DELETE 操作时，如果该表有对应操作的触发器，这个触发器就会自动激活执行。在 SQL Server 2008 中，触发器有了更进一步的功能，在数据表（库）发生 CREATE、ALTER 和 DROP 操作时，也会自动激活执行。

12.1.2 触发器的功能

SQL Server 2008 提供了两种方法来保证数据的有效性和完整性：约束（CHECK）和触发器（TRIGGER）。约束是直接设置于数据表内，只能实现一些比较简单的功能操作，如：实现字段有效性和唯一性的检查、自动填入默认值、确保字段数据不重复（即主键）、确保数据表对应的完整性（即外键）等功能；触发器是针对数据表（库）的特殊的存储过程，它在指定的表中的数据（或表结构）发生改变时自动生效，并可以包含复杂的 T-SQL 语句，用于处理各种复杂的操作。将触发器和触发它的语句作为可在触发器内回滚的单个事务对待。如果检测到错误（例如，磁盘空间不足），则整个事务即自动回滚。

触发器的常用功能如下。

（1）完成更复杂的数据约束：触发器可以实现比约束更为复杂的数据约束。例如，CHECK 约束只能根据逻辑表达式或同一个表中的另一列来验证列值，如果应用程序要求根据另一个表中的列来验证列值，则必须使用触发器。

（2）检查 SQL 所做的操作是否允许：触发器可以检查 SQL 所做的操作是否被允许。例如，在学校班级表里，如果要删除一条班级记录，在删除记录时，触发器可以检查该班级的学生人数是否为零，如果不为零则取消该删除操作。

（3）修改其他数据表里的数据：当一个 SQL 语句对数据表进行操作的时候，触发器可以根据该 SQL 语句的操作情况来对另一个数据表进行操作。例如，修改某一个学生的某一门课程的成绩时，触发器可以自动修改学生总成绩表中该学生的总成绩。

（4）调用更多的存储过程：约束是不能调用存储过程的，但触发器本身就是一种存储过程，而存储过程是可以嵌套使用的，所以触发器也可以调用一个或多个存储过程。

（5）返回自定义的错误信息：约束只能通过标准的系统错误信息来传递错误信息，如果应用程序要求使用（或能从中获益）自定义信息和较为复杂的错误处理，则必须使用触发器。

（6）更改原本要操作的 SQL 语句：触发器可以修改原本要操作的 SQL 语句，例如原本的 SQL 语句是要删除数据表里的记录，但该数据表里的记录是重要记录，不允许删除的，那么触发器可以不执行该语句。

（7）防止数据表结构被更改或数据表被删除：为了保护已经建好的数据表，触发器可以在接收到以 DROP 或 ALTER 开头的 SQL 语句后，不进行对数据表结构的任何操作。

（8）审核和控制服务器会话：可以通过跟踪登录活动、限制 SQL Server 的登录名或限制特定登录名的会话数。

12.1.3　触发器的类型

在 SQL Server 2008 中包括三种常规类型的触发器：DML 触发器、DDL 触发器和登录触发器。

1．DML 触发器

DML 触发器是当数据库服务器中发生数据操作语言（DML）事件时执行的存储过程。

2．DDL 触发器

DDL 触发器是在响应数据定义语言（DDL）事件时执行的存储过程。DDL 触发器一般用于执行数据库中管理任务。如审核和规范数据库操作、防止数据库表结构被修改等。

3．登录触发器

登录触发器将为响应 LOGON 事件而激发存储过程。与 SQL Server 实例建立用户会话时将引发此事件。

12.2 DML 触发器

12.2.1 DML 触发器的类型

在 SQL Server 2008 中，根据触发的时机可以把 DML 触发器划分为两种类型。

（1）AFTER 触发器：这类触发器是在记录已经改变完之后（After），才会被激活执行，它主要是用于记录变更后的处理或检查，一旦发现错误，也可以用 ROLLBACK TRANSACTION 语句来回滚本次的操作。

（2）INSTEAD OF 触发器：这类触发器一般是用来取代原本要进行的操作，在记录变更之前发生的，它并不去执行原来 SQL 语句里的操作（INSERT、UPDATE、DELETE），而去执行触发器本身所定义的操作。

12.2.2 DML 触发器的工作原理

在 SQL Server 2008 里，为每个 DML 触发器都定义了两个特殊的表，一个是 Inserted 表，一个是 Deleted 表。这两个表是建在数据库服务器的内存中的，是由系统管理的逻辑表，而不是真正存储在数据库中的物理表。对于这两个表，用户只有读取的权限，没有修改的权限。

这两个表的结构与触发器所在数据表的结构是完全一致的，当触发器的工作完成之后，这两个表也将会从内存中删除。

对于插入记录操作来说，Inserted 表里存放的是要插入的数据；对于更新记录操作来说，Inserted 表里存放的是要更新的记录。

对于更新记录操作来说，Deleted 表里存放的是更新前的记录；对于删除记录操作来说，Deleted 表里存入的是被删除的旧记录。

下面我们来看一下 DML 触发器的工作原理。

1. AFTER 触发器的工作原理

AFTER 触发器是在记录变更完之后才被激活执行的。以删除记录为例，当 SQL Server 接收到一个要执行删除操作的 SQL 语句时，SQL Server 先将要删除的记录存放在删除表里，然后把数据表里的记录删除，再激活 AFTER 触发器，执行 AFTER 触发器里的 SQL 语句。执行完毕之后，删除内存中的删除表，退出整个操作。

2. INSTEAD OF 触发器的工作原理

INSTEAD OF 触发器与 AFTER 触发器不同。AFTER 触发器是在 INSERT、UPDATE 和 DELETE 操作完成后才激活的，而 INSTEAD OF 触发器，是在这些操作进行之前就激活了，并且不再去执行原来的 SQL 操作，而去运行触发器本身的 SQL 语句。

12.2.3 创建 DML 触发器的注意事项

（1）CREATE TRIGGER 语句必须是批处理中的第一个语句，该语句后面的所有其他语句被解释为 CREATE TRIGGER 语句定义的一部分。

（2）创建 DML 触发器的权限默认分配给表的所有者，且不能将该权限转给其他用户。

（3）DML 触发器为数据库对象，其名称必须遵循标识符的命名规则。

（4）虽然 DML 触发器可以引用当前数据库以外的对象，但只能在当前数据库中创建 DML 触发器。

（5）虽然 DML 触发器可以引用临时表，但不能对临时表或系统表创建 DML 触发器。不应引用系统表，而应使用信息架构视图。

（6）对于含有用 DELETE 或 UPDATE 操作定义的外键的表，不能定义 INSTEAD OF DELETE 和 INSTEAD OF UPDATE 触发器。

（7）虽然 TRUNCATE TABLE 语句类似于不带 WHERE 子句的 DELETE 语句（用于删除所有行），但它并不会触发 DELETE 触发器，因为 TRUNCATE TABLE 语句没有记录。

（8）WRITETEXT 语句不会触发 INSERT 或 UPDATE 触发器。

12.2.4　创建 AFTER 触发器

下面我们通过用实例来说明如何创建一个简单的触发器，该触发器的作用是：在教师表中插入一条记录后，发出"你已经成功添加了一个教师信息"的提示信息。对该触发器的作用进行分析不难发现，我们要建立的触发器类型是：AFTER INSERT 类型。

1. 创建 AFTER 触发器的步骤

（1）启动"SQL Server Management Studio"，在"对象资源管理器"下展开"数据库"树型目录，定位到"CJGL"数据库，在其下的"表"树型目录中找到"dbo.Teacher"，选中其下的"触发器"项，如图 12.1 所示。

（2）右击"触发器"，在弹出的快捷菜单中选择"新建触发器"选项，弹出"查询编辑器"对话框，在"查询编辑器"的编辑区里 SQL Server 已经预写入了一些建立触发器相关的 SQL 语句，如图 12.2 所示。

（3）修改"查询编辑器"里的代码，将从"CREATE"开始到"GO"结束的代码改为以下代码：

图 12.1　在"SQL Server Management Studio"中定位到"触发器"

```
CREATE TRIGGER dbo.teacher_insert
   ON  teacher
   AFTER INSERT
AS
BEGIN
   print '你已经成功添加了一个教师信息！'
END
GO
```

（4）单击工具栏中的"分析"按钮 ✓，检查一下是否语法有错，如图 12.3 所示，如果在下面的"结果"对话框中出现"命令已成功完成"，则表示语法没有错误。

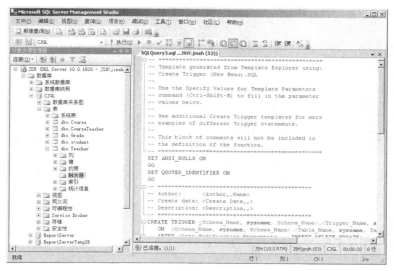

图 12.2　建立触发器的"查询编辑器"对话框

图 12.3　检查语法

（5）语法检查无误后，单击"执行"按钮，生成触发器。

（6）关掉"查询编辑器"对话框，返回到图 12.1，接着按右键，选择"刷新"菜单项，然后展开"触发器"，可以看到刚才建立的"teacher_Insert"触发器，如图 12.4 所示。

建立 AFTER UPDATE 触发器、AFTER DELETE 触发器和建立 AFTER INSERT 触发器的步骤一致，不同的地方是把上面的 SQL 语句中的 INSERT 分别改为 UPDATE 和 DELETE 即可，如下所示。

图 12.4　查看建好的触发器

```
--建立 AFTER UPDATE 类型的触发器
CREATE TRIGGER teacher_UPDATE
ON teacher
AFTER UPDATE
AS
BEGIN
print '你已经成功修改了一个教师信息！'
END
GO
--建立 AFTER DELETE 类型的触发器
CREATE TRIGGER teacher_DELETE
ON teacher
AFTER DELETE
AS
BEGIN
print '你已经成功删除了一个教师信息！'
END
GO
```

有兴趣的同学可以把上述两段代码复制到"查询编辑器"里面，进行测试。

2. 测试触发器功能

触发器创建后，能否正常工作需要进行测试。下面我们就来测试一下刚建好的 After Insert 触发器的功能。

（1）在"Management Studio"里新建一个查询，在弹出的"查询编辑器"对话框里输入以下代码：

```
INSERT INTO Teacher(teacherID,teacherName,sex,technicalPost)
VALUES(9,'张三','男','讲师')
```

（2）单击"执行"按钮，可以看到"消息"对话框里显示出提示信息："你已经成功添加了一个教师信息"，如图 12.5 所示，由此可见，我们刚建好的 AFTER INSERT 触发器已经被激活，并运行成功了。

图 12.5　触发器运行结果

如果在"查询编辑器"里执行的不是一个 INSERT 语句，而是一个 UPDATE 或 DELETE 语句的话，AFTER INSERT 触发器将不会被激活。在"查询编辑器"中输入以下语句：

```
UPDATE Teacher
```

```
SET sex='女'
 WHERE teacherID=9;
```

单击"执行"按钮，在"消息"对话框里只显示了"（1 行受影响）"的提示，而没有"你已经成功添加了一个教师信息"的提示。说明 UPDATE 语句不能激活 AFTER INSERT 触发器。

DELETE 语句也不能激活 AFTER INSERT 触发器，有兴趣的同学可以把以下代码复制到"查询编辑器"中进行测试。

DELETE FROM Teacher WHERE teacherID=9;

3. 创建 AFTER 触发器的 T-SQL 语句

创建 AFTER 触发器的语法代码如下：

```
CREATE TRIGGER [schema_name.]trigger_name
ON { table | view }
[WITH ENCRYPTION|EXECUTE AS <CALLER|SELF|<user>>]
{FOR|AFTER}
{[INSERT][,][UPDATE]>[,]<[DELETE]}
[WITH APPEND]
[NOT FOR REPLICATION]
AS
<<sql statements>|EXTERNAL NAME <assembly method specifier>>
```
主要参数说明如下。

（1）schema_name：触发器所属架构的名称。

（2）trigger_name：触发器的名称，必须遵循标识符规则，且不能以#或##开头。

（3）table|view：指定触发器所在的数据表或视图。

 只有 INSTEAD OF 触发器才能建立在视图上，但设置为 WITH CHECK OPTION 的视图不允许建立 INSTEAD OF 触发器。

（4）WITH ENCRYPTION：对 CREATE TRIGGER 语句的文本进行加密。使用 WITH ENCRYPTION 可以防止将触发器作为 SQL Server 复制的一部分进行发布。

（5）EXECUTE AS：用于执行该触发器的安全上下文。

（6）AFTER：指定 DML 触发器仅在触发 SQL 语句中指定的所有操作都已成功执行时才被激发。仅指定 FOR 关键字，则 AFTER 为默认值。

（7）{[DELETE][,][INSERT][,][UPDATE]}：指定数据修改语句，这些语句可在 DML 触发器对此表或视图进行尝试时激活该触发器。必须至少指定一个选项。在触发器定义中允许使用上述选项的任意顺序组合。

（8）WITH APPEND：指定应该再添加一个现有类型的触发器。

【例 12.1】　修改"Teacher"（教师）表中的数据时，通过触发器向客户端显示一条消息。

```
CREATE TRIGGER teacher_update_message
ON Teacher
AFTER UPDATE
AS
BEGIN
RAISERROR ('注意：有人修改教师表中的数据！ ',16,10)
END
GO
```

【**例 12.2**】 删除"Teacher"（教师）表中的记录时，通过触发器删除"CourseTeacher"（课程教师）表中和该教师相关的记录。

```
CREATE TRIGGER teacher_delete_course
ON Teacher
AFTER DELETE
AS
BEGIN
  DELETE FROM CourseTeacher
 WHERE teacherID in (SELECT teacherID from deleted)
END
GO
```

12.2.5 创建 INSTEAD OF 触发器

INSTEAD OF 触发器与 AFTER 触发器的工作流程是不一样的。AFTER 触发器是在 SQL Server 服务器接到执行 SQL 语句请求之后，先建立临时的 Inserted 表和 Deleted 表，然后实际更改数据，最后才激活触发器的。而 INSTEAD OF 触发器是在 SQL Server 服务器接到执行 SQL 语句请求后，先建立临时的 Inserted 表和 Deleted 表，然后就触发了 INSTEAD OF 触发器，至于该 SQL 语句是插入数据、更新数据还是删除数据，就一概不管了，把执行权全权交给了 INSTEAD OF 触发器，由它去完成之后的操作。

1. Instead Of 触发器的使用范围

INSTEAD OF 触发器可以同时在数据表和视图中使用，通常在以下几种情况下，建议使用 INSTEAD Of 触发器。

（1）数据禁止修改：数据库的某些数据是不允许修改的，为了防止这些数据被修改，我们可以用 INSTEAD OF 触发器来跳过修改记录的 SQL 语句。

（2）数据修改后，有可能要回滚的 SQL 语句：可以使用 INSTEAD OF 触发器，在修改数据之前判断回滚条件是否成立，如果成立就不再进行修改数据操作，避免在修改数据之后再回滚操作，从而减少服务器负担。

（3）在视图中使用触发器：因为 AFTER 触发器不能在视图中使用，如果想在视图中使用触发器，就只能用 INSTEAD OF 触发器。

（4）用自己的方式去修改数据：如不满意 SQL 直接的修改数据的方式，可用 INSTEAD OF 触发器来控制数据的修改方式和流程。

2. 创建简单的 INSTEAD OF 触发器

创建 INSTEAD OF 触发器的语法代码如下：

```
CREATE TRIGGER [schema_name.]trigger_name
ON { table | view }
[WITH ENCRYPTION|EXECUTE AS <CALLER|SELF|<user>>]
{INSTEAD OF}
{[[INSERT][,][UPDATE]>[,]<[DELETE]}
[WITH APPEND]
[NOT FOR REPLICATION]
AS
<<sql statements>|EXTERNAL NAME <assembly method specifier>>
```

分析上述语法代码可以发现，创建 INSTEAD OF 触发器与创建 AFTER 触发器的语法几乎一样，只是简单地把 AFTER 改为 INSTEAD OF。

【例 12.3】　当有人试图修改教师表中的数据时，利用触发器跳过修改数据的 SQL 语句（防止数据被修改），并向客户端显示一条消息。

```
CREATE TRIGGER teacher_update
ON teacher
INSTEAD OF UPDATE
AS
BEGIN
  RAISERROR ('警告：,你无权修改教师表中的数据! ',16,10)
END
GO
```

对触发器进行测试，在"查询编辑器"输入以下语句：

```
SELECT * FROM Teacher WHERE teacherID = 2
GO
UPDATE teacher SET sex = '女' WHERE teacherID = 2
GO
SELECT * FROM Teacher WHERE teacherID = 2
GO
```

单击"执行"按钮，在"结果"对话框里显示了两个完全一样的记录，如图 12.6 所示。说明 UPDATE 语句没有发生作用。

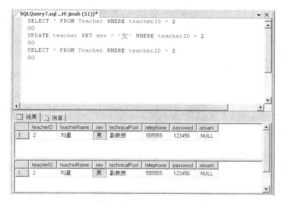

图 12.6　测试触发器功能

12.2.6　查看 DML 触发器

查看已经设计好的 DML 触发器有两种方式，一种是通用 Management Studio 来查看，一种是利用系统存储过程来查看。

1．在 SQL Server Management Studio 中查看触发器

（1）启动"SQL Server Management Studio"，在"对象资源管理器"下选择"数据库"，定位到"CJGL"数据库，展开其下的"表"树型目录，找到"dbo.teacher"，选中"触发器"，展开其下的树形目录，如图 12.7 所示。

（2）双击要查看的触发器，弹出"查询编辑器"对话框，对话框里显示的是该触发器的内容，如图 12.8 所示。

图 12.7　触发器列表　　　　　　　　　　　　图 12.8　触发器内容

2. 通过系统存储过程查看触发器

SQL Server 2008 里提供了两个可以查看触发器内容的系统存储过程。

（1）sp_help。

系统存储过程 sp_help 可以了解如触发器名称、类型、创建时间等基本信息，其语法格式为

```
sp_help '触发器名'
```

例如：sp_help 'teacher_insert'

运行结果如图 12.9 所示，可以看到触发器"teacher_insert"的基本情况。

（2）sp_helptext。

系统存储过程 sp_helptext 可以查看触发器的文本信息，其语法格式为

```
sp_helptext '触发器名'
```

例如：sp_helptext 'teacher_insert'

运行结果如图 12.10 所示，可以看到触发器"teacher_insert"的具体文本内容。

图 12.9　查看触发器基本情况　　　　　　　图 12.10　查看触发器具体文本内容

12.2.7　修改 DML 触发器

（1）按照 12.2.6 小节中所介绍的"在 SQL Server Management Studio 中查看触发器"的方法打开如图 12.8 所示的"查询编辑器"对话框，对话框中显示的就是创建触发器的代码。

（2）在"查询编辑器"对话框里修改触发器的代码，修改完代码之后，单击"执行"按钮运行即可。

如果修改触发器的名称的话，也可以使用存储过程 sp_rename，其语法格式为

```
sp_rename '旧触发器名', '新触发器名'。
```

修改触发器的语法代码如下：

```
ALTER TRIGGER <trigge_name>
    ON {table|view}
        [WITH ENCRYPTION|EXECUTE AS <CALLER|SELF|<user>>]
        {FOR|AFTER|INSTEAD OF}
        {[INSERT][,][UPDATE]>[,]<[DELETE]}
        [NOT FOR REPLICATION]
AS
<<sql statements>|EXTERNAL NAME <assembly method specifier>>
```

分析上述语法代码可以发现，修改触发器语法中所涉及的主要参数和创建触发器的主要参数几乎一样，在此不再赘述。

12.2.8　删除 DML 触发器

（1）按照 12.2.6 小节中所介绍的 "在 SQL Server Management Studio 中查看触发器" 的方法打开如图 12.7 所示的对话框。

（2）右击要删除的某个触发器，在弹出的快捷菜单中选择 "删除" 选项，此时将会弹出如图 12.11 所示的 "删除对象" 对话框，在该对话框中单击 "确定" 按钮，删除操作完成。

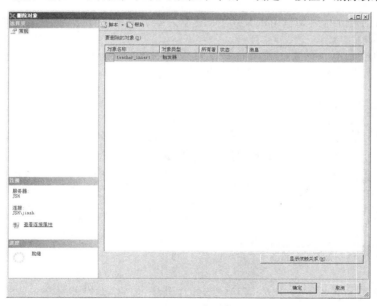

图 12.11　"删除对象" 对话框

用 SQL 语句也可删除触发器，删除触发器的语法代码如下所示：

```
Drop Trigger 触发器名
```

12.2.9　禁用与启用 DML 触发器

禁用触发器与删除触发器不同，禁用触发器时，仍会为数据表定义该触发器，只是在执行

INSERT、UPDATE 或 DELETE 语句时，不会执行触发器中的操作。

1. 禁用 DML 触发器

（1）按照 12.2.6 小节中所介绍的"在 SQL Server Management Studio 中查看触发器"的方法打开如图 12.7 所示的"触发器列表"对话框。

（2）右击其中一个触发器，在弹出快捷菜单中选择"禁用"选项，即可禁用该触发器，如图 12.12 所示。

图 12.12 "禁用触发器"对话框

使用 ALTER TABLE 语句也可以禁用 DML 触发器，其语法如下：

```
ALTER TABLE 数据表名
DISABLE TRIGGER 触发器名或 ALL
```

如果要禁用所有触发器，用"ALL"来代替触发器名。

2. 启用 DML 触发器

启用触发器与禁用触发器类似，只是在图 12.12 的弹出快捷菜单中选择"启用"选项即可。使用 ALTER TABLE 语句也可以启用触发器，其语法如下：

```
ALTER TABLE 数据表名
ENABLE TRIGGER 触发器名或 ALL
```

如果要启用所有触发器，用"ALL"来代替触发器名。

12.3 DDL 触发器

DDL 触发器是 SQL Server 2005 及后续版本中新增的一个触发器类型，像常规触发器一样，DDL 触发器将激发存储过程以响应事件。但与 DML 触发器不同的是，它们不会为响应针对表或视图的 UPDATE、INSERT 或 DELETE 语句而激发。相反，它们会为响应多种数据定义语言（DDL）语句而激发。这些语句主要是以 CREATE、ALTER 和 DROP 开头的语句。DDL 触发器可用于管理任务，例如审核和控制数据库操作。

一般来说，在以下几种情况下可以使用 DDL 触发器：

（1）防止数据库架构进行某些修改；

（2）防止数据库或数据表被误操作删除；

（3）希望数据库中发生某种情况以响应数据库架构中的更改；

（4）要记录数据库架构中的更改或事件。

仅在运行触发 DDL 触发器的 DDL 语句后，DDL 触发器才会激发。DDL 触发器无法作为 INSTEAD OF 触发器使用。

12.3.1　创建 DDL 触发器

创建 DDL 触发器的语法代码如下：

```
CREATE TRIGGER <trigge_name>
ON {ALL SERVER|DATABASE}
[WITH <ddl_trigger_option>[,...n]]
{FOR|AFTER}{event_type|event_group}[,...n]
AS
{sql_statement[;][...n]|EXTERNAL NAME<method specifier >[;]}
<ddl_trigger_option>::=
[ENCRYPTION]
[EXECUTE AS Clause]
<method_specifier>::=
assembly_name.class_name.method_name
```

主要参数说明如下。

（1）trigger_name：触发器的名称，必须遵循标识符规则，但不能以#或##开头。

（2）DATABASE：将 DDL 触发器的作用域应用于当前数据库。如果指定了此参数，则只要当前数据库中出现 event_type 或 event_group，就会激发该触发器。

（3）ALL SERVER：将 DDL 触发器的作用域应用于当前服务器。如果指定了此参数，则只要当前服务器中的任何位置上出现 event_type 或 event_group，就会激发该触发器。

（4）event_type：执行之后将导致激发 DDL 触发器的 Transact-SQL 语言事件的名称。

（5）event_group：预定义的 Transact-SQL 语言事件分组的名称。

其他参数在前面章节中已经说明，在此不再赘述。

下面我们通过示例来说明如何建立 DDL 触发器。

【例 12.4】　建立用于保护"CJGL"数据库中的数据表不被删除的触发器。

具体操作步骤如下。

（1）启动"SQL Server Management Studio"，在"对象资源管理器"下选择"数据库"，定位到"CJGL"数据库。

（2）单击"新建查询"按钮，在弹出的"查询编辑器"的编辑区里输入以下代码：

```
CREATE TRIGGER disable_drop_table
ON DATABASE
FOR DROP_TABLE
AS
BEGIN
RAISERROR ('对不起，不能删除CJGL数据库中的数据表',16,10)
ROLLBACK
END
GO
```

（3）单击"执行"按钮，生成触发器。

12.3.2 测试 DDL 触发器的功能

下面来测试 DDL 触发器的功能，具体操作步骤如下。

（1）启动"SQL Server Management Studio"，在"对象资源管理器"下选择"数据库"，定位到"CJGL"数据库。

（2）单击"新建查询"按钮，在弹出的"查询编辑器"的编辑区里输入以下代码：

DROP TABLE Teacher

（3）单击"执行"按钮，运行结果如图 12.13 所示。

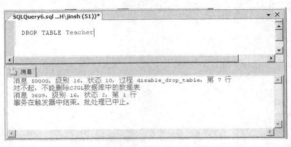

图 12.13 测试"删除数据表"结果

12.3.3 查看和修改 DDL 触发器

DDL 触发器有两种，一种是作用在当前 SQL Server 服务器上的，一种是作用在当前数据库中的。这两种 DDL 触发器在 Management Studio 中所在的位置是不同的。

1. 作用在当前 SQL Server 服务器上的 DDL 触发器所在位置

选择所在 SQL Server 服务器，定位到"服务器对象"中的"触发器"，在"摘要"对话框里就可以看到所有的作用在当前 SQL Server 服务器上的 DDL 触发器。

2. 作用在当前数据库中的 DDL 触发器所在位置

选择所在 SQL Server 服务器，找到特定的"数据库"，定位到"可编程性"，然后在"数据库触发器"树形目录中可以看到所有的当前数据库中的 DDL 触发器，如图 12.14 所示。

右击触发器，在弹出的快捷菜单中选择"编写数据库触发器脚本为"→"CREATE 到"→"新查询编辑器对话框"，然后在新打开的"查询编辑器"对话框里可以看到该触发器的内容。

在 Management Studio 中如果要修改 DDL 触发器内容，就只能先删除该触发器，再重新建立一个 DDL 触发器。

虽然在 Management Studio 中没有直接提供修改 DDL 触发器的对话框，但在"查询编辑器"对话框里依然可以用 SQL 语句来进行修改。

图 12.14 选择触发器

12.4 登录触发器

登录触发器将为响应 LOGON 事件而激发存储过程。与 SQL Server 实例建立用户会话时将引发此事件。登录触发器将在登录的身份验证阶段完成之后且用户会话实际建立之前激发。因此，来自触发器内部且通常将到达用户的所有消息（例如错误消息和来自 PRINT 语句的消息）会传送到 SQL Server 错误日志。如果身份验证失败，将不激发登录触发器。

可以使用登录触发器来审核和控制服务器会话，例如通过跟踪登录活动、限制 SQL Server 的登录名或限制特定登录名的会话数。

【例 12.5】 建立一个登录触发器，用于限制用户会话数量。

在以下代码中，如果登录名"login_test"已经创建了一个用户会话，登录触发器将拒绝由该登录名启动的 SQL Server 登录尝试。

```
USE master;
GO
CREATE LOGIN login_test WITH PASSWORD = '3KHJ6dhx(0xVYsdf' ,
    CHECK_EXPIRATION = ON;
GO
GRANT VIEW SERVER STATE TO login_test;
GO
CREATE TRIGGER connection_limit_trigger
ON ALL SERVER WITH EXECUTE AS 'login_test'
FOR LOGON
AS
BEGIN
IF ORIGINAL_LOGIN()= 'login_test' AND
    (SELECT COUNT(*) FROM sys.dm_exec_sessions
        WHERE is_user_process = 1 AND
            original_login_name = 'login_test') > 1
    ROLLBACK;
END;
```

执行上述程序后，为"login_test"新建一个连接，如图 12.15 所示。

连接后，在对象资源管理器中可以看到该连接，如图 12.16 所示。

为"login_test"再建一个连接，出现如图 12.17 所示的提示信息窗口。

图 12.15　新建一个连接

图 12.16　连接成功

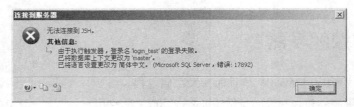

图 12.17   连接失败

说明对于登录账号"login_test"而言会话数量是受限的。

上述实例就是登录服务器的一个具体应用。

本章小结

本章首先介绍了触发器的特点、作用和类型，然后图文并茂地介绍了创建 DML、DDL 和登录触发器的方法和步骤。通过本章的学习，可以了解触发器的基本概念，掌握使用图形界面和代码创建、修改和删除触发器的方法。

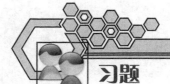

习题

一、选择题

1. 以下关于 DML 触发器的说法中错误的有哪些？（   ）

   A. 在一个表上只能建立一个触发器。

   B. 一个触发器只能由一种数据操作来引发。

   C. 一个触发器只能作用于一个表。

   D. 所有 T-SQL 语句都可以用在触发器中。

2. 以下不会引起 DML 触发器执行的语句是（   ）。

   A. INSERT 语句

   B. DELETE 语句

   C. DROP 语句

   D. UPDATE 语句

二、填空题

1. 触发器是一类特殊的存储过程，其特殊性在于它并不需要_____，而是在对表或视图发出 T-SQL 语句时自动执行。

2. 在触发器中可以使用两个特殊的临时表：即"inserted"表 和"deleted"表，前者用于保存_____的记录，后者用于保存_____的记录。

三、简答题

1. DDL 触发器和 DML 触发器有什么区别？

2. AFTER 触发器和 INSTEAD OF 触发器有什么区别？

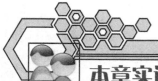

本章实训

一、实训目的

1. 了解触发器的基本概念，理解触发器的工作原理。

2. 掌握创建触发器和测试触发器的方法。

3. 掌握修改触发器和删除触发器的方法。

二、实训要求

1. 实训前做好上机实训的准备，针对实训内容，认真复习与本次实训有关的知识，完成实训内容的预习准备工作；

2. 能认真独立完成实训内容；

3. 实训后做好实训总结，根据实训情况完成总结报告。

三、实训学时

2 学时。

四、实训内容

1. 创建触发器 "trigger_1"，实现当修改 "Student"（学生）表中的数据时，显示提示信息 "学生表的数据被修改了！"。

2. 在 "Student"（学生）表中创建触发器 "trigger_2"，实现如下功能：当从 "Student"（学生）表中删除一条学生信息后，自动删除该学生在 "Grade"（成绩）表中的信息。

3. 创建触发器 "trigger_3"，实现如下功能：当修改 "Student"（学生）表中的某个学生的学号时，该生在 "Grade"（成绩）表中的学号自动修改。

4. 对已创建的触发器 "trigger_1" 进行修改，实现当修改 "Student"（学生）中的数据时，显示提示信息 "学生表中 XXX 号学生的信息被修改了！"。

5. 删除 "Student"（学生）上的触发器 "trigger_1"。

6. 在 "CJGL" 数据库中创建一个 DDL 类型的触发器，防止删除数据库中的对象。

五、实训思考题

1. 简述触发器的工作原理。

2. 登录触发器有哪些应用，如何创建登录触发器？

第13章

数据库的备份与还原

数据库备份实际上就是对 SQL Server 数据库或事务日志进行备份，备份文件中记录了在进行备份这一操作时，数据库中所有数据的状态，如果数据库受损，可以通过这些备份文件将数据库还原出来，从而达到降低系统风险的目的。数据库备份与还原技术是数据库管理员必须掌握的核心技术之一。

本章首先介绍了数据库备份和还原相关概念；接着，介绍了数据库备份设备的管理；然后，详细介绍了数据库备份与还原的方法及操作步骤；最后，介绍了数据库的分离与附加。通过本章的学习，可以了解数据库备份与还原的基本概念，掌握使用图形界面和代码进行数据库的备份与还原的方法，并能通过图形界面或代码实现数据库的分离与附加。

13.1 概述

SQL Server 2008 系统提供了内置的安全性和数据保护机制，以防止非法登录者或非授权用户对 SQL Server 数据库或数据造成破坏，但对于合法用户的误操作、存储媒体受损或 SQL Server 服务出现崩溃性出错等因素，则需要通过数据库的备份与还原来应对。

数据库中的数据损失或被破坏的原因主要包括以下几个。

1. 储存介质故障

倘若保存有数据库文件的存储介质：磁盘驱动器出现彻底崩溃，而用户又未曾进行过数据库备份，则可能造成数据的丢失。

2. 服务器崩溃故障

再好的系统硬件、再稳定的软件也存在漏洞与不足之处，倘若数据库服务器彻底瘫痪，将面临重建系统的窘境。如果事先进行了完善的备份，则可迅速地完成系统的恢复性重建工作，并将数据灾难造成的损失减低到最低程度。

3. 用户错误操作

倘若用户有意或无意地在数据库上进行了大量非法操作（诸如误删除某些重要的数据库、表格等信息），则数据库系统将面临难以使用和管理的境地。重新恢复条理性，最好的方法是使用备份数据信息，使系统回归到可靠、稳定、一致的状态并再度工作。

4. 计算机病毒

破坏性病毒会破坏系统软件、硬件和数据。

5. 自然灾害

自然灾害，如火灾、洪水或地震等，它们会造成极大的破坏，会损坏计算机系统及其数据，导致数据库系统不能正常工作或造成数据的丢失。

备份是对 SQL Server 数据库或事务日志进行拷贝，数据库备份记录了在进行备份这一操作时，数据库中所有数据的状态，如果数据库受损，这些备份文件将在数据库恢复时被用来恢复数据库。

13.2　数据库备份方式

SQL Server 2008 提供了 3 种数据库备份方式。

1. 完整备份

（1）完整数据库备份。

对整个数据库进行备份。这包括对部分事务日志进行备份，以便能够恢复完整数据库备份。完整数据库备份表示备份完成时的数据库。

该备份方式需要比较大的存储空间来存储备份文件，备份时间也比较长。还原完全备份时，由于需要从备份文件中提取大量数据，因此备份文件较大时，还原操作也需要较长的时间。

（2）完整文件备份。

指备份一个或多个文件或文件组中的所有数据。在完整恢复模式下，一整套完整文件备份与跨所有文件备份的足够日志备份合起来等同于完整数据库备份。

使用文件备份使您能够只还原损坏的文件，而不用还原数据库的其余部分，从而加快了恢复速度。例如，如果数据库由位于不同磁盘上的若干个文件组成，在其中一个磁盘发生故障时，只需还原故障磁盘上的文件。

2. 差异备份

（1）差异数据库备份。

只记录自上次完整数据库备份后更改的数据。此完整备份称为"差异基准"。差异数据库备份比完整数据库备份更小、更快。这会缩短备份时间，但将增加复杂程度。对于大型数据库，差异备份的间隔可以比完整数据库备份的间隔更短。这将降低工作丢失风险。

如果数据库的某个子集比该数据库的其余部分修改得更为频繁，则差异数据库备份特别有用。在这些情况下，使用差异数据库备份，您可以频繁执行备份，并且不会产生完整数据库备份的开销。

（2）差异数据库备份。

差异文件备份为创建当前文件备份提供了一种快速并且节省空间的方式。在简单恢复模式下，仅为只读文件组启用了差异文件备份。在完整恢复模式下，允许对具有差异基准的任何文件组进行差异文件备份。在使用差异文件备份时，由于降低了必须还原的事务日志量，因而可以极大地缩短恢复时间。

对于以下情况，可以考虑使用差异文件备份。

- 文件组中有些文件的备份频率低于其他文件的备份频率。
- 文件很大而且数据不常更新；或者反复更新相同数据。

3. 事务日志备份

仅适用于使用完整恢复模式或大容量日志恢复模式的数据库。

在完整恢复模式和大容量日志恢复模式下，执行例行事务日志备份（"日志备份"）对于恢复数据十分必要。使用日志备份，可以将数据库恢复到故障点或特定的时点。建议经常进行日志备份，其频率应足够支持您的业务需求，尤其是您对损坏的日志驱动器可能导致的数据丢失的容忍程度。适当的日志备份频率取决于您对工作丢失风险的容忍程度与所能存储、管理和潜在还原的日志备份数量之间的平衡。每 15～30 分钟进行一次日志备份可能就已足够。但是如果您的业务要求将工作丢失的风险最小化，请考虑进行更频繁的日志备份。频繁的日志备份还有增加日志截断频率的优点，其结果是日志文件更小。

在创建第一个日志备份之前，必须先创建完整备份（如数据库备份或一组文件备份中的第一个备份）。仅使用文件备份还原数据库会较复杂。因此，建议您尽可能从完整数据库备份开始。此后，必须定期备份事务日志。这不仅能最小化工作丢失风险，还有助于事务日志的截断。通常，事务日志在每次常规日志备份之后截断。但是，日志截断也可能会延迟。

在 SQL Server 2005 及更高版本中，可以在任何完整备份运行的时候备份日志。

13.3 备份设备

在进行数据库备份之前首先必须创建备份设备。备份设备用来存储数据库事务日志、数据文件或文件组的存储介质，可以是硬盘或磁带等。

注意

在 SQL Server 的以后版本中将不再支持磁带备份设备。请避免在新的开发工作中使用此功能，并计划修改当前使用此功能的应用程序。

13.3.1 物理设备与逻辑设备

SQL Server 使用物理设备名称或逻辑设备名称标识备份设备。

物理备份设备是操作系统用来标识备份设备的名称。例如，磁盘设备名称 d:\pubs.bak，或者磁带设备\\TAPE0。

逻辑备份设备是用来标识物理备份设备的别名或公用名称。逻辑设备名称永久地存储在 SQL Server 内的系统表中。使用逻辑备份设备的优点是引用它比引用物理设备名称简单。例如，逻辑设备名称可以是 pubs_Backup，而物理设备名称则是 d:\pubs.bak。

在实施数据库备份或还原时，既可以使用物理设备名又可以使用逻辑备份设备名。

13.3.2　创建与管理备份设备

1．创建备份设备

创建备份设备的步骤如下。

（1）启动"SQL Server Management Studio"，在"对象资源管理器"窗口里展开"服务器对象"树型目录，鼠标右键单击"备份设备"，如图 13.1 所示。

图 13.1　从"SQL Server Management Studio"中选择"备份设备"鼠标右键单击

（2）在弹出的快捷菜单里选择"新建备份设备"选项，弹出如图 13.2 所示"新建备份设备"对话框。

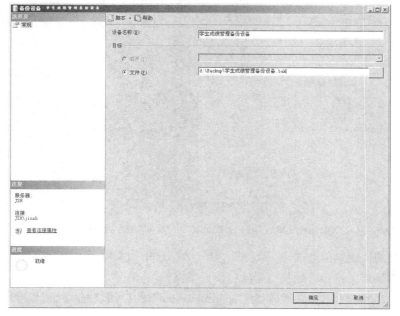

图 13.2　"新建备份设备"对话框

221

（3）在"设备名称"文本框里键入备份设备的名称。

（4）在"文件"文本框里键入备份设备的路径和文件名，由此可见，SQL Server 2008 中的备份设备事实上也只是一个文件而已。

（5）设置完毕后，单击"确定"按钮，开始创建备份设备操作。

SQL Server 2008 还提供了一个名为"sp_addumpdevice"的存储过程，可以创建数据库备份设备，其语法代码如下：

```
sp_addumpdevice [ @devtype = ] 'device_type'
,[ @logicalname = ] 'logical_name'
,[ @physicalname = ] 'physical_name'
```

主要参数说明如下。

（1）@devtype：设备类型，可以支持的值为 disk 和 tape，其中 disk 为磁盘文件；tape 为 Windows 支持的任何磁带设备。

（2）@logicalname：备份设备的逻辑名称，相当于图 13.1 中的"设备名称"。

（3）@physicalname：备份设备的物理名称，相当于图 13.1 中的"文件"。

【例 13.1】 创建一个名为"学生成绩"的磁盘备份设备。

```
sp_addumpdevice 'disk','学生成绩','d:\学生成绩.bak'
```

2. 删除备份设备

删除数据库中备份设备的步骤如下。

（1）启动"SQL Server Management Studio"，在"对象资源管理器"窗口里展开"服务器对象"树型目录，再展开"备份设备"树型目录，鼠标右键单击将要删除的备份设备名，如图 13.3 所示。

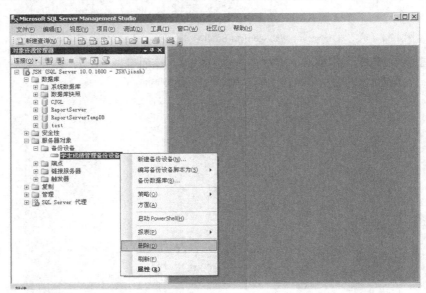

图 13.3 从"SQL Server Management Studio"中选择要删除的备份设备鼠标右键单击

（2）在弹出的快捷菜单里选择"删除"选项，弹出如图 13.4 所示"删除对象"对话框，在该对话框里单击"确定"按钮开始执行删除备份设备操作。

SQL Server 2008 还提供了一个名为"sp_dropdevice"的存储过程，可以删除库备份设备，其语法代码如下：

```
sp_dropdevice [ @logicalname = ] 'device'
[,[ @delfile = ] 'delfile']
```

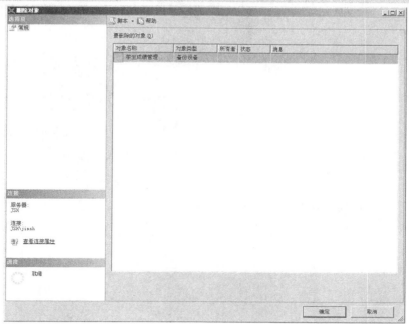

图 13.4　"删除对象"对话框

主要参数说明如下。

（1）@logicalname：表示备份设备的逻辑名称。

（2）@delfile：表示物理备份设备文件。

【例 13.2】　删除名为"学生成绩"的备份设备。

```
sp_dropdevice '学生成绩'
```

13.4　数据库备份

本节主要是通过实例来介绍 SQL Server 2008 的数据库备份方法。

13.4.1　完整备份

下面以备份"CJGL"数据库为例，介绍数据库完整备份的实现方法。

1. 通过 SQL Server Management Studio 实现完全备份

（1）启动"SQL Server Management Studio"，在"对象资源管理器"窗口里展开"数据库"目录，鼠标右键单击"CJGL"，在弹出的快捷菜单里选择"任务"，如图 13.5 所示。

（2）单击菜单项"备份"，弹出如图 13.6 所示"备份数据库"对话框。

（3）在"备份类型"下拉列表框里选择"完整"。

（4）在图 13.6 所示对话框里单击"选项"标签，弹出如图 13.7 所示的"选项"对话框，根据需要设置以下各种选项。

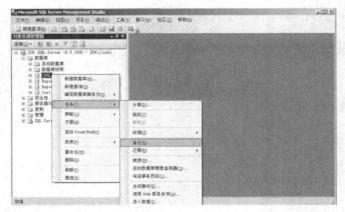

图 13.5　鼠标右键单击"pubs"数据库，选择"任务"

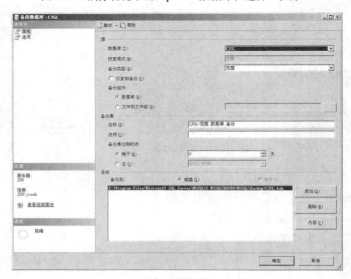

图 13.6　"备份数据库"对话框

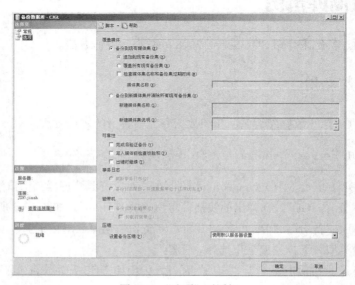

图 13.7　"选项"对话框

① 是否覆盖媒体：选择"追加到现有备份集"单选框，则不覆盖现有备份集，将数据库备份追加到备份集里，同一个备份集里可以有多个数据库备份信息。如果选择"覆盖所有现有备份集"单选框，则将覆盖现有备份集，以前在该备份集里的备份信息将无法重新读取。

② 是否检查媒体集名称和备份集过期时间：如果需要可以选择"检查媒体集名称和备份集过期时间"复选框来要求备份操作验证备份集的名称和过期时间；在"媒体集名称"文本框里可以输入要验证的媒体集名称。

③ 是否使用新媒体集：选择"备份到新媒体集并清除所有现在备份集"可以清除以前的备份集，并使用新的媒体集备份数据库。在"新建媒体集名称"文本框里键入媒体集的新名称；在"新建媒体集说明"文本框里键入新建媒体集的说明。

④ 设置数据库备份的可靠性：选择"完成后验证备份"复选框将会验证备份集是否完整以及所有卷是否都可读；选择"写入媒体前检查校验和"复选框将会在写入备份媒体前验证校验和，如果选中此项，可能会增大工作负荷，并降低备份操作的备份吞吐量。

（5）单击"确定"按钮，SQL Server 2008 开始执行备份操作。

2．使用 Transact-SQL 语句进行完全备份

完全备份语法代码如下：

```
BACKUP DATABASE { database_name | @database_name_var }
TO < backup_device > [ ,...n ]
[ [ MIRROR TO < backup_device > [ ,...n ] ] [ ...next-mirror ] ]
[ WITH
[ BLOCKSIZE = { blocksize | @blocksize_variable } ]
[ [ , ] { CHECKSUM | NO_CHECKSUM } ]
[ [ , ] { STOP_ON_ERROR | CONTINUE_AFTER_ERROR } ]
[ [ , ] DESCRIPTION = { 'text' | @text_variable } ]
[ [ , ] DIFFERENTIAL ]
[ [ , ] EXPIREDATE = { date | @date_var }
| RETAINDAYS = { days | @days_var } ]
[ [ , ] PASSWORD = { password | @password_variable } ]
[ [ , ] { FORMAT | NOFORMAT } ]
[ [ , ] { INIT | NOINIT } ]
[ [ , ] { NOSKIP | SKIP } ]
[ [ , ] MEDIADESCRIPTION = { 'text' | @text_variable } ]
[ [ , ] MEDIANAME = { media_name | @media_name_variable } ]
[ [ , ] MEDIAPASSWORD = { mediapassword | @mediapassword_variable } ]
[ [ , ] NAME = { backup_set_name | @backup_set_name_var } ]
[ [ , ] { NOREWIND | REWIND } ]
[ [ , ] { NOUNLOAD | UNLOAD } ]
[ [ , ] RESTART ]
[ [ , ] STATS [ = percentage ] ]
[ [ , ] COPY_ONLY ]
]
```

主要参数说明如下。

（1）database_name：数据库名。

（2）@database_name_var：数据库名称变量。

（3）<backup_device>：备份设备名称。

（4）MIRROR TO：表示备份设备组是包含 2~4 个镜像服务器的镜像媒体集中的一个镜像。若要指定镜像媒体集，则针对第一个镜像服务器设备使用 TO 子句，后跟最多 3 个 MIRROR TO 子句。

（5）BLOCKSIZE：用字节数来指定物理块的大小，支持的大小为 512、1 024、2 048、4 096、

8 192、16 384、32 768 和 65 536（64 KB）字节。

（6）BUFFERCOUNT：指定用于备份或还原操作的 I/O 缓冲区总数。可以指定任何正整数。

（7）CHECKSUM | NO_CHECKSUM：是否启用校检和。

（8）STOP_ON_ERROR | CONTINUE_AFTER_ERROR：校检和失败时是否还继续备份操作。

（9）DESCRIPTION：此次备份数据的说明文字内容。

（10）DIFFERENTIAL：只做差异备份，如果没有该参数，则做完整备份。

（11）EXPIREDATE：指定备份集到期和允许被覆盖的日期。

（12）RETAINDAYS：指定必须经过多少天才可以覆盖该备份媒体集。

（13）PASSWORD：为备份集设置密码，如果为备份集定义了密码，则必须提供此密码才能对该备份集执行还原操作。

（14）FORMAT | NOFORMAT：指定创建或不创建新的媒体集。

（15）INIT：指定覆盖所有备份集，但是保留媒体标头。如果指定了 INIT，将覆盖该设备上所有现有的备份集。

（16）NOINIT：表示备份集将追加到指定的媒体集上，以保留现有的备份集。

（17）NOSKIP|SKIP：指定是否在覆盖媒体上的所有备份集之前先检查它们的过期日期。

（18）MEDIADESCRIPTION：指定媒体集的自由格式文本说明，最多为 255 个字符。

（19）MEDIANAME：指定整个备份媒体集的媒体名称。

（20）MEDIAPASSWORD：为媒体集设置密码。MEDIAPASSWORD 是一个字符串。如果为媒体集定义了密码，则在该媒体集上创建备份集之前必须提供此密码。另外，从该媒体集执行任何还原操作时也必须提供媒体密码。

（21）NAME：指定备份集的名称。名称最长可达 128 个字符。

（22）REWIND：指定 SQL Server 将释放和重绕磁带。

（23）NOREWIND：指定在备份操作之后 SQL Server 让磁带一直处于打开状态。

（24）UNLOAD：指定在备份完成后自动重绕并卸载磁带。

（25）NOUNLOAD：指定在备份操作之后磁带将继续加载在磁带机中。

（26）RESTART：在 SQL Server 2005 中该参数已经失效，在以前版本中，表示现在要做的备份是要继续前次被中断的备份作业。

（27）STATS：该参数可以让 SQL Server 每备份好百分之多少时的数据就显示备份进度信息。

（28）COPY_ONLY：指定此备份不影响正常的备份序列。

【例 13.3】 将数据库"CJGL"的数据完整备份到文件 c:\cjgl.bak 中。

```
BACKUP DATABASE CJGL TO DISK = 'c:\cjgl.bak'
```

【例 13.4】 将数据库"CJGL"的数据完全备份到名为"学生成绩管理备份设备"的备份设备上。

```
BACKUP DATABASE CJGL TO  学生成绩管理备份设备
```

13.4.2   差异备份

1. 通过 SQL Server Management Studio 实现差异备份

（1）按照完全备份中的相同步骤，打开如图 13.6 所示的"备份数据库"对话框。

（2）在"备份类型"下拉列表框里选择"差异"。

（3）根据需要设置其他选项。

（4）单击"确定"按钮，SQL Server 2008 开始执行备份操作。

2. 使用 Transact–SQL 语句进行差异备份

差异备份语法同完全备份的语法，在此不再赘述。

【例 13.5】 将数据库"CJGL"的差异数据备份到文件 c:\cjgl.bak 中。

```
BACKUP DATABASE CJGL TO DISK = 'c:\cjgl.bak' DIFFERENTIAL
```

13.4.3　事务日志备份

1. 通过 SQL Server Management Studio 实现事务日志备份

（1）按照完全备份中的相同步骤，打开如图 13.6 所示的"备份数据库"对话框。

（2）在"备份类型"下拉列表框里选择"事务日志"。

（3）根据需要设置其他选项。

（4）单击"确定"按钮，SQL Server 2008 开始执行备份操作。

2. 使用 Transact–SQL 语句进行事务日志备份

事务日志备份语法代码如下：

```
BACKUP LOG { database_name | @database_name_var }
TO < backup_device > [ ,…n ]
[ [ MIRROR TO < backup_device > [ , …n ] ] […next-mirror ] ]
[ WITH
[ BLOCKSIZE = { blocksize | @blocksize_variable } ]
[ [ , ] { CHECKSUM | NO_CHECKSUM } ]
[ [ , ] { STOP_ON_ERROR | CONTINUE_AFTER_ERROR } ]
[ [ , ] DESCRIPTION = { 'text' | @text_variable } ]
[ [ , ] DIFFERENTIAL ]
[ [ , ] EXPIREDATE = { date | @date_var } ]
| RETAINDAYS = { days | @days_var } ]
[ [ , ] PASSWORD = { password | @password_variable } ]
[ [ , ] { FORMAT | NOFORMAT } ]
[ [ , ] { INIT | NOINIT } ]
[ [ , ] { NOSKIP | SKIP } ]
[ [ , ] MEDIADESCRIPTION = { 'text' | @text_variable } ]
[ [ , ] MEDIANAME = { media_name | @media_name_variable } ]
[ [ , ] MEDIAPASSWORD = { mediapassword | @mediapassword_variable } ]
[ [ , ] NAME = { backup_set_name | @backup_set_name_var } ]
[ [ , ] { NOREWIND | REWIND } ]
[ [ , ] { NOUNLOAD | UNLOAD } ]
[ [ , ] RESTART ]
[ [ , ] STATS [ = percentage ] ]
[ [ , ] COPY_ONLY ]
]
```

从以上代码可以看出，事务日志与完整备份的代码大同小异，只是将 BACKUP BATABASE 改为了 BACKUP LOG。

【例 13.6】 将数据库 "CJGL" 的事务日志备份到文件 c:\cjgl_log.bak 中。

```
BACKUP LOG pubs TO DISK = 'c:\pubs_log.bak'
```

 在对数据库实施事务日志备份之前，必须先进行数据库的完整备份操作，否则会出现图 13.8 所示的错误提示信息。

图 13.8　错误提示信息

13.4.4　文件/文件组备份

如果在创建数据库时，为数据库创建了多个数据库文件或文件组，可以使用该备份方式。使用文件和文件组备份方式可以只备份数据库中的某些文件，该备份方式在数据库文件非常庞大的时候十分有效，由于每次只备份一个或几个文件或文件组，可以分多次来备份数据库，避免大型数据库备份的时间过长。另外，由于文件和文件组备份只备份其中一个或多个数据文件，那么当数据库里的某个或某些文件损坏时，可以只还原损坏的文件或文件组备份即可。

1. 通过 SQL Server Management Studio 实现文件/文件组的完全备份

（1）按照完全备份中的相同步骤，打开如图 13.6 所示的 "备份数据库" 对话框。

（2）在图 13.6 中，"备份组件" 中选择 "文件和文件组" 单选框，此时会弹出如图 13.9 所示的 "选择文件和文件组" 对话框。在该对话框里可以选择要备份的文件和文件组，选择完毕后单击 "确定" 按钮返回。

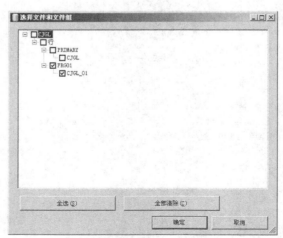

图 13.9　"选择文件和文件组" 对话框

（3）所有选项设置完毕后单击图 13.6 中的 "确定" 按钮，开始执行备份操作，备份成功后弹出如图 13.10 所示的对话框。

图 13.10　提示信息对话框

2. 使用 Transact-SQL 语句进行文件/文件组备份

文件/文件组备份语法代码如下:

```
BACKUP DATABASE { database_name | @database_name_var }
<file_or_filegroup> [ ,…f ]
TO < backup_device > [ , …n ]
[[ MIRROR TO < backup_device > [ , …n ] ] […next-mirror ] ]
[WITH
[BLOCKSIZE = { blocksize | @blocksize_variable } ]
[[ , ] { CHECKSUM | NO_CHECKSUM } ]
[[ , ] { STOP_ON_ERROR | CONTINUE_AFTER_ERROR } ]
[[ , ] DESCRIPTION = { 'text' | @text_variable } ]
[[ , ] DIFFERENTIAL ]
[[ , ] EXPIREDATE = { date | @date_var }
| RETAINDAYS = { days | @days_var } ]
[[ , ] PASSWORD = { password | @password_variable } ]
[[ , ] { FORMAT | NOFORMAT } ]
[[ , ] { INIT | NOINIT } ]
[[ , ] { NOSKIP | SKIP } ]
[[ , ] MEDIADESCRIPTION = { 'text' | @text_variable } ]
[[ , ] MEDIANAME = { media_name | @media_name_variable } ]
[[ , ] MEDIAPASSWORD = { mediapassword | @mediapassword_variable } ]
[[ , ] NAME = { backup_set_name | @backup_set_name_var } ]
[[ , ] { NOREWIND | REWIND } ]
[[ , ] { NOUNLOAD | UNLOAD } ]
[[ , ] RESTART ]
[[ , ] STATS [ = percentage ] ]
[[ , ] COPY_ONLY ]
]
--Specifying a file or filegroup
<file_or_filegroup> :: =
{
FILE = { logical_file_name | @logical_file_name_var }
|
FILEGROUP = { logical_filegroup_name | @logical_filegroup_name_var }
| READ_WRITE_FILEGROUPS
}
```

从以上代码可以看出,文件/文件组的备份与完全备份的代码大同小异,不同的是在"TO <backup_device>"之前多了一句"<file_or_filegroup>"。该语法块里的参数如下。

(1)FILE:给一个或多个包含在数据库备份中的文件命名。

(2)FILEGROUP:给一个或多个包含在数据库备份中的文件组命名。

(3)READ_WRITE_FILEGROUPS:指定部分备份,包括主文件组和所有具有读写权限的辅助文件组。创建部分备份时需要此关键字。

【例 13.7】　将"CJGL"数据库中的"CJGL_01"文件备份到文件"d:\cjgl01.bak"中。

```
BACKUP DATABASE CJGL FILE='CJGL_01' TO DISK = 'd:\cjgl01.bak'
```

13.5 数据库还原

SQL Server 支持在以下级别还原数据。

- 数据库（"数据库完整还原"）。还原和恢复整个数据库，并且数据库在还原和恢复操作期间处于脱机状态。
- 数据文件（"文件还原"）。还原和恢复一个数据文件或一组文件。在文件还原过程中，包含相应文件的文件组在还原过程中自动变为脱机状态。访问脱机文件组的任何尝试都会导致错误。
- 数据页（"页面还原"）。在完整恢复模式或大容量日志恢复模式下，可以还原单个数据库。可以对任何数据库执行页面还原，而不管文件组数为多少。

1. 通过 SQL Server Management Studio 进行数据库还原

进行数据库完全备份、差异备份和事务日志备份还原的步骤如下。

（1）启动"SQL Server Management Studio"，展开"对象资源管理器"树型目录，鼠标右键单击"数据库"，在弹出的快捷菜单里选择"还原数据库"，弹出如图 13.11 所示的"还原数据库"对话框。

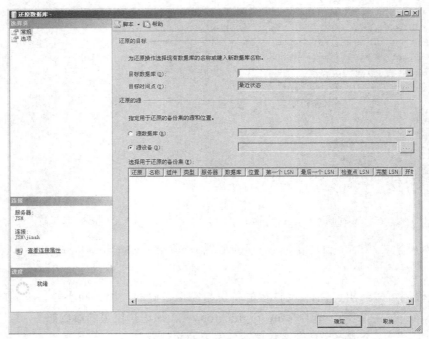

图 13.11　"还原数据库"对话框

（2）在"目标数据库"下拉列表框里可以选择或键入要还原的数据库名。

（3）如果备份文件或备份设备里的备份集很多的话，还可以选择"目标时间点"，只要有事务日志备份支持，可以还原到某个时间的数据库状态。在默认情况下该项为"最近状态"。

（4）在"还原的源"区域里，"指定用于还原的备份集的源和位置"。

如果选择"源数据库"单选钮，则从"Msdb"数据库里的备份历史记录里查得可用的备份，并显示在"选择用于还原的备份集"区域里。此时不需要指定备份文件的位置或指定备份设备，SQL Server 会自动根据备份记录来找到这些文件。

如果选择"源设备"单选框，则要指定还原的备份文件或备份设备。单击"…"按钮，弹出如图 13.12 所示"指定备份"对话框。在"备份媒体"下拉列表框里可以选择是备份文件还是备份设备，选择完毕后单击"添加"按钮，将备份文件或备份设备添加进来。

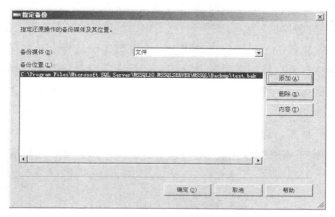

图 13.12　"指定备份"对话框

单击图 13.12 中的"确定"按钮，返回还原数据库对话框，如图 13.13 所示。

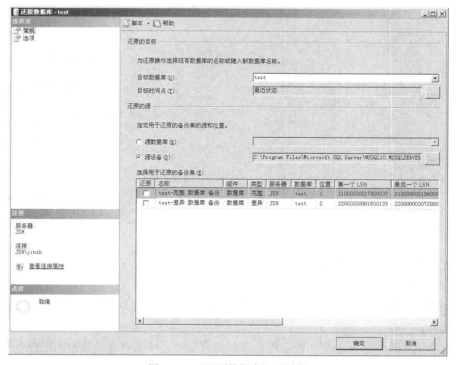

图 13.13　"还原数据库"对话框

在"选择用于还原的备份集"区域：在该区域里列出了所有可用的备份集。

- 如果"目标时间点"为"最近状态"，"还原的源"为"源数据库"，该区域显示的是最后一次完整备份到现在的所有可用备份集。
- 如果"目标时间点"为"最近状态"，"还原的源"为"源设备"，该区域显示的是备份文件或备份设备里的所有可用备份集。
- 如果"目标时间点"为指定的时间，"还原的源"为"源数据库"，该区域里显示的是从该时间前一个完整备份到目前为止的所有非完整备份。
- 如果"目标时间点"为指定的时间，"还原的源"为"源设备"，该区域显示的是备份文件或备份设备里的第一个到该时间之后第一个完整备份以来的所有备份。

在"选择用于还原的备份集"里可以选择完整备份、差异备份或事务日志备份。SQL Server 2008十分智能，如果选择差异备份，系统会自动将上一个完整备份选择上；如果选择日志备份，系统也会自动将上一个完整备份以及所需要的差异备份和日志备份都选择上。换句话说，只要选择想恢复到的那个备份集即可，系统会自动选上要恢复到这个备份集的所有其他备份集。

（5）如果没有其他的需要，可以单击"确定"按钮进行还原操作，也可以在图 13.13 所示的对话框里选择"选项"标签，进入如图 13.14 所示"选项"对话框。

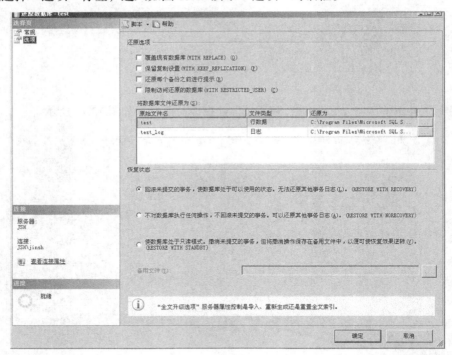

图 13.14 "选项"对话框

（6）在图 13.14 所示"选项"对话框中可以设置如下选项。

① 还原选项。

如果选择了"覆盖现有数据库"，则会覆盖所有现有数据库以及相关文件，包括已存在的同名的其他数据库或文件。

如果选择了"保留复制设置"，则会将已发布的数据库还原到创建该数据库的服务器之外的服务器时，保留复制设置。

如果选择了"还原每个备份之前进行提示"，则在还原每个备份设备前都会要求确认一次。

如果选择了"限制访问还原的数据库",则使还原的数据库仅供 db_owner、dbcreator 或 sysadmin 的成员使用。

② 将数据库文件还原为。

在该区域里可以更改要还原到的任意目的文件的路径和名称。

③ 恢复状态。

如果选择了"回滚未提交的事务,使数据库处于可以使用状态。无法还原其他事务日志"单选框,则让数据库在还原后进入可正常使用的状态,并自动恢复尚未完成的事务,如果本次还原是还原的最后一次操作,可以选择该项。

如果选择了"不对数据库执行任何操作,不回滚未提交的事务。可以还原其他事务日志"单选框,则在还原后数据库仍然无法正常使用,也不恢复未完成的事务操作,但可再继续还原事务日志备份或差异备份,让数据库能恢复到最接近目前的状态。

如果选择了"使数据库处于只读模式。撤销未提交的事务,但将撤销操作保存在备用文件中,以便可使恢复效果逆转"单选框,则在还原后恢复未完成事务的操作,并使数据库处于只读状态,为了可再继续还原后的事务日志备份,还必须指定一个还原文件来存放被恢复的事务内容。

(7)单击"确定"按钮,开始执行还原操作。

进行数据库文件和文件组备份的还原的步骤如下。

(1)启动"SQL Server Management Studio",展开"对象资源管理器"树型目录,鼠标右键单击"数据库",在弹出的快捷菜单里选择"还原文件和文件组",弹出如图 13.15 所示的"还原文件和文件组"对话框。

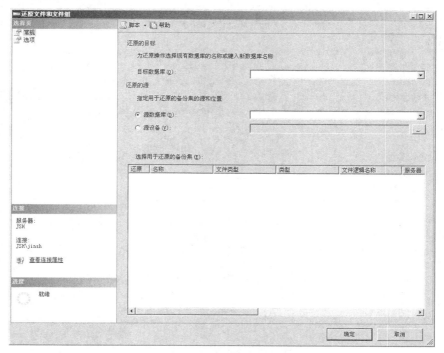

图 13.15　"还原文件和文件组"对话框

(2)在图 13.15 所示的"还原文件和文件组"对话框里,可以设置以下选项。

"目标数据库":在该下拉列表框里可以选择或键入要还原的数据库名。

"还原的源"：在该区域里可以选择要用来还原的备份文件或备份设备，用法与还原数据库完整备份中的一样，在此不再赘述。

"选择用于还原的备份集"：在该区域里可以选择要还原的备份集。

（3）选择完毕后可以单击"确定"按钮开始执行还原操作，也可以选择"选项"进行进一步设置。

　　　在进行完文件和文件组备份之后，还必须进行一次事务日志备份，否则无法还原文件和文件组备份。

2. 使用 Transact-SQL 语句进行数据库备份还原

T-SQL 语言里提供了 RESTORE DATABASE 语句来恢复数据库备份，用该语句可以恢复完全备份、差异备份、文件和文件组备份。如果要还原事务日志备份可以用 RESTORE LOG 语句。虽然 RESTORE DATABASE 语句可以恢复完整备份、差异备份、文件和文件组备份，但是在恢复完整备份、差异备份与文件和文件组备份的语法上有一点点出入，下面分别介绍几种类型备份的还原方法。

（1）还原完整备份。

还原完整备份的语法如下：

```
RESTORE DATABASE { database_name | @database_name_var }
[ FROM <backup_device> [ ,...n ] ]
[ WITH
[ [ , ] { CHECKSUM | NO_CHECKSUM } ]
[ [ , ] { STOP_ON_ERROR | CONTINUE_AFTER_ERROR } ]
[ [ , ] FILE = { file_number | @file_number } ]
[ [ , ] KEEP_REPLICATION ]
[ [ , ] MEDIANAME = { media_name | @media_name_variable } ]
[ [ , ] MEDIAPASSWORD = { mediapassword |@mediapassword_variable } ]
[[,] MOVE 'logical_file_name' TO 'operating_system_file_name' ][ ,...n ]
[ [ , ] PASSWORD = { password | @password_variable } ]
[ [ , ] { RECOVERY | NORECOVERY | STANDBY = {standby_file_name
| @standby_file_name_var }
}]
[ [ , ] REPLACE ]
[ [ , ] RESTART ]
[ [ , ] RESTRICTED_USER ]
[ [ , ] { REWIND | NOREWIND } ]
[ [ , ] STATS [ = percentage ] ]
[ [ , ] {STOPAT = { date_time | @date_time_var }
|STOPATMARK = { 'mark_name' | 'lsn:lsn_number' }
[ AFTER datetime ]
|STOPBEFOREMARK = { 'mark_name' | 'lsn:lsn_number' }
[ AFTER datetime ]
} ]
[ [ , ] { UNLOAD | NOUNLOAD } ]
]
[;]
<backup_device>
::=
{
```

```
{ logical_backup_device_name |@logical_backup_device_name_var }
| { DISK | TAPE } = { 'physical_backup_device_name' |
@physical_backup_device_name_var }
}
```

其中大多参数在备份数据时已经介绍过了，下面介绍一些没有介绍过的参数。

① ENABLE_BROKER：启动 Service Broker 以便消息可以立即发送。

② ERROR_BROKER_CONVERSATIONS：发生错误时结束所有会话，并产生一个错误指出数据库已附加或还原。此时 Service Broke 将一直处于禁用状态直到此操作完成，然后再将其启用。

③ KEEP_REPLICATION：将复制设置为与日志传送一同使用。设置该参数后，在备用服务器上还原数据库时，可防止删除复制设置。该参数不能与 NORECOVERY 参数同时使用。

④ MOVE：将逻辑名指定的数据文件或日志文件还原到所指定的位置，相当于图 13.11 中所示的"将数据库文件还原为"功能。

⑤ NEW_BROKER：使用该参数会在数据库和还原数据库中都创建一个新的 service_broker_guid 值，并通过清除结束所有会话端点。Service Broker 已启用，但未向远程会话端点发送消息。

⑥ RECOVERY：回滚未提交的事务，使数据库处于可以使用状态。无法还原其他事务日志。

⑦ NORECOVERY：不对数据库执行任何操作，不回滚未提交的事务。可以还原其他事务日志。

⑧ STANDBY：使数据库处于只读模式。撤消未提交的事务，但将撤消操作保存在备用文件中，以便可使恢复效果逆转。

⑨ standby_file_name |@standby_file_name_var：指定一个允许撤消恢复效果的备用文件或变量。

⑩ REPLACE：会覆盖所有现有数据库以及相关文件，包括已存在的同名的其他数据库或文件。

⑪ RESTART：指定 SQL Serve 应重新启动被中断的还原操作。RESTAR 从中断点重新启动还原操作。

⑫ RESTRICTED_USER：还原后的数据库仅供 db_owner、dbcreator 或 sysadmin 的成员才能使用。

⑬ STOPAT：将数据库还原到在指定的日期和时间的状态。

⑭ STOPATMARK：恢复为已标记的事务或日志序列号。恢复中包括带有已命名标记或 LSN 的事务，仅当该事务最初于实际生成事务时已获得提交，才可进行本次提交。

⑮ TOPBEFOREMARK：恢复为已标记的事务或日志序列号。恢复中不包括带有已命名标记或 LSN 的事务，在使用 WITH RECOVERY 时，事务将回滚。

【例 13.8】　用名为 "c:\test.bak" 的完整备份文件来还原 "test" 数据库。

```
USE master
GO
RESTORE DATABASE test FROM DISK = 'c:\test.bak'
GO
```

【例 13.9】　用名为 "testBak" 的备份设备还原 "test" 数据库。

```
USE master
GO
RESTORE DATABASE test FROM testBak
GO
```

（2）还原差异备份。

还原差异备份的语法与还原完整备份的语法是一样的，只是在还原差异备份时，必须要先还原完整备份再还原差异备份，因此还原差异备份必须要分为两步完成。完整备份与差异备份数据在同一个备份文件或备份设备中，也有可能是在不同的备份文件或备份设备中。如果在同一个备份文件或备份设备中，则必须要用 FILE 参数来指定备份集。无论备份集是不是在同一个备份文件（备份设备）中，除了最后一个还原操作，其他所有还原操作都必须要加上 NORECOVERY 或 STANDBY 参数。

【例 13.10】 设 "testBak01" 是 "test" 数据库的完整备份，"tsetBak02" 为其差异备份，请用上述两个备份设备还原数据库 "test"。

```
USE master
GO
RESTORE DATABASE test
FROM testBak01 WITH NORECOVERY
GO

RESTORE DATABASE test
FROM testBak02
GO
```

在对数据库实施差异还原前必须对数据库进行日志备份，否则会出现如图 13.16 所示的提示信息。

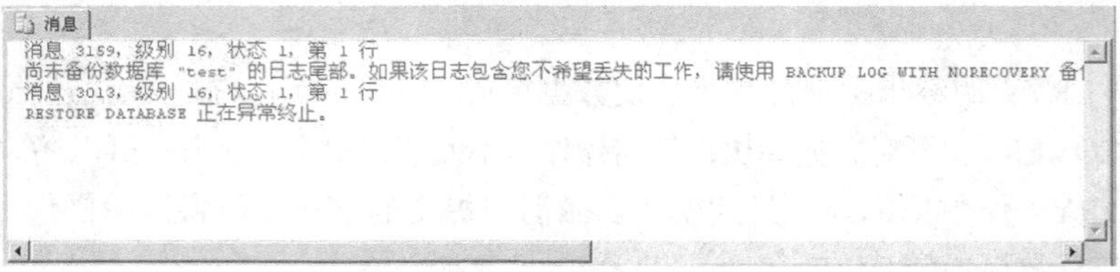

图 13.16　错误提示信息

（3）还原事务日志备份。

SQL Server 2008 中已经将事务日志备份看成和完整备份、差异备份一样的备份集，因此，还原事务日志备份也可以和还原差异备份一样，只要知道它在备份文件或备份设备里是第几个文件集即可。

与还原差异备份相同，还原事务日志备份必须要先还原在其之前的完整备份，除了最后一个还原操作，其他所有还原操作都必须要加上 NORECOVERY 或 STANDBY 参数。

【例 13.11】 设 "testBak01" 是 "test" 数据库的完整备份，"testBakLog" 为其日志备份，请用上述两个备份设备还原数据库 "test"。

```
USE master
GO
RESTORE DATABASE test
FROM testBak01 WITH NORECOVERY
GO
RESTORE LOG test
FROM testBakLog
GO
```

（4）还原文件和文件组备份。

还原文件和文件组备份也可以使用 RESTORE DATABASE 语句，但是必须要在数据库名与 FROM 之间加上 "FILE" 或 "FILEGROUP" 参数来指定要还原的文件或文件组。

【例 13.12】 用名为 "testBak01" 的备份设备，还原 "test" 数据库的文件和文件组，再用名为 "testBakLog" 的备份设备还原事务日志备份。

```
USE master
GO
RESTORE DATABASE test
```

```
FILEGROUP = 'PRIMARY'
FROM testBak01 with NORECOVERY;
GO
RESTORE LOG test
FROM testBakLog ;
GO
```

13.6　数据库的分离和附加

Microsoft SQL Server 2008 允许分离数据库，然后将其重新附加到另一台服务器，甚至同一台服务器上。分离数据库将从 SQL Server 删除数据库，但是不改变组成该数据库的数据和事务日志文件。然后这些数据和事务日志文件可以用来将数据库附加到任何 SQL Server 实例上，包括从中分离该数据库的服务器。这时数据库的使用状态与它分离时的状态完全相同。

不能分离系统数据库。

13.6.1　分离数据库

通过 SQL Server Management Studio 分离数据库的操作步骤如下：

（1）启动"SQL Server Management Studio"，在"对象资源管理器"窗口里展开"数据库"树型目录，鼠标右键单击"CJGL"数据库，在弹出的快捷菜单里选择"任务"，如图 13.17 所示。

图 13.17　鼠标右键单击"CJGL"数据库，选择"任务"

（2）单击"分离"菜单项，弹出如图 13.18 所示的"分离数据库"对话框。图中数据库"CJGL"的状态为就绪，表示可以分离。

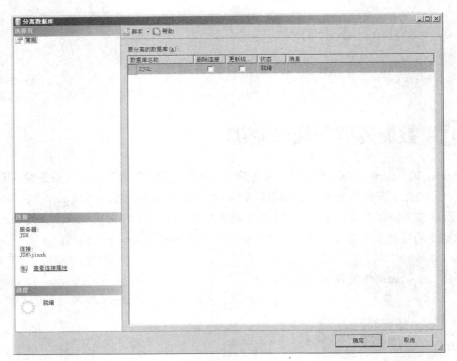

图 13.18　"分离数据库"对话框

（3）单击"确定"按钮，开始执行分离数据库操作。

通过程序方式分离数据库时，也可以使用存储过程 sp_detach_db 进行数据库的分离，语法格式如下：

```
sp_detach_db [ @dbname= ] 'database_name'
    [ , [ @skipchecks= ] 'skipchecks' ]
    [ , [ @keepfulltextindexfile = ] 'KeepFulltextIndexFile' ]
```

参数说明如下。

（1）database_name：要分离的数据库的名称。

（2）skipchecks：指定跳过还是运行 UPDATE STATISTIC，默认值为 NULL。若要跳过 UPDATE STATISTICS，请指定 true。若要显式运行 UPDATE STATISTICS，请指定 false。

（3）KeepFulltextIndexFile：指定在数据库分离操作过程中不会删除与所分离的数据库关联的全文索引文件，默认值为 true。如果 KeepFulltextIndexFile 为 false，则只要数据库不是只读的，就会删除与数据库关联的所有全文索引文件以及全文索引的元数据。如果为 NULL 或 true，则将保留与全文相关的元数据。

【例 13.13】　通过程序方式分离数据库"CJGL"。

```
USE master
GO
sp_detach_db @dbname='CJGL', @keepfulltextindexfile='true';
GO
```

13.6.2　附加数据库

通过 SQL Server Management Studio 附加数据库的操作步骤如下。

（1）启动 "SQL Server Management Studio"，展开 "对象资源管理器" 树型目录，鼠标右键单击 "数据库" 节点，如图 13.19 所示。

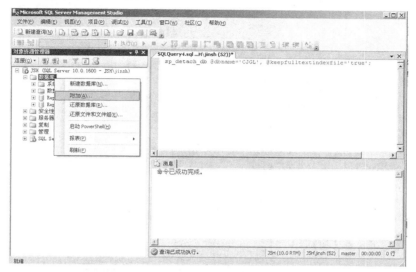

图 13.19　鼠标右键单击 "数据库" 节点

（2）单击 "附加" 菜单项，弹出如图 13.20 所示的 "附加数据库" 对话框。

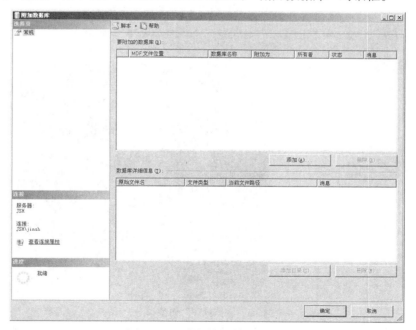

图 13.20　"附加数据库" 对话框

（3）单击 "添加" 按钮，弹出如图 13.21 所示的 "定位数据库文件" 对话框。

（4）选择要附加的数据库的 MDF 文件，选择 "CJGL.mdf"，然后单击 "确定" 按钮，返回 "附加数据库" 对话框。

（5）单击 "附加数据库" 对话框中的 "确定" 按钮，开始执行附加数据库操作。

附加完成后，刷新 "数据库" 节点，可以看到刚才附加的数据库，如图 13.22 所示。

图 13.21 "定位数据库文件"对话框

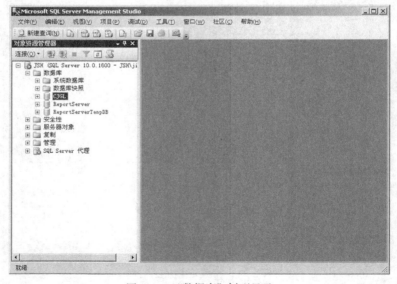

图 13.22 "数据库"树型目录

通过程序方式附加数据库时，也可以使用存储过程 sp_attach_db 进行数据库的附加，语法格式如下：

```
sp_attach_db [ @dbname= ] 'dbname'
    , [ @filename1= ] 'filename_n' [ ,...16 ]
```

参数说明如下。

（1）dbname：要附加到该服务器的数据库的名称。

（2）filename_n：数据库文件的物理名称，最多可以指定 16 个文件名。

【**例** 13.14】　通过程序方式附加数据库"CJGL"。

```
USE master
GO
sp_attach_db @dbname = 'CJGL',
@filename1 = 'C:\Program Files\Microsoft SQL Server\MSSQL10.MSSQLSERVER
\ MSSQL\Data\CJGL.mdf',
    @filename2 = 'C:\Program Files\Microsoft SQL Server\MSSQL10.MSSQLSERVER
\ MSSQL\Data\CJGL_log.ldf';
GO
```

不能分离或附加数据库快照。

本章小结

　　本章首先介绍了数据库备份的相关概念，然后重点讨论了数据库备份和还原的方法及步骤。最后介绍了如何通过程序或图形界面方式进行数据库的分离与附加。

习题

1. 简述 SQL Server 2008 中引起系统故障与数据损失的主要因素？
2. 创建一个名为"课程信息"的磁盘备份设备，然后删除该备份设备。
3. SQL Server 2008 有哪些备份数据库的方法？

本章实训

一、实训目的

1. 了解数据库备份的基本概念，理解数据库备份过程。
2. 掌握创建、使用和删除备份设备的方法。
3. 掌握数据库备份的步骤和方法。
4. 掌握数据库还原的步骤和方法。
5. 掌握数据库分离与附加的步骤和方法。

二、实训要求

1. 实训前做好上机实训的准备，针对实训内容，认真复习与本次实训有关的知识，完成实训内容的预习准备工作；

2. 能认真独立完成实训内容；

3. 实训后做好实训总结，根据实训情况完成总结报告。

三、实训学时

2 学时。

四、实训内容

新建数据库"testDB"，在数据库中新建一个数据表"XS"（学生表），表中的字段为：学号、姓名、性别、年龄、系别，以下实验均在此数据库基础上完成。

1. 创建备份设备"test1"、"test2"和"test3"。

2. 创建学生成绩数据库"testDB"的完全备份，备份到备份设备"test1"。

3. 在学生表中增加两条记录，然后对数据库进行差异备份，备份到备份设备"test2"。

4. 在数据库"testDB"中，创建一个新的数据表"Table01"，字段可以任意设定，然后对数据库"testDB"进行事务日志备份，备份到备份设备"test3"。

5. 删除数据库"testDB"，然后利用备份设备"test1"、"test2"和"test3"还原数据库"testDB"。

6. 删除备份设备"test3"。

7. 对学生成绩数据库"testDB"进行分离和附加操作。

五、实训思考题

1. 备份分为哪几种类型？

2. 确定备份计划应考虑哪些因素？

数据转换服务是 SQL Server 的重要组成部分。它们是数据库管理员维护数据库的重要工具。本章主要介绍数据的导入与导出。

14.1 DTS 概述

大多数机构都有数据的多种存储格式和多个存储位置。为了支持决策制定、改善系统性能或更新现有系统，数据经常必须从一个数据存储位置移动到另一个存储位置。

数据转换服务（Data Transformation Services，DTS）提供了一组工具，可以将数据从不同的源提取、转换和合并到一个或多个目标。使用 DTS 工具，可以创建专门适用于特殊需要的自定义数据移动解决方案，如下面的方案所示。

（1）已经在 SQL Server 或另一平台（如 Microsoft Access）的早期版本中部署了数据库应用程序。新版本的应用程序要求使用 SQL Server 2008，并且要求您更改数据库架构和转换一些数据类型。

要复制和转换数据，可以生成一个 DTS 解决方案，此解决方案将数据库对象从原始数据源复制到 SQL Server 2008 数据库中，同时重新映射列并更改数据类型。您可以使用 DTS 工具运行此解决方案，也可以将此解决方案嵌入到应用程序中。

（2）必须将一些关键的 Microsoft Excel 电子表格合并到 SQL Server 数据库中。一些部门会在月末创建电子表格，但是不会对所有电子表格的完成设置计划。

要合并电子表格数据，可以生成一个在某个消息发送到消息队列时运行的 DTS 解决方案。此消息触发 DTS 从电子表格提取数据，执行任何已定义的转换，以及将数据加载到 SQL Server 数据库中。

（3）数据仓库包含有关业务运行的历史数据，可以使用 Microsoft SQL Server 2008 Analysis Service 汇总这些数据。数据仓库需要每晚从联机事务处理（OLTP）数据库进行更新。OLTP 系统一天 24 小时运行，性能要求很严格。

由此，可以生成一个 DTS 解决方案。此解决方案使用文件传输协议（FTP）将数据文件移动到本地驱动器上，将数据加载到事实数据表中，然后使用 Analysis Service 聚合这些数据。可以将这个 DTS 解决方案计划为每晚运行，还可以使用新的 DTS 日志记录选项跟踪此过程占用的时间，以便于随着时间的推移对性能进行分析。

DTS 是一组可用来在一个或多个数据源（如 Microsoft SQL Server、Microsoft Excel 或 Microsoft Access）之间导入、导出和转换异类数据的工具。连接是通过 OLE DB（一种数据访问开放标准）提供的。ODBC（开放式数据库连接）数据源则是通过用于 ODBC 的 OLE DB 提供程序支持的。

可以将 DTS 解决方案创建为一个或多个包。每个包都可能包含一组用来定义要执行工作的经过组织的任务、对数据和对象的转换、用来定义任务执行的工作流约束以及与数据源和目标的连接。DTS 包还提供了一些服务，例如记录包执行详细信息、控制事务和处理全局变量。

SQL Server 2008 提供了一个数据导入与导出工具，这是一个向导程序，用于在不同的 SQL Server 服务器之间，以及 SQL Server 与其他类型的数据库（如 Access、Foxpro 等）或数据文件（如文本文件等）之间进行数据交换。下面将介绍如何利用数据导入与导出工具实现 SQL Server 2008 与 Access 数据库的数据交换。

14.2 数据导出

将一个 SQL Server 数据库中的数据导出到一个 Access 数据库时，后者必须是一个已经存在的数据库。在执行导出操作之前，首先在 Access 中建立一个文件名为"学生成绩.mdb"的空白数据库，以便接收来自 SQL Server 数据库中的数据。

导出数据的操作步骤如下。

（1）启动" SQL Server Management Studio"，在"对象资源管理器"窗口里展开"数据库"树型目录，鼠标右键单击"CJGL"数据库，在弹出的快捷菜单里选择"任务"，选择"导出数据"菜单项，如图 14.1 所示。

（2）单击"导出数据"菜单项，弹出如图 14.2 所示的"SQL Server 导入和导出向导"欢迎界面。

（3）单击图 14.2 中的"下一步"按钮，弹出如图 14.3 所示的"选择数据源"对话框。

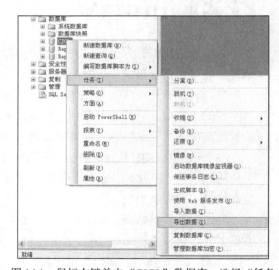

图 14.1   鼠标右键单击"CJGL"数据库，选择"任务

在"数据源"下拉列表框中选择"Microsoft OLE DB Provider for SQL Server"。

在"服务器"框中选择或输入服务器的名称。

"服务器的登录方式"可以选择使用 Windows 身份验证模式，也可以选择使用 SQL Server 身份验证模式。如果选择了后一种方式，还需要在"用户名"文本框中输入登录时使用的用户账户名称，然后在"密码"文本框中输入登录密码。

（4）单击图 14.3 所示的"下一步"按钮，弹出如图 14.4 所示的"选择目标"对话框。

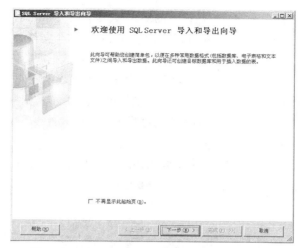

图 14.2　"SQL Server 导入和导出向导"欢迎界面

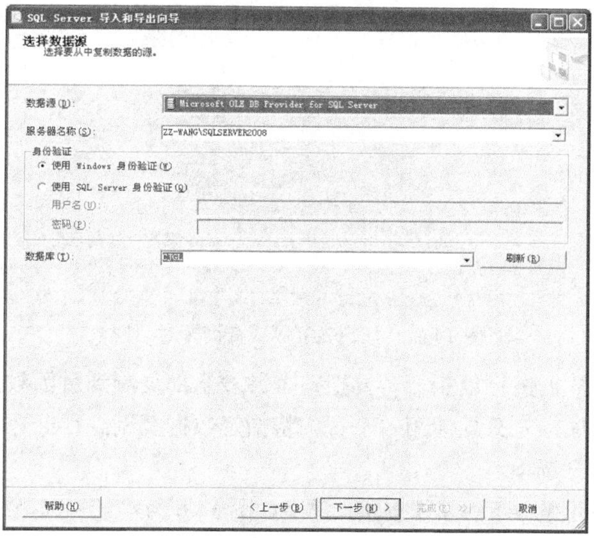

图 14.3　"选择数据源"对话框

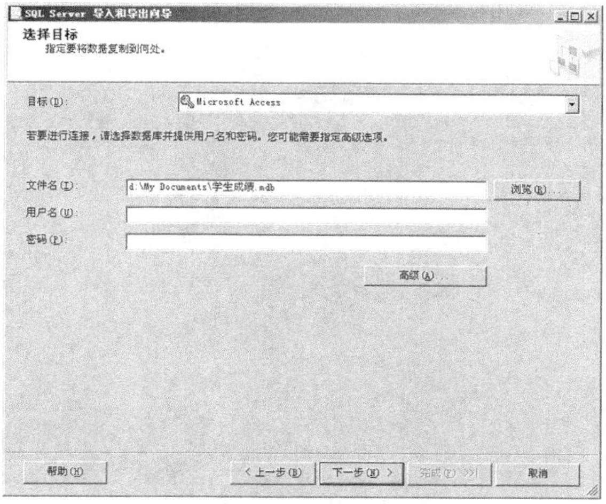

图 14.4　"选择目标"对话框

在"目标"下拉列表框中选择目标数据库的格式。

在"文件名"文本框中输入目标数据库的文件名和路径（这个文件必须已经存在），也可以单击文本框右边的"浏览"按钮，然后从磁盘上选择一个 Access 数据库，使其文件名和路径出现在此文本框中。在本例中，所选的 Access 数据库文件名为"学生成绩.mdb"。

如果需要登录到目标数据库，那么分别在"用户名"和"密码"文本框中输入登录用户名和密码。

如果需要对目标数据库 OLE DB 驱动程序的进程选项进行设置，单击"高级"按钮，然后在"高级连接属性"对话框中设置有关选项。

（5）单击图 14.4 所示的"下一步"按钮，弹出如图 14.5 所示的"指定表复制或查询"对话框。

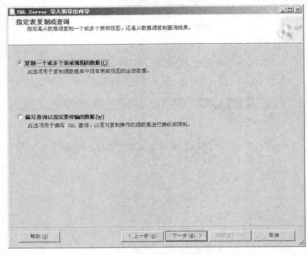

图 14.5 "指定表复制或查询"对话框

选择整个表或部分数据进行复制。若要把整个源表全部复制到目标数据库中，选择"从源数据库复制表和视图"选项；若只想使用一个查询将指定数据复制到目标数据库中，选择"用一条查询指定要传输的数据"选项。

（6）单击图 14.5 所示的"下一步"按钮，弹出如图 14.6 所示的"选择源表和源视图"对话框。

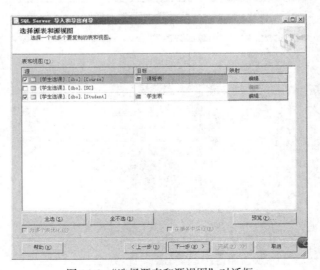

图 14.6 "选择源表和源视图"对话框

　　选择源表。在图 14.6 中列出了源数据库中包含的表，可以从中选择一个或多个表作为源表，为此在"源"列中选定相应的复选框即可。选择一个源表以后，就会在"目标"列中显示出目标表的名称，默认与源表名称相同，也可以更改为其他名称。

（7）单击图 14.6 所示的"下一步"按钮，弹出如图 14.7 所示的"保存并执行包"对话框，选中"立即执行"复选框。

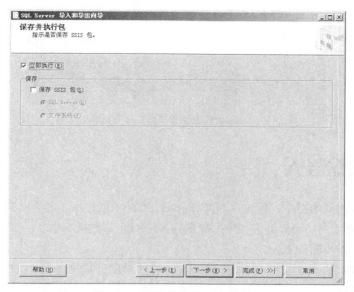

图 14.7　"保存并执行包"对话框

（8）单击图 14.7 所示的"下一步"按钮，弹出如图 14.8 所示的"完成该向导"对话框。

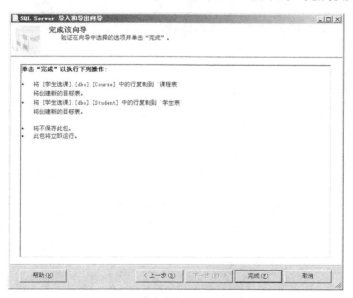

图 14.8　"完成该向导"对话框

（9）单击图 14.8 所示的"完成"按钮，开始执行数据导出操作。

　　通过以上操作，SQL Server 数据库中的源表被导入 Access 目标数据库中。在 Access 中打开目标数据库，便可以查看这些表，如图 14.9 所示。

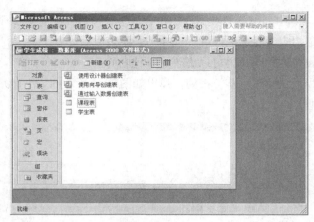

图 14.9　在 Access 中查看导入目标数据库中的表

14.3　数据导入

为了说明导入数据的操作，首先在 SQL Server 2008 中创建一个名为"Sales"的数据库，然后将 Access 数据库"商品销售管理"中的数据导入"Sales"数据库中。

导入数据的操作步骤如下。

（1）启动"SQL Server Management Studio"，在"对象资源管理器"窗口里展开"数据库"树型目录，鼠标右键单击"Sales"数据库，选中"任务"菜单项，在弹出的快捷菜单里单击"导入数据"，弹出如图 14.2 所示的"SQL Server 导入和导出向导"欢迎界面。

（2）单击图 14.2 中的"下一步"按钮，弹出如图 14.10 所示的"选择数据源"对话框。

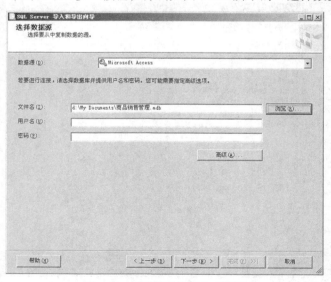

图 14.10　"选择数据源"对话框

在"数据源"下拉列表框中选择"Microsoft Access"。

在"文件名"文本框中输入源数据库的文件名和路径，本例的文件名和路径"d:\My Documents\商品销售管理.mdb"。

如果要登录到源数据库，分别在"用户名"和"密码"文本框中输入登录用户名和所用密码。

（3）单击图 14.10 所示的"下一步"按钮，弹出如图 14.11 所示的"选择目标"对话框。

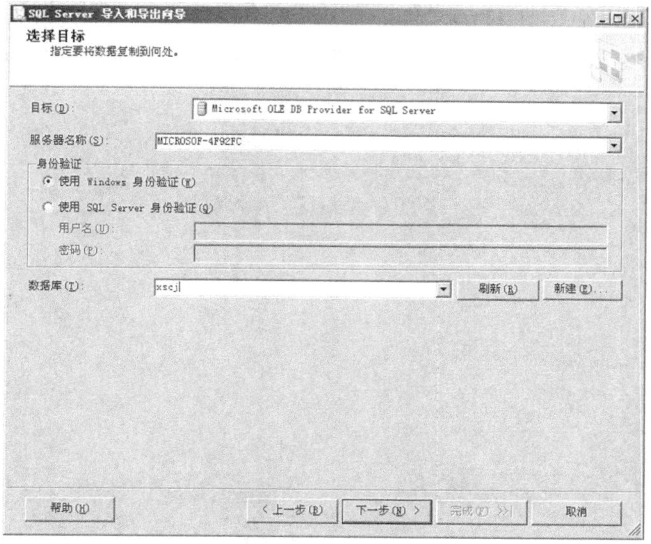

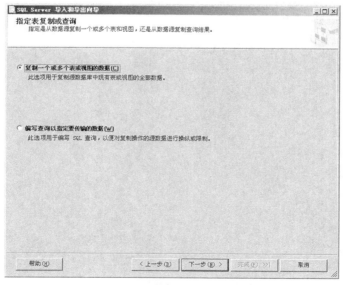

图 14.11　"选择目标"对话框

在"目标"下拉列表框中选择"Microsoft OLE DB Provider for SQL Server"。

在"服务器"框中选择或输入服务器的名称。

"服务器的登录方式"可以选择使用 Windows 身份验证模式，也可以选择使用 SQL Server 身份验证模式。如果选择了后一种方式，还需要在"用户名"文本框中输入登录时使用的用户登录名，然后在"密码"文本框中输入登录密码。

（4）单击图 14.11 所示的"下一步"按钮，弹出如图 14.12 所示的"指定表复制或查询"对话框。

图 14.12　"指定表复制或查询"对话框

选择整个表或部分数据进行复制。若要把整个源表全部复制到目标数据库中，选择"从源数据库复制表和视图"选项；若只想使用一个查询将指定数据复制到目标数据库中，选择"用一条查询指定要传输的数据"选项。

（5）单击图 14.12 中的"下一步"按钮，弹出如图 14.13 所示的"选择源表和源视图"对话框。

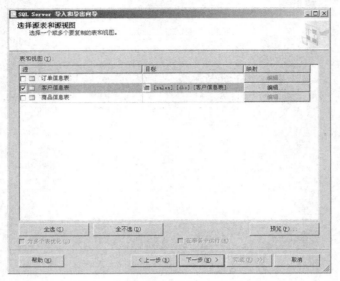

图 14.13　"选择源表和源视图"对话框

选择源表。在图 14.13 中列出了源数据库中所包含的表，可以从中选择一个或多个表作为源表，在"源"列中选定相应的复选框即可。选择一个源表以后，就会在"目标"列中显示出目标表的名称，默认与源表名称相同，但也可以更改为其他名称。

（6）单击图 14.13 中的"下一步"按钮，弹出如图 14.14 所示的"保存并执行包"对话框，选中"立即执行"复选框。

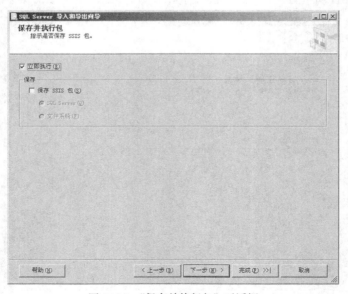

图 14.14　"保存并执行包"对话框

（7）单击图 14.14 所示的"下一步"按钮，弹出如图 14.15 所示的"完成该向导"对话框。

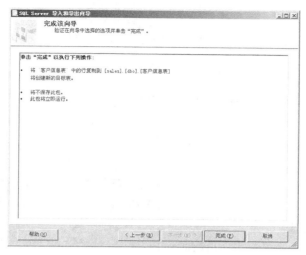

图 14.15　"完成该向导"对话框

（8）单击图 14.15 所示的"完成"按钮，开始执行数据导出操作。

通过以上操作，Access 数据库中的源表被导入 SQL Server 目标数据库中。

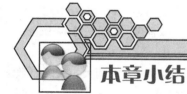

本章小结

本章首先介绍了数据转换服务的基本概念，然后通过一个实例介绍了在 SQL Server 和 Access 之间数据的导入和导出的方法。

习题

1. 简述 DTS 的作用。
2. 数据导入和导出的含义是什么？

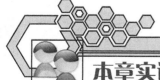

本章实训

一、实训目的

掌握数据导入和导出的步骤和方法。

二、实训要求

1. 实训前做好上机实训的准备，针对实训内容，认真复习与本次实训有关的知识，完成实训内容的预习准备工作。

2. 能认真独立完成实训内容。

3. 实训后做好实训总结，根据实训情况完成总结报告。

三、实训学时

2 学时。

四、实训内容

现有学生成绩数据库"XSCJDB"，包括学生表"XS"（学号、姓名、性别、年龄、系别）、课程表"KC"（课程号、课程名、学分数、学时数）和成绩表"CJ"（学号、课程号、成绩），以下实验均在此数据库上完成。

1. 使用 DTS 向导从源数据表导出数据至 Excel 表。将学生表"XS"中的信息转换成 Excel 表"Student_Excel.xls"。

2. 使用 DTS 向导将 Excel 表"Student_Excel.xls"导入数据库。

3. 使用 DTS 向导用一条查询语句指定导出数据至 txt 格式的文件。将课程表"KC"中的信息转换成 txt 格式的文本文件。

4. 使用 DTS 向导从源数据表导出数据至 Microsoft Access 数据表。将数据库"XSCJDB"中的下列信息转换成 Microsoft Access 数据表：学号 Sno、学生名 Sname、课程名 Cname、成绩 Score。

五、实训思考题

bcp 实用工具可以在 Microsoft SQL Server 实例和用户指定格式的数据文件间大容量复制数据。使用 bcp 实用工具可以将大量新行导入 SQL Server 表，或将表数据导入数据文件。请查阅相关资料，试着用 bcp 实现上述的数据导入和导出。

SQL Server 2008 数据库的安全性和完整性管理

对企业或组织来说，数据的泄漏或篡改将导致公司利益的损失，数据库的安全性问题因此而提出。数据库中的数据是从外界输入的，而数据的输入由于种种原因会发生输入无效或错误信息，数据库的完整性约束应运而生。因此数据库的安全性和完整性是数据库管理员首要考虑的问题。

15.1 数据库的安全性

SQL Server 的安全性管理是建立在认证（authentication）和访问许可（permission）这两种机制上的。认证是指确定登录 SQL Server 的用户的登录账号和密码是否正确，以此来验证其是否具有连接 SQL Server 的权限。但是，通过认证并不代表能够访问 SQL Server 中的数据。用户只有在获取访问数据库权限之后，才能够对服务器上的数据库进行权限许可下的各种操作。用户访问数据库权限的设置是通过用户账号来实现的。角色简化了安全性管理。所以在 SQL Server 的安全模型中包括以下几部分：

- SQL Server 身份验证；
- 登录账户；
- 数据库用户；
- 角色；
- 权限。

15.1.1 身份验证简介

SQL Server 支持两种模式的身份验证：Windows 验证模式、SQL Server 和 Windows 混合验证模式。

Windows 验证模式比起 SQL Server 验证模式来有许多优点。Windows 身份验证比 SQL Server 身份验证更加安全；使用 Windows 身份验证的登录账户更易于管理；用户只需登录 Windows 之后就可以使用 SQL Server，只需要登录一次。

在混合验证模式下，Windows 验证和 SQL Server 验证这两种验证模式都是可用的。对于 SQL Server 验证模式，用户在连接 SQL Server 时必须提供登录名和登录密码。

15.1.2　验证模式的修改

当安装 SQL Server 时，可以选择 SQL Server 的身份验证类型。安装完成之后也可以修改认证模式。修改步骤如下。

（1）打开 SQL Server Management Studio。

（2）在要更改的服务器上用鼠标右键单击，在快捷菜单中选择"属性"，弹出"服务器属性"对话框。

（3）单击左侧列表中的"安全性"项，出现"安全性"页面，如图 15.1 所示。在图中修改身份验证。

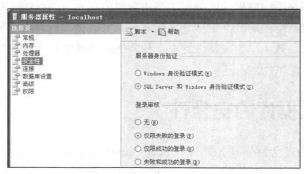

图 15.1　身份验证

15.2　管理服务器登录

15.2.1　使用 Management Studio 管理登录账户

1. 创建 Windows 登录账户

（1）在"对象资源管理器"中，单击树型目录中的"安全性"节点，如图 15.2 所示。

（2）鼠标右键单击"安全性"的子节点"登录名"，在快捷菜单中选择"新建登录名…"，出现"登录名—新建"对话框，如图 15.3 所示。

（3）在"登录名"编辑框中输入登录名称，输入的登录名必须是已存在的 Windows 登录用户。可以单击"搜索…"按钮，出现"选择用户或组"对话框，如图 15.4 所示。在"输入要选择的对象名称"编辑框中输入用户或组的名称，单击"检查名称"按钮检查对象是否存在。输入完成，单击"确定"按钮，关闭选择用户或组对话框。

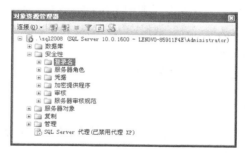

图 15.2　服务器安全性

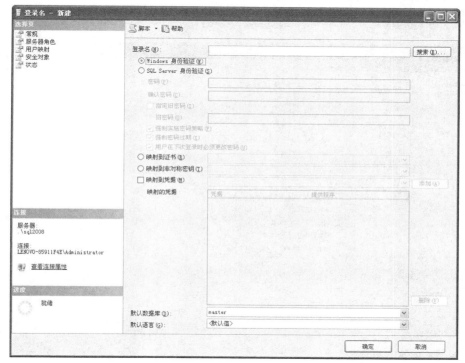

图 15.3　"登录名—新建"对话框

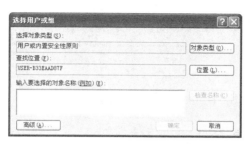

图 15.4　"选择用户或组"对话框

（4）确认选择的是"Windows 身份验证"。指定账户登录的默认数据库。

（5）单击窗口左侧列表中的"服务器角色"节点，指定账户所属服务器角色。

（6）单击窗口左侧列表中的"用户映射"节点，右侧出现用户映射页面。可以查看或修改 SQL 登录账户到数据库用户的映射。选择此登录账户可以访问的数据库，对具体的数据库，指定要映射到登录名的数据库用户（默认情况下，数据库用户名与登录名相同）。指定用户的默认架构，首次创建用户时，其默认架构是 dbo。

（7）设置完成单击"确定"按钮提交更改。

2. 创建 SQL Server 登录账户

一个 SQL Server 登录账户名是一个新的登录账户，该账户和 Windows 操作系统的登录账户没有关系。

（1）打开新建登录名对话框，选择"SQL Server 身份验证"，输入登录名、密码和确认密码，并选择缺省数据库，如图 15.5 所示。

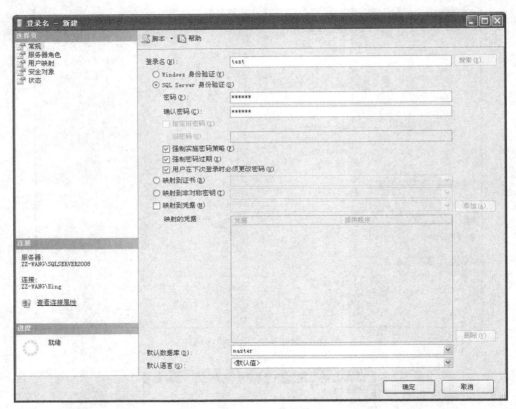

图 15.5　SQL Server 身份验证

（2）设置服务器角色和用户映射，请参考"创建 Windows 登录账户"的步骤 5 和步骤 6。

3. 登录账户管理

创建登录账户之后，在图 15.2 所示服务器安全性展开登录名节点上，鼠标右键单击相应的账户，出现快捷菜单，如图 15.6 所示，如果要修改该登录账户，选择"属性"菜单；如要删除该登录账户，则选择"删除"菜单。

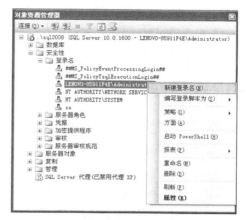

图 15.6　管理登录账户

15.2.2　使用 Transact-SQL 管理登录账户

在 Transact-SQL 中，管理登录账户的 SQL 语句有：CREATE LOGIN、DROP LOGIN、ALTER LOGIN。下面简要说明如何使用 T-SQL 来创建和维护登录账户。

1.　新建登录账户 CREATE LOGIN

其语法格式为

```
CREATE LOGIN login_name { WITH <option_list1> | FROM <sources> }
```

【例 15.1】 创建带密码的登录名 "test"。MUST_CHANGE 选项要求用户首次连接服务器时更改此密码。

```
CREATE LOGIN test WITH PASSWORD = '2<6aK'  MUST_CHANGE
```

【例 15.2】 从 Windows 域账户创建 [Development\iewangjf] 登录名。

```
CREATE LOGIN [Development\iewangjf] FROM Windows
```

2.　删除登录账户 DROP LOGIN

其语法格式为

```
DROP LOGIN login_name
```

【例 15.3】 删除登录账户 "test"。

```
DROP LOGIN test
```

3.　更改登录账户 ALTER LOGIN

其语法格式为

```
ALTER LOGIN login_name
   {
   <status_option>  | WITH <set_option> [ ,... ]
   } <status_option> ::= ENABLE | DISABLE
```

【例 15.4】 启用禁用的登录。

```
ALTER LOGIN test ENABLE;
```

【例 15.5】 将 "test" 登录密码更改为 <123www456>。

```
ALTER LOGIN test WITH PASSWORD = '<123www456>'
```

【例 15.6】 将登录名 "test" 更改为 "iewangjf"。

```
ALTER LOGIN test WITH NAME = iewangjf
```

15.3 角色和用户管理

15.3.1 角色管理简介

角色等价于 Windows 的工作组，将登录名或用户赋予一个角色，角色具有权限，登录名或用户作为角色成员，从而继承了所属角色的权限，如图 15.7 所示。

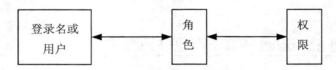

图 15.7 基于角色的访问控制

只需给角色指定权限，然后将登录名或用户指定为某个角色，而不必给每个登录名或用户指定权限，这样给实际工作带来了很大的便利。

在 SQL Server 中角色分为服务器角色和数据库角色。而数据库角色又分为固有数据库角色、用户自定义数据库角色和应用程序角色。

1. 服务器角色

服务器角色内建于 SQL Server，其权限无法更改，每一个角色拥有一定级别的数据库管理职能，如图 15.8 所示。

服务器角色包括以下几种。

- bulkadmin：可以运行 BULK INSERT 语句。
- dbcreator：可以创建、更改、删除和还原任何数据库。
- diskadmin：管理磁盘文件。
- processadmin：可以终止 SQL Server 实例中运行的进程。
- securityadmin：管理登录名及其属性。这类角色可以 GRANT、DENY 和 REVOKE 服务器级和数据库级权限，可以重置 SQL Server 登录名的密码。
- serveradmin：可以更改服务器范围的配置选项和关闭服务器。
- setupadmin：添加和删除链接服务器，并且也可以执行某些系统存储过程。
- sysadmin：可以在服务器中执行任何活动。

2. 固有数据库角色

固有数据库角色是指这些角色的数据库权限已被 SQL Server 预定义，不能对其权限进行任何修改，并且这些角色存在于每个数据库中，如图 15.9 所示。

固有数据库角色包括以下几种。

图 15.8　服务器角色

图 15.9　固有数据库角色

- db_accessadmin：可以为 Windows 登录账户、Windows 组和 SQL Server 登录账户添加或删除访问权限。
- db_backupoperator：可以备份该数据库。
- db_datareader：可以读取所有用户表中的所有数据。
- db_datawriter：可以在所有用户表中添加、删除或更改数据。
- db_ddladmin：可以在数据库中运行任何数据定义语言（DDL）命令。
- db_denydatareader：不能读取数据库内用户表中的任何数据。
- db_denydatawriter：不能添加、修改或删除数据库内用户表中的任何数据。
- db_owner：可以执行数据库的所有配置和维护活动。
- db_securityadmin：可以修改角色成员身份和管理权限。
- public：当添加一个数据库用户时，它自动成为该角色成员，该角色不能删除，指定给该角色的权限自动给予所有数据库用户。

db_owner 和 db_securityadmin 角色的成员可以管理固有数据库角色成员身份；但是，只有 db_owner 数据库的成员可以向 db_owner 固有数据库角色中添加成员。

3. 用户自定义数据库角色

当打算为某些数据库用户设置相同的权限，但是这些权限不等同于预定义的数据库角色所具有的权限时，就可以定义新的数据库角色来满足这一要求，从而使这些用户能够在数据库中实现某些特定功能。用户自定义数据库角色包含以下两种类型。

- 标准角色：为完成某项任务而指定的具有某些权限和数据库用户的角色。
- 应用角色：与标准角色不同的是，应用角色默认情况下不包含任何成员，而且是非活动的。将权限赋予应用角色，然后将逻辑加入到某一特定的应用程序中，从而激活应用角色而实现了对应用程序存取数据的可控性。

15.3.2　角色的管理

1. 使用 Management Studio 管理角色

（1）为服务器角色添加登录账户，执行如下步骤。

① 在图 15.8 中展开服务器角色节点。在需要添加用户的角色上单击鼠标右键，选择"属性"菜单，弹出"属性"对话框。

② 单击"添加"按钮，则弹出"选择登录名"对话框，如图 15.10 所示。

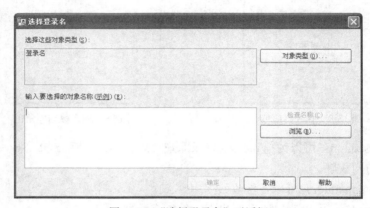

图 15.10　"选择登录名"对话框

③ 单击"浏览"按钮，则弹出"查找对象"对话框，如图 15.11 所示。

图 15.11　"查找对象"对话框

④ 选中需要添加的对象。

⑤ 单击每个对话框中的"确定"按钮关闭对话框。

（2）为固有数据库角色添加成员。鼠标右键单击想要添加成员的固有服务器角色节点，其余步骤与（1）类似。

（3）创建用户自定义角色，执行如下步骤。

① 展开要创建数据库节点，直到看到"数据库角色"节点，鼠标右键单击"数据库角色"，

选择"新建数据库角色",出现"数据库角色—新建"对话框,如图 15.12 所示。

图 15.12　"新建数据库角色"对话框

② 在"角色名称"编辑框中填入角色名称,在所有者编辑框中填入该角色的所有者。

③ 指定角色拥有的框架名称。单击"添加"按钮添加角色成员,则弹出"选择数据库用户或角色"对话框,如图 15.13 所示。

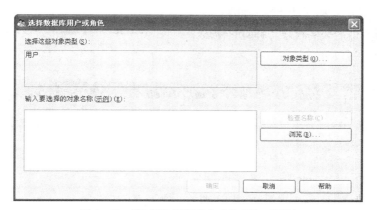

图 15.13　"选择数据库用户或角色"对话框

④ 输入用户(如果需要,单击"浏览"按钮),单击"确定"按钮添加用户到角色。

⑤ 单击图 15.12 左侧选择页中的"安全对象",则右侧"安全对象"页面,如图 15.14 所示。在此可以设置角色访问数据库的资源。

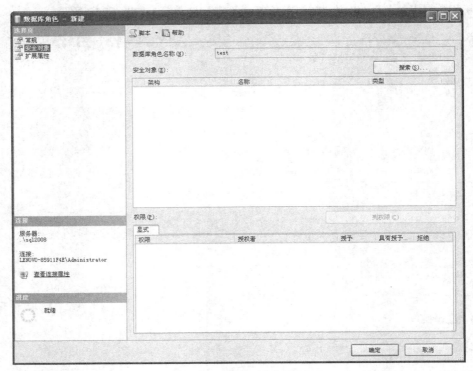

图 15.14 "安全对象"页面

⑥ 单击"安全对象"中"搜索"按钮，弹出"添加对象"对话框，如图 15.15 所示。

⑦ 选择对象类型，如选择"特定类型的所有对象"，则弹出"选择对象类型"对话框，如图 15.16 所示。

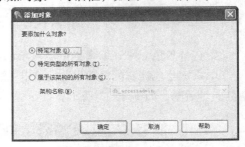

图 15.15 "添加对象"对话框

⑧ 在如图 15.16 所示的对话框中选择需要设置权限的对象类型，如选择表，单击"确定"按钮关闭，则显示所有表的权限设置，如图 15.17 所示。可以设置具体的表的权限。针对具体表，还可以设计对应的列权限。

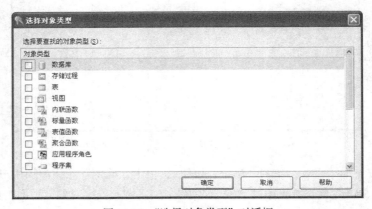

图 15.16 "选择对象类型"对话框

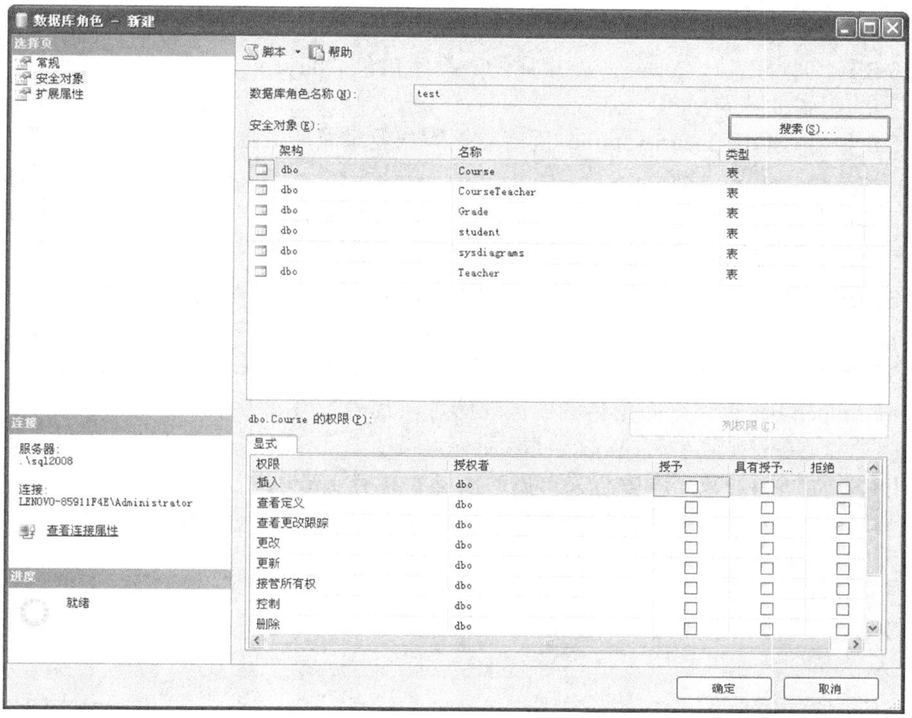

图 15.17　安全对象权限设置

⑨ 单击"确定"按钮完成角色的添加。

2. 使用 Transact-SQL 语句管理角色

对于服务器角色来说，其成员为登录账号，对于数据库角色来说，其成员为数据库用户、数据库角色、Windows 登录或 Windows 组。

（1）管理服务器角色。在 SQL Server 中管理服务器角色的存储过程主要有两个：sp_addsrvrolemember 和 sp_dropsrvrrolemember。

sp_addsrvrolemember 是添加登录账户到服务器角色内，使其成为该角色的成员。

其语法格式为

```
sp_addsrvrolemember [@loginame =] 'login' [@rolename =] 'role'
```

sp_dropsrvrolemember 用来在某一服务器角色中删除登录账号，当该成员从服务器角色中被删除后，便不再具有该服务器角色所设置的权限。

其语法格式为

```
sp_dropsrvrolemember [@loginame =] 'login' [@rolename =] 'role'
```

【例 15.7】　将登录账户"iewangjf"加入 sysadmin 角色中。

```
sp_addsrvrolemember 'iewangjf' 'sysadmin'
```

（2）管理数据库角色。管理数据库角色的语句有：CREATE ROLE，DROP ROLE，ALTER ROLE。

CREATE ROLE 用来新建数据库角色，其语法格式为

```
CREATE ROLE role_name [ AUTHORIZATION owner_name ]
```

其中 AUTHORIZATION owner_name 表示将拥有新角色的数据库用户或角色。如果未指定用

户，则执行 CREATE ROLE 的用户将拥有该角色。

【例 15.8】 创建用户"iewangjf"隶属的数据库角色"buyers"。

```
CREATE ROLE buyers AUTHORIZATION iewangjf
```

【例 15.9】 创建 db_securityadmin 固有数据库角色隶属的数据库角色"auditors"。

```
CREATE ROLE auditors AUTHORIZATION db_securityadmin
```

管理角色成员的存储过程有：sp_addrolemember，sp_droprolemember，这两个存储过程和添加删除服务器角色的存储过程用法类似。

【例 15.10】 将数据库用户"iewangjf"添加到当前数据库的"Sales"数据库角色中。

```
sp_addrolemember 'Sales', 'iewangjf'
```

（3）查看角色信息。查看角色信息的存储过程有 sp_helprolemember、sp_helprole。

sp_helprolemember 返回某个角色的成员的信息。其语法格式为

```
sp_helprolemember [ [ @rolename = ] 'role' ]
```

sp_helprole 返回当前数据库中有关角色的信息。其语法格式为

```
sp_helprole [ [ @rolename = ] 'role' ]
```

【例 15.11】 显示 Sales 角色的成员。

```
sp_helprolemember 'Sales'
```

【例 15.12】 返回当前数据库中的所有角色。

```
sp_helprole
```

15.3.3　用户管理简介

用户对数据的访问权限以及对数据库对象的所有关系都是通过用户账号来控制的，用户账号总是基于数据库的，即两个不同数据库中可以有两个相同的用户账号。

在数据库中，用户账号与登录账号是两个不同的概念，一个合法的登录账号只表明该账号通过了 Windows 认证或 SQL Server 认证，但不能表明其可以对数据库数据和数据对象进行某种操作。

通常而言，数据库用户账号总是与某一登录账号相关联。但有一个例外，那就是 guest 用户。用户通过 Windows 认证或 SQL Server 认证而成功登录到 SQL Server 之后的过程如下。

（1）检查该登录用户是否有合法的用户名，如果有合法用户名，则允许其以用户名访问数据库，否则执行步骤 2。

（2）SQL Server 检查是否有 guest 用户，如果有，则允许登录用户以 guest 用户来访问数据库，如果没有，则该登录用户被拒绝。

由此可见，guest 用户主要是作为那些没有属于自己的用户账号的 SQL Server 登录者的缺省用户名，从而使该登录者能够访问具有 guest 用户的数据库。

15.3.4　用户的管理

1．使用 Management Studio 管理用户

（1）在 Management Studio 对象资源管理器中，扩展指定的数据库节点，直到看到用户节点，如图 15.18 所示。

（2）鼠标右键单击用户子节点，在弹出菜单中选择"新建用户…"，弹出"新建数据库用户"对话框，如图 15.19 所示。在用户名编辑框中输入用户名。

（3）在登录名编辑框中输入登录名或单击"…"按钮，弹出"选择登录名"对话框，如图 15.10 所示。输入登录名或单击"浏览"按钮。如单击"浏览"按钮，则出现"查找对象"对话框，如图 15.11 所示。

（4）选中想添加的登录名，单击"确定"按钮关闭对话框。

（5）选择该用户登录的默认架构和所属角色，最后关闭"新建数据库用户"对话框。

图 15.18　数据库用户

图 15.19　"新建数据库用户"对话框

2. 使用 Transact-SQL 管理用户

使用 Transact-SQL 管理用户的语句有 CREATE USER，DROP USER，ALTER USER。

（1）创建用户：CREATE USER。

CREATE USER 语法格式为

```
CREATE USER user_name    [ { { FOR | FROM }
{
```

```
    LOGIN login_name
    | CERTIFICATE cert_name
    | ASYMMETRIC KEY asym_key_name
} | WITHOUT LOGIN
] [ WITH DEFAULT_SCHEMA = schema_name ]
```

各参数简要说明如下。

- user_name：指定在此数据库中用于识别该用户的名称。
- LOGIN login_name：指定要创建数据库用户的 SQL Server 登录名。login_name 必须是服务器中有效的登录名。如果忽略 FOR LOGIN，则新的数据库用户将映射到同名的 SQL Server 登录名。
- 如果未定义 DEFAULT_SCHEMA，则数据库用户将使用 dbo 作为默认架构。

【例 15.13】 首先创建名为"Teacher"且具有密码的服务器登录名，然后在数据库"TEACH"中创建对应的数据库用户"WangWei"。

```
CREATE LOGIN Teacher WITH PASSWORD = '270<tea>39';
USE TEACH
CREATE USER WangWei
```

【例 15.14】 创建具有默认架构"Teaching"的对应数据库用户"WangWei"。

```
CREATE USER WangWei FOR LOGIN Teacher
    WITH DEFAULT_SCHEMA = Teaching
```

（2）更改用户名或更改其登录的默认架构 ALTER USER。

其语法格式为

```
ALTER USER user_name  WITH <set_item> [ ,...n ]
<set_item> ::=  NAME = new_user_name
        | DEFAULT_SCHEMA = schema_name
```

【例 15.15】 更改数据库用户的名称。

ALTER USER WangWei WITH NAME = Wangjf

【例 15.16】 更改用户的默认架构。

```
ALTER USER WangWei WITH DEFAULT_SCHEMA = Admining
```

（3）删除用户：DROP USER。

其语法格式为

```
DROP USER user_name
```

【例 15.17】 删除用户"WangWei"。

```
DROP USER WangWei
```

15.4 SQL Server 2008 权限

权限管理指将安全对象的权限授予主体，取消或禁止主体对安全对象的权限。SQL Server 通过验证主体是否已获得适当的权限来控制主体对安全对象执行的操作。

1. 主体

"主体"是可以请求 SQL Server 资源的个体、组和过程。主体分类如表 15.1 所示。

表 15.1　　　　　　　　　　　　　　　　　　　　　　　主体分类

主　　体	内　　容
Windows 级别的主体	Windows 域登录名、Windows 本地登录名
SQL Server 级别的主体	SQL Server 登录名
数据库级别的主体	数据库用户、数据库角色、应用程序角色

2. 安全对象

安全对象是 SQL Server Database Engine 授权系统控制对其进行访问的资源。每个 SQL Server 安全对象都有可能授予主体的关联权限，如表 15.2 所示。

表 15.2　　　　　　　　　　　　　　　　　　　　　　　安全对象内容

安 全 对 象	内　　容
服务器	端点、登录账户、数据库
数据库	用户、角色、应用程序角色、程序集、消息类型、路由、服务、远程服务绑定、全文目录、证书、非对称密钥、对称密钥、约定、架构
架构	类型、XML 架构集合、对象
对象	聚合、约束、函数、过程、队列、统计信息、同义词、表、视图

3. 架　构

架构是形成单个命名空间的数据库实体的集合。命名空间是一个集合，其中每个元素的名称都是唯一的。在 SQL Server 2008 中，架构独立于创建它们的数据库用户而存在。可以在不更改架构名称的情况下转让架构的所有权，这是与 SQL Server 2000 不同的地方。

完全限定的对象名称包含 4 部分：server.database.schema.object。

SQL Server 2008 还引入了"默认架构"的概念，用于解析未使用其完全限定名称引用的对象的名称。在 SQL Server 2008 中，每个用户都有一个默认架构，用于指定服务器在解析对象的名称时将要搜索的第一个架构。可以使用 CREATE USER 和 ALTER USER 的 DEFAULT_ SCHEMA 选项设置和更改默认架构。如果未定义默认架构，则数据库用户将把 DBO 作为其默认架构。

【例 15.18】下面代码创建了用户 "Jane"，默认架构为 "Sales"，并设置其拥有数据库 "db_ddladmin" 角色。

```
USE AdventureWorks
CREATE USER Jane FOR LOGIN Jane
WITH DEFAULT_SCHEMA = Sales;
EXEC sp_addrolemember 'db_ddladmin', 'Jane';
```

这样 "Jane" 所做的任何操作默认发生在 "Sales" 架构上，她所创建的对象默认属于 "Sales" 架构，所引用的对象默认在 "Sales" 架构上。当她执行以下语句时：

```
CREATE PROCEDURE usp_GetCustomers
AS
SELECT * FROM Customer
```

该存储过程创建在 "Sales" 架构上，其他用户引用它时需要使用 "Sales.usp_GetCustomers"。

4. 权限

在 SQL Server 2008 中，能够授予的安全对象和权限的组合有 181 种，具体的 GRANT、DENY、REVOKE 语句格式和具体的安全对象有关。使用时请参阅联机丛书。

主要安全对象权限如表 15.3 所示。

表 15.3　　　　　　　　　　　　　主要安全对象权限

安 全 对 象	权　　　限
数据库	BACKUP DATABASE、BACKUP LOG、CREATE DATABASE、CREATE DEFAULT、CREATE FUNCTION、CREATE PROCEDURE、CREATE RULE、CREATE TABLE 和 CREATE VIEW
标量函数	EXECUTE 和 REFERENCES
表值函数、表、视图	DELETE、INSERT、REFERENCES、SELECT 和 UPDATE
存储过程	DELETE、EXECUTE、INSERT、SELECT 和 UPDATE

15.5　权限管理

1. 使用 Management Studio 管理权限

可通过对象或主体管理对象权限，下面讲述通过对象来设置权限。

（1）鼠标右键单击对象，在快捷菜单中选择"属性"，弹出"属性对话框"。

（2）单击左侧选择页中的"权限"，则显示"权限页"，如图 15.20 所示，在此可以指定该对象的角色或用户的权限。

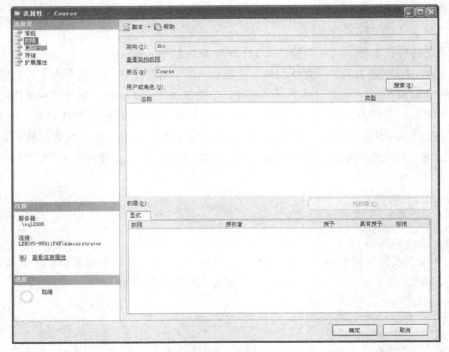

图 15.20　权限页

（3）单击"搜索"按钮，弹出"选择用户或角色"对话框，如图 15.21 所示。

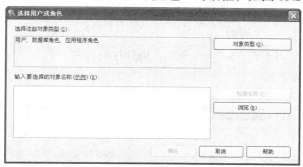

图 15.21　"选择用户或角色"对话框

（4）输入用户或角色名，或单击"浏览"按钮，选择需要添加授权的用户或角色，如图 15.22 所示。

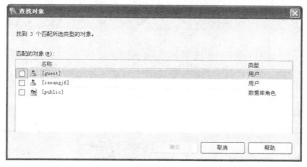

图 15.22　查找对象

（5）单击"确定"按钮关闭"查找对象"对话框，然后关闭"选择用户或角色"对话框，回到表属性权限页中，如图 15.23 所示。

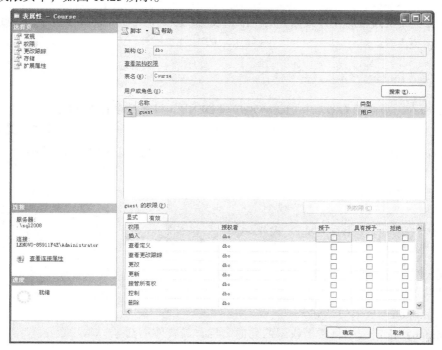

图 15.23　选择用户或角色之后的权限页

（6）选择需要设置权限的用户或角色。设置该用户对每个具体权限的"授予"、"具有授予权限"、"拒绝"3 种权限。如图 15.23 所示，设置用户"guest"对该表的插入（Insert）权限，而拒绝了对表数据的删除（Delete）权限。

（7）如果允许用户具有查询（Select）权限，则列权限可用，单击"列权限"按钮，"列权限"对话框出现，如图 15.24 所示。

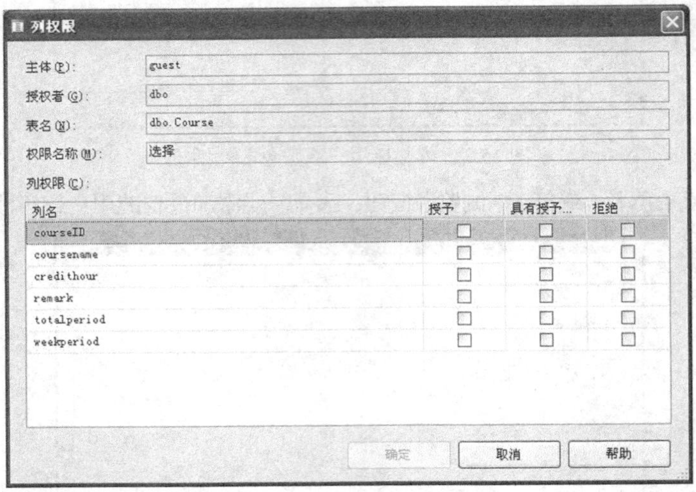

图 15.24　"列权限"对话框

如果不进行设置，则用户从其所属角色中继承权限。设置完列权限之后，单击"确定"按钮关闭"列权限"对话框。

（8）设置完权限之后，单击"确定"按钮关闭属性页。

另一种方法是通过设置用户或角色的权限来设置权限，请参考 15.3.2 小节中"创建用户自定义角色"的相关内容。

2. 使用 Tractans-SQL 管理权限

在 SQL Server 中使用 GRANT、REVOKE 和 DENY 3 种命令来管理权限。

（1）GRANT 用来把权限授予某一用户，以允许该用户执行针对该对象的操作，如 UPDATE、SELECT、DELETE、EXECUTE。或允许其运行某些语句，如 CREATE TABLE、CREATE DATABASE。

其简化语法格式为

```
GRANT { ALL [ PRIVILEGES ] }
    | permission [ ( column [ ,...n ] ) ] [ ,...n ]
    [ ON [ class :: ] securable ]
  TO principal [ ,...n ]
  [ WITH GRANT OPTION ] [ AS principal ]
```

各参数简要说明如下。

- Permission：权限的名称。
- column：指定表中将授予权限的列的名称，需要使用括号"（ ）"。
- securable：指定将授予权限的安全对象。

- TO principal：主体的名称。可为其授予安全对象权限的主体随安全对象而异。
- AS principal：指定一个主体，可将该权限授予其他用户。

【例 15.19】　授予用户 "WangWei" 对数据库的 CREATE TABLE 权限。

```
GRANT CREATE TABLE TO WangWei
```

【例 15.20】　授予用户 "WangWei" 对数据库的 CREATE VIEW 权限并使该用户具有为其他主体授予 CREATE VIEW 的权限。

```
GRANT CREATE VIEW TO WangWei WITH GRANT OPTION
```

【例 15.21】　授予用户 "WangWei" 对表 "Person.Address" 的 SELECT 权限。

```
GRANT SELECT ON OBJECT::Person.Address TO WangWei
```

（2）REVOKE 用于取消用户对某一对象或语句的权限，这些权限是经过 GRANT 语句授予的。其语法格式和 GRANT 一致。

【例 15.22】　从用户 "WangWei" 以及 "WangWei" 已授予 VIEW DEFINITION 权限的所有主体中撤消对数据库的 VIEW DEFINITION 权限。

```
REVOKE VIEW DEFINITION FROM CarmineEs CASCADE
```

【例 15.23】　撤销用户 "WangWei" 对表 "Person.Address" 的 SELECT 权限。

```
REVOKE SELECT ON OBJECT::Person.Address FROM WangWei
```

（3）DENY 用来禁止用户对某一对象或语句的权限，明确禁止其对某一用户对象执行某些操作。其语法格式和 GRANT 一致。

【例 15.24】　拒绝用户 "WangWei" 对数据库中表 "Person.Address" 的 "SELECT" 权限。

```
DENY SELECT ON OBJECT::Person.Address TO WangWei
```

15.6　数据库的完整性

强制数据完整性可保证数据库中数据的质量。数据完整性是指数据的精确性和可靠性，例如，输入 "employee_id"（employee_id 为主键）值为 123 的雇员，则该数据库不应允许其他雇员使用具有相同值的 employee_id。如果想将 "employee_rating" 列的值范围设定为 1～5，则数据库不应接受值 6。数据完整性分为下列类别。

1. 实体完整性

实体完整性将行定义为特定表的唯一实体。实体完整性通过索引、UNIQUE 约束、PRIMARY KEY 约束或 IDENTITY 属性，强制表的标识符列或主键的完整性。

2. 域完整性

域完整性是指数据库表中的列必须满足某种特定的数据类型或约束。可以强制域完整性限制类型（通过使用数据类型）、限制格式（通过使用 CHECK 约束和规则）或限制值的范围（通过使用 FOREIGN KEY 约束、CHECK 约束、DEFAULT 定义、NOT NULL 定义和规则）。

3. 引用完整性

引用完整性以外键与主键之间或外键与唯一键之间的关系为基础通过 FOREIGN KEY 和 CHECK 进行约束。引用完整性确保键值在所有表中一致。这类一致性要求不能引用不存在的值，如果一个键值发生更改，则整个数据库中，对该键值的所有引用要统一进行更改。

4. 用户定义完整性

用户定义完整性使用户可以定义不属于其他任何完整性类别的特定业务规则。SQL Server 提供了一些工具来帮助用户实现数据完整性，其中最主要的是约束、规则、触发器，其中触发器在前面章节中已经介绍过。

15.7 约束的概念和类型

约束是通过限制列中数据、行中数据和表之间数据来保证数据完整性的非常有效的方法。约束可以确保把有效的数据输入到列中，并维护表和表之间的特定关系。SQL Server 2008 提供了下列机制来强制列中数据的完整性：

- PRIMARY KEY 约束；
- FOREIGN KEY 约束；
- UNIQUE 约束；
- CHECK 约束；
- DEFAULT 定义；
- 允许空值。

定义约束时，既可以把约束放在一个列上，也可以把约束放在多个列上。如果把约束放在一个列上，该约束称为列级约束，因为它只能由约束所在的列引用；如果把约束放在多个列上，该约束称为表级约束，这时可以由多个列来引用该约束。

在定义约束或修改约束的定义时，应该考虑下列情况：

- 不必删除表，就可以直接创建、修改和删除约束；
- 必须在应用程序中增加错误检查机制，测试数据是否与约束相冲突；
- 向表上增加约束时，SQL Server 系统将检查表中的数据是否与约束冲突。

当创建约束时，可以指定约束的名称，否则，Microsoft SQL Server 系统将提供一个复杂的、系统自动生成的名称。对于一个数据库来说，约束名称必须是唯一的，并且遵循 SQL Server 标识符的规则。

15.7.1 PRIMARY KEY 约束

表中包含唯一标识表中每一行的一列或一组列作为 PRIMARY KEY 约束。一个表只能有一个 PRIMARY KEY 约束，并且 PRIMARY KEY 约束中的列不能接收空值。由于 PRIMARY KEY 约束可保证数据的唯一性，因此经常对标识列定义这种约束，如学生的学号可作为学生表的主键，而课程编号可作为课程表的主键。有时为了数据的唯一性，还需要另外创建主键列，如银行业务表中的流水号。

其定义语法格式为

```
[CONSTRAINT constraint_name]
  { PRIMARY KEY | UNIQUE } [CLUSTERED | NONCLUSTERED]
   (column_name1[, column_name2,...,column_name16])
```

各参数说明如下。

- [CONSTRAINT constraint_name]：指定约束的名称，在数据库中应是唯一的。如果不指定，则系统会自动生成。
- CLUSTERED | NONCLUSTERED：为 PRIMARY KEY 或 UNIQUE 约束创建聚集索引或非聚集索引。PRIMARY KEY 约束默认为 CLUSTERED，UNIQUE 约束默认为 NONCLUSTERED。

【例 15.25】　创建一个简单的学生表。

```
CREATE TABLE student(
  StuID int PRIMARY KEY,
  StuName varchar(20)  )
```

或者将 Primary key 写到后面。

```
CREATE TABLE student(
  StuID int,
  StuName varchar(20),
  CONSTRAINT pk_stu_ID PRIMARY KEY(stuID)  )
```

15.7.2　FOREIGN KEY 约束

外键（FOREIGN KEY）是用于建立和加强两个表数据之间连接的一列或多列。在外键引用中，当一个表的列被引用作为另一个表的主键列时，就在两表之间创建了连接，这个列就成为第二个表的外键。

FOREIGN KEY 约束要求列中的每个值，都存在于引用的表的对应被引用列中。FOREIGN KEY 约束只能引用在引用的表中是 PRIMARY KEY 或 UNIQUE 约束的列。

其定义的语法格式为

```
[ CONSTRAINT constraint_name ]
 [ FOREIGN KEY ]
    REFERENCES [ schema_name . ] referenced_table_name [ ( ref_column [ ,...n ] )
```

各参数说明如下。

- FOREIGN KEY REFERENCES：为列中的数据提供引用完整性约束。对于单列，引用 FOREIGN KEY 可以省略。
- [schema_name .] referenced_table_name]：FOREIGN KEY 约束引用的表的名称，以及该表所属架构的名称。
- (ref_column [,...n])：FOREIGN KEY 约束引用的表中的一列或多列。

【例 15.26】　创建选课表。

```
CREATE TABLE schedule(
scheduleid int PRIMARY KEY,
subjectid int REFERENCES subject(subjectid),
stuID int CONSTRAINT fk_stu_id FOREIGN KEY(StuID) REFERENCES student(StuID)  )
```

其中表"schedule"具有两个外键，字段"subjectid"引用的是"subject"表的主键"subjectid"，而 StuID 引用的是"student"的主键 StuID。Constraint fk_stu_id 是约束名称，如果省略，则系统会指定约束名。

外键的目的是控制可以存储在外键表中的数据，插入到"schedule"中的每一行数据的"Stuid"值必须已在"student"中存在。它还可以控制对主键表中数据的更改，如要删除"student"中的

StuID 为 20 的学生时，必须先删除 "schedule" 中的学生 StuID 为 20 的行。

15.7.3　UNIQUE 约束

使用 UNIQUE 约束确保在非主键列中不输入重复的值。可以对一个表定义多个 UNIQUE 约束，UNIQUE 约束允许 NULL 值，其语法格式请参照 15.7.1 小节。

15.7.4　CHECK 约束

CHECK 约束通过不基于其他列中的数据的逻辑表达式确定有效值。例如，可以通过任何基于逻辑运算符返回 TRUE 或 FALSE 的逻辑（布尔）表达式创建 CHECK 约束。

【例 15.27】　为学生表身份证增加 Check 约束，身份证是 15 位或 18 位。

```
CREATE TABLE student(
    StuID int PRIMARY KEY,
    StuName varchar(20),
    StuIDCard varchar(18) UNIQUE CHECK(len(StuIDCard)=15 or len(StuIDCard)=15)  )
```

15.7.5　DEFAULT 定义

定义列的缺省值，插入数据时，如果列不允许空值且没有 DEFAULT 定义，就必须为该列指定值。否则数据库会返回错误，指出该列不允许空值。

15.7.6　允许空值

NULL 的意思是没有输入，出现 NULL 通常表示值未知或未定义。SQL Server 建议避免允许空值，因为空值会使查询和更新变得更复杂。如果不允许空值，用户向表中输入数据时必须在列中输入一个值，否则数据库将不接收该表行。

【例 15.28】　显示在 "AdventureWorks" 数据库中创建的 "PurchaseOrderDetail" 表的完整表定义，其中包含所有约束定义。

```
CREATE TABLE [dbo].[PurchaseOrderDetail] (
   [PurchaseOrderID] [int] NOT NULL
      REFERENCES Purchasing.PurchaseOrderHeader(PurchaseOrderID),
   [LineNumber] [smallint] NOT NULL,
   [ProductID] [int] NULL REFERENCES Production.Product(ProductID),
   [UnitPrice] [money] NULL,
   [OrderQty] [smallint] NULL,
   [ReceivedQty] [float] NULL,
   [DueDate] [datetime] NULL,
   [rowguid] [uniqueidentifier] ROWGUIDCOL NOT NULL
      CONSTRAINT [DF_PurchaseOrderDetail_rowguid] DEFAULT (newid()),
   [ModifiedDate] [datetime] NOT NULL
```

```
        CONSTRAINT[DF_PurchaseOrderDetail_ModifiedDate] DEFAULT (getdate()),
    [LineTotal] AS (([UnitPrice]*[OrderQty])),
    [StockedQty] AS (([ReceivedQty]-[RejectedQty])),
CONSTRAINT [PK_PurchaseOrderDetail_PurchaseOrderID_LineNumber]
    PRIMARY KEY CLUSTERED ([PurchaseOrderID], [LineNumber])
    WITH (IGNORE_DUP_KEY = OFF)
) ON [PRIMARY]
```

15.8　管理约束

在所要修改的表上用鼠标右键单击，在快捷菜单中选择"修改"，出现表的属性页，可设置允许空值约束，在所要修改的列名上用鼠标右键单击，出现快捷菜单，如图 15.25 所示。快捷菜单上"设置主键"用来设置 PRIMARY KEY 约束，"关系"用来设置 FOREIGN KEY 约束，"索引/键"用来设置 UNIQUE 约束，"CHECK 约束"可直接设置 CHECK 约束。下方"默认值或绑定"则可用来设置 DEFAULT 定义。

图 15.25　修改表

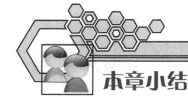

本章小结

本章介绍了数据库安全性和完整性的基本知识，首先详细阐述了身份验证、登录账户、用户、角色、权限的图形界面和 T-SQL 操作，然后介绍了数据库完整性的知识，数据库完整性保证了数据的正确和有效，最后介绍了约束和规则。

习题

一、选择题

1. 下列不是数据库角色的是（　　　）。

　　A. 固有数据库角色　　　　　　　　　　B. 用户自定义数据库角色

　　C. 应用程序角色　　　　　　　　　　　D. 进程管理角色

2. 授予用户权限的 Transact-SQL 语句是（　　　）。

　　A. GRANT　　　　　　B. REVOKE　　　　　C. DENY　　　　　　D. LOGIN

3. 可以在服务器中执行任何活动的服务器角色是（　　　）。

　　A. 数据库创建角色（dbcreator）　　　　　B. 安全管理角色（securityadmin）

　　C. 服务器管理角色（serveradmin）　　　　D. 系统管理角色（sysadmin）

二、填空题

1. SQL Server 支持两种模式的身份验证：＿＿＿＿＿＿、＿＿＿＿＿＿。

2. 完全限定的对象名称包含 4 部分：＿＿＿＿＿＿.＿＿＿＿＿＿.＿＿＿＿＿＿.＿＿＿＿＿＿。

3. 约束分为＿＿＿＿＿＿、＿＿＿＿＿＿、＿＿＿＿＿＿、＿＿＿＿＿＿、＿＿＿＿＿＿、＿＿＿＿＿＿。

三、简答题

1. 简述如何使用 Management Studio 添加角色。

2. 什么是架构？什么是默认架构？举例说明。

3. 举例说明外键约束。

本章实训

一、实训目的

1. 理解 SQL Server 的安全机制。

2. 掌握用 Management Studio 进行安全管理的基本操作。

3. 掌握用 T-SQL 语句实现建立登录账户，设置数据访问权限等功能的方法与语句。

4. 掌握实现各种数据完整性的基本操作，并通过将数据修改为非有效数据体会数据完整性的功能。

二、实训要求

1. 实训前做好上机实训的准备，针对实训内容，认真复习与本次实训有关的知识，完成实训内容的预习准备工作。

2. 认真独立完成实训内容。

3. 实训后做好实训总结，根据实训情况完成总结报告。

三、实训学时

4 学时。

四、实训内容

1. 使用 Management Studio 进行安全管理。

（1）创建登录账户"testLogin"，并设置密码。

（2）在"AdventureWorks"数据库中创建数据库用户"testUser"，登录账号为"testLogin"，数据库角色为"public"。

（3）为数据库用户"testUser"设置访问权限，设置"dbo.person"表的 SELECT 权限，"person.address"表的 UPDATE 权限。

（4）关闭 Management Studio，然后以"testLogin"登录。进入"AdventureWorks"数据库中，修改"dbo.person"的数据，检查是否会报错，使用 SELECT 语句选择"person.address"中的数据，检查是否会报错。

2. 使用 T-SQL 执行进行安全管理。

在 Management Studio 中执行以下 SQL 语句：

```
use AdventureWorks
exec sp_addlogin ' testLogin1', '<123>', ' AdventureWorks '
exec sp_grantdbaccess ' testLogin1', 'testUser1'
grant select on [dbo].[Person] to [testUser1]
grant update on [person].[Address] to [testUser1]
go
```

验证步骤同 1。

3. 使用 Management Studio 创建表。

（1）在数据库中新建数据库"db_stu"。

（2）选择"db_stu"数据库下的表，单击鼠标右键选择"新建表"，输入如图 15.26 所示的同学表结构。

（3）设置允许为空的字段。

（4）在学号字段上设立主键。

（5）设置民族字段的默认值为"汉族"。

（6）选择身份证号字段，单击鼠标右键选择"索引/键"，设置唯一（UNIQUE）约束。

（7）选择性别字段，单击鼠标右键选择"CHECK 约束"，添加约束表达式（[性别] in（'男', '女'））。

（8）选择身高字段，单击鼠标右键选择"CHECK 约束"，添加约束表达式（[身高] between 0.5 and 2.5）。

图 15.26　表约束

4. 使用 T-SQL 来创建约束。

在 Management Studio 中执行如下 SQL 语句：

```
create table student (
    学号 nchar(11) primary key ,                          /*主键*/
    姓名 nchar(30) not null ,
    性别 nchar(1) check([性别] in ('男', '女')),           /*检查约束*/
    出生日期 smalldatetime not null ,
```

```
    民族 nchar(5) default N'汉族' ,                          /*默认*/
    身份证号 char(18) not null unique,                       /*唯一约束*/
    身高 decimal(5, 2) check([身高] between 0.5 and 2.5)    /*检查约束*/
)
GO
```

5. 检验约束

在 Management Studio 中打开相应的表修改指定的列，查看其执行或修改结果，体会数据完整性的作用。

（1）非空约束：执行 INSERT student（姓名）VALUES（NULL）。

（2）主键约束：修改 "student.学号"，使两同学的学号相同。

（3）默认约束：执行 INSERT 同学表（学号，姓名，出生日期，身份证号，身高）。

```
VALUES ('200070101010', '王伟', '1988-01-01', '1234567890012345678',1.78)
```

观察 "性别"、"民族" 字段的取值。

（4）唯一约束：修改 "student.身份证号" 使两同学的身份证号相同。

（5）检查约束：修改 "student.性别" 为女、"身高" 为 0。

五、实训思考题

1. SQL Server 的安全模型主要包括哪几部分？各部分之间有何联系？

2. 数据完整性类型及其实现技术有哪些？

第 3 篇

SQL Server 2008 应用篇

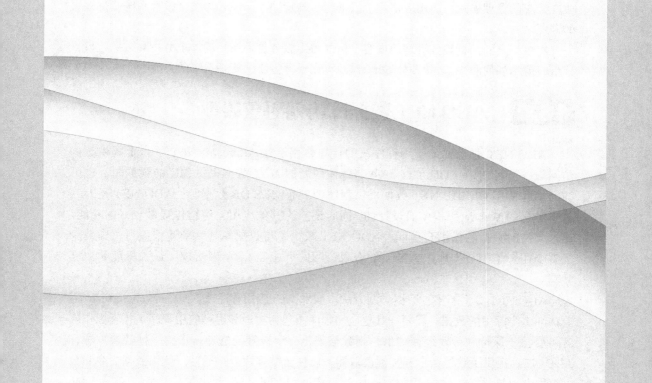

第16章

学生成绩管理系统的设计与实现

高校教务管理工作是高等教育工作中一个极为重要的环节，是整个院校管理的基础和核心。随着计算机及通信技术的飞速发展，高等教育对教务管理工作提出了更高的要求。面对种类繁多的数据和报表，手工处理方式已经很难跟上现代化管理的步伐，尽快改变传统的管理模式，运用现代化手段进行科学管理，已经成为整个教育系统亟待解决的课题之一。

本章将全面剖析教务管理的内容，由此得出教务管理系统的需求分析和数据建模，并最终演示如何利用 C#和 SQL Server 2008 完成学生成绩管理系统的开发。

16.1 ADO.NET 数据库访问对象模型

ADO.NET 是重要的应用程序级的接口，用于在 Microsoft.NET 平台上提供数据访问服务。可使用 ADO.NET 访问那些使用新的.NET 数据提供程序的数据源，也可访问那些使用 OLEDB.NET 数据提供程序的现有 OLE DB 数据源。ADO.NET 是专为基于消息的 Web 应用程序而设计的，同时还能为其他应用程序结构提供较好的功能。通过支持对数据的松耦合访问，ADO.NET 减少了与数据库的活动连接数目（即减少了多个用户争用数据库服务器上的有限资源的可能性），从而实现了最大程度的数据共享。

ADO.NET 提供了多种数据访问方法。如果 Web 应用程序或 XML、Web Services 需要访问多个源中的数据，需要与其他应用程序（包括本地和远程应用程序）相互操作或者可受益于保持和传输缓存结果，则数据集是一个极好的选择。作为一种替换方法，ADO.NET 提供了数据命令和数据读取器，以便与数据源直接通信。使用数据命令和数据读取器直接进行的数据库操作包括：运行查询和存储过程，创建数据集对象，使用 DDL 命令直接更新和删除。

分布式 ADO.NET 应用程序的基本对象"数据集"（DataSet）支持基于 XML 的持久性

和传输格式，使得 ADO.NET 可以实现最大限度的数据共享。数据集是一种关系数据结构，可使用 XML 进行读取、写入或序列化。越来越多的应用程序要求应用程序层与多个 Web 站点之间进行松耦合的数据交换，而 ADO.NET 数据集使得生成这样的应用程序变得很方便。

16.1.1　ADO.NET 结构

以前，数据处理主要依赖于基于连接的双层模型。但当数据处理越来越多地使用多层结构时，程序员开始向断开方式转换，以便为应用程序提供更好的可缩放性。

1. ADO.NET

设计 ADO.NET 组件的目的是为了从数据操作中分解出数据访问。ADO.NET 的两个核心组件会完成此任务：DataSet 和.NET Framework 数据提供程序，后者是一组包括 Connection、Command、DataReader 和 DataAdapter 对象在内的组件。

ADO.NET DataSet 是 ADO.NET 断开式结构的核心组件。DataSet 的设计目的很明确：为了实现独立于任何数据源的数据访问。因此，它可以用于多种不同的数据源，XML 数据，或管理应用程序本地的数据。DataSet 包含一个或多个 DataTable 对象的集合，这些对象由数据行和数据列以及主键、外键、约束和有关 DataTable 对象中数据的关系信息组成。

ADO.NET 结构的另一个核心元素是.NET Framework 数据提供程序，该组件的设计目的相当明确：为了实现数据操作和对数据的快速、只进、只读访问。Connection 对象提供与数据源的连接。Command 对象能够访问用于返回数据、修改数据、运行存储过程以及发送或检索参数信息的数据库命令。DataReader 从数据源中提供高性能的数据流。DataAdapter 提供连接 DataSet 对象和数据源的桥梁。DataAdapter 使用 Command 对象在数据源中执行 SQL 命令，以便将数据加载到 DataSet 中，并使对 DataSet 中数据的更改与数据源保持一致。

可以为任何数据源编写.NET Framework 数据提供程序。.NET Framework 提供了 4 个.NET Framework 数据提供程序：SQL Server.NET Framework 数据提供程序、OLE DB.NET Framework 数据提供程序、ODBC.NET Framework 数据提供程序和 Oracle.NET Framework 数据提供程序。

图 16.1 阐释了 ADO.NET 结构的组件。

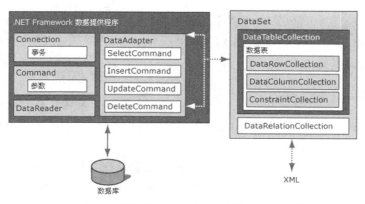

图 16.1　ADO.NET 结构

以下代码示例显示如何将 System.Data 命名空间包含在应用程序中以使用 ADO.NET。

```
Imports System.Data
```

ADO.NET 类在 System.Data.dll 中，并且与 System.Xml.dll 中的 XML 类集成。当编译使用 System.Data 命名空间的代码时，需要引用 System.Data.dll 和 System.Xml.dll。

2. 选择 DataReader 或 DataSet

在决定应用程序应使用 DataReader 还是使用 DataSet 时，应考虑应用程序所需的功能类型。DataSet 用于执行以下功能。

- 在应用程序中将数据缓存在本地，以便对数据进行处理。如果只需要读取查询结果，DataReader 是更好的选择。
- 在层间或从 XML Web 服务中对数据进行远程处理。
- 与数据进行动态交互，例如绑定到 Windows 窗体控件或组合并关联来自多个源的数据。
- 对数据执行大量的处理，而不需要与数据源保持打开的连接，从而将该连接释放给其他客户端使用。

如果不需要 DataSet 提供的功能，则可以使用 DataReader 以只进、只读方式返回数据，从而提高应用程序的性能。虽然 DataAdapter 使用 DataReader 来填充 DataSet 的内容，但可以使用 DataReader 来提高性能，因为这样可以节省 DataSet 所使用的内存，并将省去创建 DataSet 并填充其内容所需的处理。

16.1.2 数据集介绍

DataSet 对象是支持 ADO.NET 的断开式、分布式数据方案的核心对象。DataSet 是数据的内存驻留表示形式，无论数据源是什么，它都会提供一致的关系编程模型。它可以用于多个不同的数据源，XML 数据，或管理应用程序本地的数据。DataSet 表示包括相关表、约束和表间关系在内的整个数据集。图 16.2 显示 DataSet 对象模型。

DataSet 中的方法和对象与关系数据库模型中的方法和对象一致。

DataSet 也可以按 XML 的形式来保持和重新加载其内容，并按 XML 架构定义语言（XSD）架构的形式来保持和重新加载其架构。

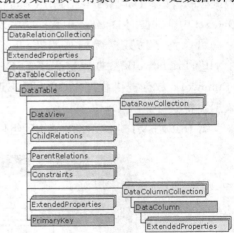

图 16.2　DataSet 对象模型

1. DataTableCollection

一个 ADO.NET DataSet 包含 DataTable 对象所表示的 0 个或多个表的集合。DataTableCollection 包含 DataSet 中的所有 DataTable 对象。

DataTable 在 System.Data 命名空间中定义，表示内存驻留数据表。它包含 DataColumnCollection 所表示的列和 ConstraintCollection 所表示的约束的集合，这些列和约束一起定义了表的架构。DataTable 还包含 DataRowCollection 所表示的行的集合，它包含表中的数据。除了当前状态，

DataRow 还会保留其当前版本和初始版本，以标识对行中存储的值的更改。

2．DataRelationCollection

DataSet 在其 DataRelationCollection 对象中包含关系。关系由 DataRelation 对象来表示，它使一个 DataTable 中的行与另一个 DataTable 中的行相关联。关系类似于存在于关系数据库中的主键列和外键列之间的连接路径。DataRelation 标识 DataSet 中两个表的匹配列。

关系能够在 DataSet 中从一个表导航至另一个表。DataRelation 的基本元素为关系的名称、相关表的名称以及每个表中的相关列。关系可以通过一个表的多个列来生成，方法是将一组 DataColumn 对象指定为键列。当关系被添加到 DataRelationCollection 中时，如果已对相关列值作出更改，它可能会选择添加一个 UniqueKeyConstraint 和一个 ForeignKeyConstraint 来强制完整性约束。

16.2 系统功能设计

要全面理解高校教务管理系统的需求，首先需要了解高校教务管理的基本流程，如图 16.3 所示。

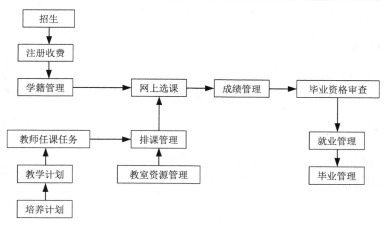

图 16.3   教务管理基本流程

通过对系统进行分析，可以将系统分为以下几个模块。

1．"基础数据管理"功能模块

用于维护整个教务系统正常运行所需的基础数据集，以保证教务系统有一个统一的标准的基础数据集，便于数据的共享，内容包括入学年份、学年学期、院系数据、专业设置、教研室情况等。

2．"教学计划管理"功能模块

用于维护学校中各系各专业的课程、课程计划安排信息，作为选课和毕业审查的标准，包括的功能有课程计划登记、课程计划审批、选课情况查询、选课信息审批等。

3．"学籍管理"功能模块

主要包括高校学籍管理的常用信息，提供对学生学籍基本信息的录入、查询、修改、打印输出、维护等常用功能，并提供学号编排、学生照片输入与显示、学籍变动（留级、休学、跳级、转班、转学、退学等）奖惩登记、毕业情况等功能。

4. "教师管理"功能模块

用于管理教师相关的信息，提高教学质量，保证教学工作的高效运行。主要包括教师基本信息、教师任课档案、教师考评管理等。

5. "注册收费管理"功能模块

包括"注册管理"与"收费管理"。"注册管理"功能模块用于记录学生新学期的注册情况，如果未注册，将记录学生的未注册原因及去向。"收费管理"功能模块用于记录学生开学初的收费情况，每个学生的收费标准来自学生学籍信息中的收费类别。

6. "排课选课管理"功能模块

用于根据教学计划、教室资源、教师资源等，制定每学期的课程表。主要包括课程信息管理、排课条件设定、教室信息设定，实现人工排课和自动排课。

7. "考务成绩管理"功能模块

用于根据课程自动生成本学期的考试地点、考试时间、监考老师等数据，并对考试的过程和结果进行监控。主要包括考试日程安排、考试情况记录、成绩录入、补考安排等。

8. "毕业管理"功能模块

对学生毕业进行处理，同时对毕业信息、学位授予、证书授予及校友信息等进行管理。主要包括实习管理、论文管理、毕业审核等。

9. "教材管理"功能模块

用于对教材库存、教材计划、教材预订、班级收款、教材采购及教材销售等工作进行有效管理。

由于篇幅有限，本实例详细介绍如图 16.4 所示功能的开发过程，并简化其中各功能，其他功能读者可以参照这些功能的开发方法编程实现。

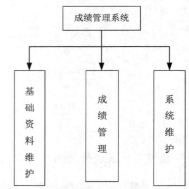

图 16.4　教务管理系统功能模块图

16.3　数据库和表设计

成绩管理系统所涉及的学生资料以及其他有关数据都要存储于数据库中。使用如下 SQL 语句创建数据和表，以及表与表之间的约束关系。

```
CREATE DATABASE CJGL;
GO
USE CJGL;
GO
--部门
```

```
CREATE TABLE [dbo].[Department](
    [DepartmentID] [char](3) NOT NULL,            --部门编号
    [DepartmentName] [varchar](30) NOT NULL,      --部门名称
    [DepartmentHead] [char](8) NOT NULL,          --负责人
  CONSTRAINT [PK_Department] PRIMARY KEY CLUSTERED
([DepartmentID] ASC)
) ON [PRIMARY]
GO
--课程类型
CREATE TABLE [dbo].[Coursetype](
    [coursetypeID] [varchar](3) NOT NULL,         --类型编号
    [typename] [varchar](18) NOT NULL,            --类型名称
    CONSTRAINT [PK_Coursetype] PRIMARY KEY CLUSTERED
    ([coursetypeID] ASC)
) ON [PRIMARY]
GO
--课程
CREATE TABLE [dbo].[Course](
    [courseID] [char](8) NOT NULL,                --课程编号
    [coursename] [varchar](20) NOT NULL,          --课程名称
    [coursetypeID] [varchar](3) NOT NULL,         --课程类型
    [totalperiod] [tinyint] NULL,                 --总学时
    [weekperiod] [tinyint] NULL,                  --周学时
    [credithour] [tinyint] NULL,                  --学分
    [remark] [varchar](50),                       --备注
    CONSTRAINT [PK_Course] PRIMARY KEY CLUSTERED
    ([courseID] ASC)
) ON [PRIMARY]
GO
--班级
CREATE TABLE [dbo].[Class](
    [classID] [char](7) NOT NULL,                 --班级编号
    [className] [varchar](12) NOT NULL,           --班级名称
    [specialiID] [char](5),                       --专业
    [EntranceYear] [char](4),                     --入学年份
    [MonitorID] [char](10),                       --班长
    CONSTRAINT [PK_Class] PRIMARY KEY CLUSTERED
    ([classID] ASC)
) ON [PRIMARY]
GO
--成绩
CREATE TABLE [dbo].[Grade](
    [studentID] [char](10) NOT NULL,              --学号
    [courseID] [char](8) NOT NULL,                --课程号
    [grade] [tinyint] NULL,                       --成绩
    CONSTRAINT [PK_Grade] PRIMARY KEY CLUSTERED
    ([studentID] ASC,[courseID] ASC)
) ON [PRIMARY]
GO
--专业
CREATE TABLE [dbo].[Speciality](
    [specialityID] [char](5) NOT NULL,            --专业编号
```

```
    [specialityName] [varchar](30) NOT NULL,         --专业名称
    [departmentID] [char](3) NULL,                   --部门编号
    CONSTRAINT [PK_Speciality] PRIMARY KEY CLUSTERED
    ([specialityID] ASC)
) ON [PRIMARY]
GO
--学生
CREATE TABLE [dbo].[student](
    [studentID] [char](10) NOT NULL,                 --学号
    [studentName] [varchar](10) NOT NULL,            --姓名
    [nation] [char](10) NULL,                        --民族
    [sex] [char](2) NULL,                            --性别
    [birthday] [datetime] NULL,                      --出生日期
    [classID] [char](7) NULL,                        --班级编号
    [telephone] [varchar](16) NULL,                  --电话
    [ru_date] [char](4) NULL,                        --入学年份
    [address] [varchar](50) NULL,                    --籍贯
    [pwd] [varchar](16) NULL,                         --口令
    [remark] [varchar](200) NULL,                    --备注
    CONSTRAINT [PK_student] PRIMARY KEY CLUSTERED
    ([studentID] ASC)
) ON [PRIMARY]
GO
--用户
CREATE TABLE [dbo].[userLogin](
    [loginid] [char](20) NOT NULL,
    [username] [char](20) NOT NULL,                  --用户名
    [password] [varchar](20) NULL,                   --口令
    [allowLogin] [bit] NULL,                         --用户类型
    CONSTRAINT [PK_user] PRIMARY KEY CLUSTERED
    ([loginid] ASC)
) ON [PRIMARY]
GO
--教师
CREATE TABLE [dbo].[Teacher](
    [teacherID] [char](8) NOT NULL,                  --教师编号
    [teacherName] [varchar](10) NOT NULL,            --姓名
    [departmentID] [char](3) NULL,                   --部门编号
    [sex] [char](2) NULL,                            --性别
    [technicalPost] [char](16) NULL,                 --职称
    [telephone] [char](16) NULL,                     --电话
    [homeAddr] [varchar](50) NULL,                   --籍贯
    [pwd] [varchar](16) NULL,                         --口令
    [remark] [varchar](200) NULL,                    --备注
    CONSTRAINT [PK_Teacher] PRIMARY KEY CLUSTERED
    ([teacherID] ASC)
) ON [PRIMARY]
GO
--建立表间约束
ALTER TABLE [dbo].[Course]  WITH CHECK ADD
```

```
CONSTRAINT [FK_Course_Coursetype] FOREIGN KEY([coursetypeID])
REFERENCES [dbo].[Coursetype] ([coursetypeID])
GO
ALTER TABLE [dbo].[Class]  WITH CHECK ADD
CONSTRAINT [FK_Class_Speciality] FOREIGN KEY([specialityID])
REFERENCES [dbo].[Speciality] ([specialityID])
GO
ALTER TABLE [dbo].[Grade]  WITH CHECK ADD
CONSTRAINT [FK_Grade_Course] FOREIGN KEY([courseID])
REFERENCES [dbo].[Course] ([courseID])
GO
ALTER TABLE [dbo].[Grade]  WITH CHECK ADD
CONSTRAINT [FK_Grade_student] FOREIGN KEY([studentID])
REFERENCES [dbo].[student] ([studentID])
GO
ALTER TABLE [dbo].[Speciality]  WITH CHECK
ADD  CONSTRAINT [FK_Speciality_Department] FOREIGN KEY([departmentID])
REFERENCES [dbo].[Department] ([DepartmentID])
GO
ALTER TABLE [dbo].[student]  WITH CHECK
ADD  CONSTRAINT [FK_student_Class] FOREIGN KEY([classID])
REFERENCES [dbo].[Class] ([classID])
GO
ALTER TABLE [dbo].[Teacher]  WITH CHECK
ADD CONSTRAINT [FK_Teacher_Department] FOREIGN KEY([departmentID])
REFERENCES [dbo].[Department] ([DepartmentID])
GO
```

建立成功后，"CJGL"数据库的关系图如图 16.5 所示。

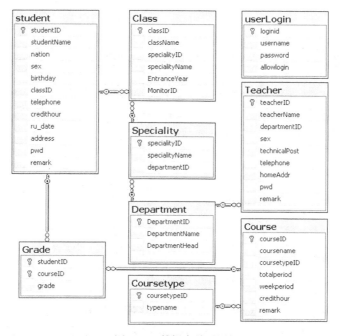

图 16.5　数据库关系图

16.4 程序开发

16.4.1 创建项目

启动 Microsoft Visual Studio.NET 2010，在主菜单中选择"文件"→"新建"→"项目"命令，弹出"新建项目"对话框，在"项目类型"列表框中选择"Visual C# 项目"，然后在"模版"列表框中选择"Windows 应用程序"。在"名称"文本框中输入项目名称"CJGL"，并设置项目保存的位置。单击"确定"按钮完成新项目的创建。

16.4.2 登录窗口

在主菜单中选择"项目"→"添加 Windows 窗体"命令，弹出"添加新项"对话框。在"模板"列表框中选择"登录窗体"，并把名称改为"Login.cs"，单击"确定"按钮完成创建。创建的登录窗口如图 16.6 所示。

图 16.6　登录窗口

在登录窗口中需要判断用户名和密码是否正确，需要从数据库中获得用户信息。访问数据库首先要和数据库建立连接，需要指定连接字符串。连接字符串可以在项目属性中进行设置，供整个项目使用，在项目属性窗口中选择"设置"选项，如图 16.7 所示。

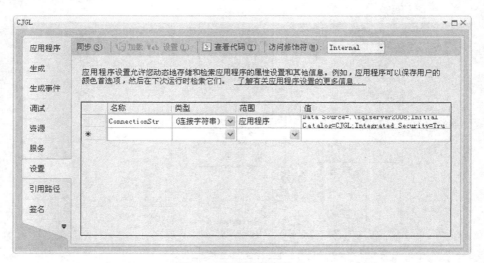

图 16.7　设置连接字符串

设置连接的名称为"ConnectionStr"，类型为"（连接字符串）"，范围为"应用程序"，连接字符串的值可以通过单击右侧的按钮，在弹出的"连接属性"对话框中进行设置，如图 16.8 所示。

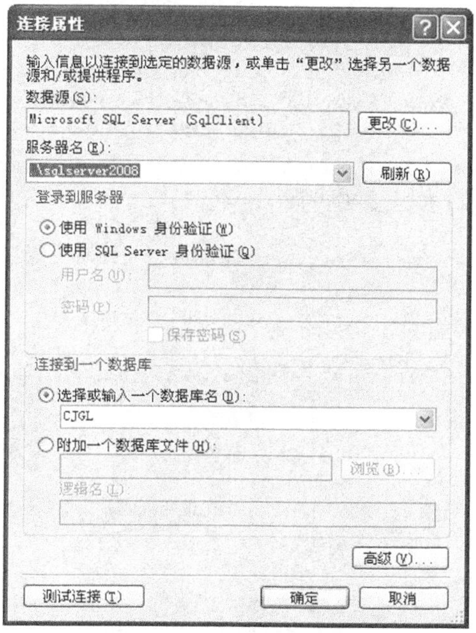

图 16.8　连接属性

在"连接属性"对话框中选择服务器名,设置登录服务器使用的登录方式。在这里选择"使用 Windows 身份验证",然后选择连接的数据库。单击"测试连接"按钮可以测试连接是否成功,如连接成功,单击"确定"按钮可以设置连接字符串。

登录窗体的代码如下:

```csharp
using System;
using System.Collections.Generic;
using System.ComponentModel;
using System.Data;
using System.Data.SqlClient;
using System.Drawing;
using System.Linq;
using System.Text;
using System.Windows.Forms;
using System.Configuration;
namespace CJGL
{
    public partial class Login : Form
    {
        public Login()
        {
            InitializeComponent();
        }

        private void OK_Click(ect sender, EventArgs e)
        {
            if (textBox1.Text == "" || textBox2.Text == "")
            {
                MessageBox.Show("用户名和密码不能为空,请输入! ");
```

```
            return;
        }
        SqlConnection cn = new SqlConnection(ConfigurationManager.ConnectionStrings
["CJGL.Properties.Settings.ConnectionStr"].ConnectionString);
        SqlCommand cmd = cn.CreateCommand();
        cmd.CommandText = "Select username from userLogin where loginid='"+
textBox1.Text+"' and password='"+textBox2.Text+"'";
        cn.Open();
        string strUserName=(string)cmd.ExecuteScalar();
        cn.Close();
        if (strUserName == "" || strUserName==null)
        {
            MessageBox.Show("用户名或密码错误，请重新输入！");
        }
        else
        {
            //打开主窗体，主窗体创建后需修改此处代码
            MessageBox.Show("Success");
        }
    }
    private void Cancel_Click(object sender, EventArgs e)
    {
            Application.Exit();
    }
  }
}
```

对登录窗口进行测试，可以正常的工作。如果用户名输入"aaa' or 1=1 --"，密码任意输入，如图 16.9 所示，发现都验证正确。这是为什么呢？

图 16.9　登录窗口

首先，把用户名代入命令的 SQL 语句，结果如下：

```
Select username from userLogin where loginid='aaa' or 1=1 --' and password='111'
```

通过对 SQL 仔细观察可以发现：' and password='111'被注释了，密码可以任意输入，而 loginid= 'aaa' or 1=1 永远为真。这种方式被称为"SQL 注入式攻击"。

怎么预防 SQL 注入式攻击？显然，要避免使用字符串连接的方式来构造 SQL 命令，常见的方式有：使用参数和存储过程。下面以使用存储过程为例进行说明。

首先，创建一个 usp_userLogin 存储过程，该过程根据输入的 Loginid 和 Password，判断是否为一个合法用户，并返回错误原因。

```
CREATE PROCEDURE [dbo].[usp_userLogin]
  @loginid varchar(50),
```

```
    @password varchar(50),
    @reason varchar(50) output
AS
    select username from userLogin where  LoginID = @loginid
    if (@@RowCount<1)
      begin
        set  @reason ='不存在此用户'
      end
    else
    begin
      SELECT username
      FROM userLogin
      WHERE (LoginID = @loginid) AND (Password = @password )
      if (@@RowCount<1)
        begin
            set  @reason ='口令错误'
        end
      else
        begin
            SELECT username
                FROM userLogin
              WHERE (LoginID = @loginid) AND
                  (Password = @password and AllowLogin=1)
            if (@@RowCount<1)
                begin
                    set  @reason ='该用户已禁用'
                end
            else
              begin
                  set  @reason ='成功'
              end
            end
        end
    RETURN
GO
```

然后，修改“确定”按钮的单击事件，代码如下：

```
private void OK_Click(object sender, EventArgs e)
  {
          //判断用户名和密码是否为空
          if (textBox1.Text == "" || textBox2.Text == "")
          {
              MessageBox.Show("用户名和密码不能为空，请输入！");
              return;
          }
          //建立连接
          SqlConnection cn = new SqlConnection(ConfigurationManager.ConnectionStrings
["CJGL.Properties.Settings.ConnectionStr"].ConnectionString);
          //建立命令，调用存储过程
          SqlCommand cmd = cn.CreateCommand();
          cmd.CommandText = "usp_userLogin";
          cmd.CommandType = CommandType.StoredProcedure;
          //增加参数
```

```
cmd.Parameters.Add("@loginid", SqlDbType.VarChar, 20);
cmd.Parameters.Add("@password", SqlDbType.VarChar, 20);
cmd.Parameters.Add("@reason", SqlDbType.VarChar, 20);

//给参数赋值
cmd.Parameters[0].Value = textBox1.Text;
cmd.Parameters[1].Value = textBox2.Text;
//参数默认为输入参数，输出参数需设置为ParameterDirection.Output;
cmd.Parameters[2].Direction = ParameterDirection.Output;
try
{
    //打开连接
    cn.Open();
    //执行命令
    cmd.ExecuteNonQuery();
    string reason;
    //获得输出参数的值
    reason = cmd.Parameters[2].Value.ToString();
    if (reason == "成功")
    {
        FormMain fm = new FormMain();
        fm.Show();
        this.Hide();
    }
    else
    {
        MessageBox.Show(reason);
        textBox1.Text = "";
        textBox2.Text = "";
        textBox1.Focus();
    }
}
catch (Exception ex)
{
    MessageBox.Show(ex.ToString());
}
finally
{
    cn.Close();
}
}
```

代码说明如下。

在"确定"按钮的"Click"事件中，建立一个命令 cmd，cmd 调用了存储过程 usp_userLogin。调用存储过程时，须注意参数的添加、赋值，以及参数值的获得。

16.4.3 主窗口

利用系统默认生成的窗口作为主窗口，并为其添加主菜单控件和其他控件，布局如图 16.10 所示。主窗口属性设置如表 16.1 所示。

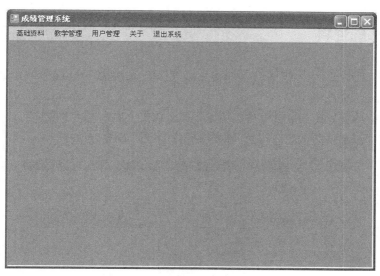

图 16.10　主窗口

表 16.1　　　　　　　　　　　　控件属性设置

控件类型	对象名	属性	值
Form	FormMain	Name	FormMain
		Text	成绩管理系统
		IsMdiContainer	True
MenuStrip	menuStrip1		

主窗口菜单属性如表 16.2 所示。

表 16.2　　　　　　　　　　　主窗口菜单属性设置

菜单栏	菜单项	属性	值
基础资料 ToolStripMenuItem		Text	基础资料
	院系资料 ToolStripMenuItem	Text	院系资料
	专业资料 ToolStripMenuItem	Text	专业资料
	教师资料 ToolStripMenuItem	Text	教师资料
	课程资料 ToolStripMenuItem	Text	课程资料
	班级资料 ToolStripMenuItem	Text	班级资料
	学生资料 ToolStripMenuItem	Text	学生资料
教学管理 ToolStripMenuItem		Text	教学管理
	成绩查询 ToolStripMenuItem	Text	成绩查询
	成绩录入 ToolStripMenuItem	Text	成绩录入
用户管理 ToolStripMenuItem		Text	用户管理
	添加用户 ToolStripMenuItem	Text	添加用户
	修改密码 ToolStripMenuItem	Text	修改密码
关于 ToolStripMenuItem		Text	关于
退出系统 ToolStripMenuItem		Text	退出系统

16.4.4　基础资料

（1）在项目"CJGL"中，新增一个 Windows 窗口，命名为"FrmDepartment"。在设计模式下打开"FrmDepartment"窗口。

（2）转到数据源窗口，如这个窗口不可见，那么在主菜单中选择"数据"→"显示数据源"命令。点击链接"添加新数据源"，打开数据源配置向导，如图 16.11 所示。

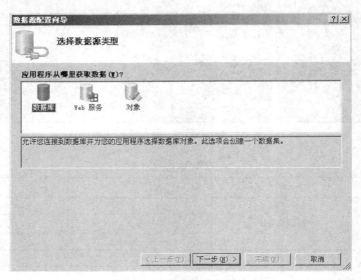

图 16.11　数据源配置向导

（3）选择数据源类型，单击"下一步"按钮。选择数据库模型，如图 16.12 所示。

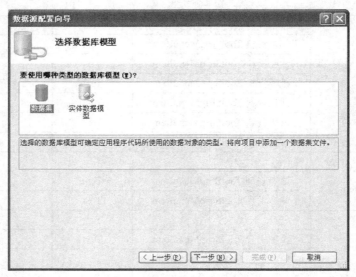

图 16.12　选择数据连接

（4）选择"数据集"，单击"下一步"按钮。选择数据连接，如图 16.13 所示。

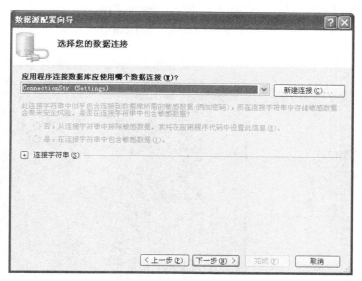

图 16.13　选择数据连接

（5）选择前面设置的连接"ConnectionStr (Settings)"，单击"下一步"按钮。选择数据库对象，如图 16.14 所示。

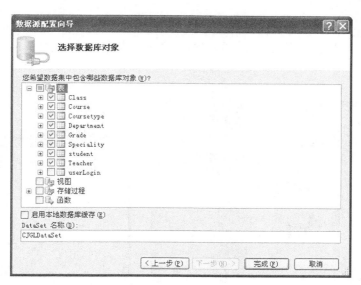

图 16.14　选择数据对象

（6）选择数据库对象，并设置数据集（DataSet）名称。单击"完成"按钮完成数据源的配置。

（7）在数据源下选择"Department"数据表，单击表名后面的下拉箭头。选择"DataGridView"，如图 16.15 所示。

（8）把"Department"数据表拖放到窗口的表面。这个操作会在窗口上添加一系列的控件，如图 16.16 所示。

（9）选择"DepartmentDataGridView"控件，单击右上角的三角形，在弹出菜单中选择"编辑"命令，打开"编辑列"对话框，如图16.17所示。分别将"DepartmentID"、"DepartmentName"、"DepartmentHeader"的"HeaderText"属性修改为"部门编号"、"部门名称"、"部门负责人"。

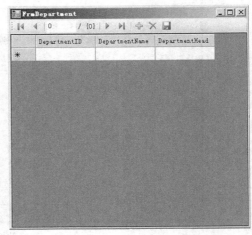

<table>
<tr><td>图16.15 配置数据源</td><td>图16.16 重新调整后的窗口</td></tr>
</table>

（10）在主菜单中，双击"院系资料"菜单，编写如下程序：

```
FrmDepartment dep = new FrmDepartment();
    dep.MdiParent = this;
    dep.Show();
```

运行程序，该窗体已可以实现部门的增加、删除、修改等基本功能，运行效果如图16.18所示。

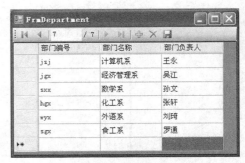

<table>
<tr><td>图16.17 编辑列</td><td>图16.18 院系资料</td></tr>
</table>

采用相同的方法即可完成其他窗体的创建。

16.4.5 教学管理

1. 成绩查询

在项目中添加一个新的窗口，命名为"FrmQuery"，并添加控件，布局如图16.19所示。

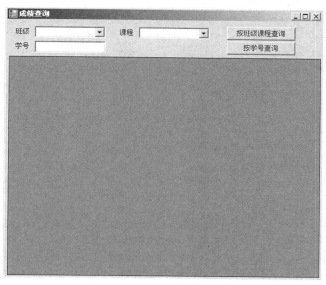

图 16.19　成绩查询

窗口及其控件的属性设置如表 16.3 所示。

表 16.3　　　　　　　　　　　　　　　　控件属性设置

控 件 类 型	对 象 名	属 性	值
Form	FrmQuery	Name	FrmQuery
		Text	成绩查询
Label	label1	Text	班级
	label2	Text	课程
	label3	Text	学号
ComboBox	comboBox1	Name	ComboBox1
	comboBox2	Name	ComboBox2
TextBox	textBox1	Text	
Button	button1	Text	按班级课程查询
	button2	Text	按学号查询
DatagridView	dataGridView1	Name	DatagridView1

成绩查询提供了两种查询方式：一种是按班级、课程进行查询，另一种是按照学号进行查询。班级和课程分别使用了两个组合框（ComboBox）控件，用户可以直接进行选择。在窗口的加载（Load）事件中，需要给这两个组合框填充数据。

窗口"Load"事件代码如下：

```
private void FrmQuery_Load(object sender, EventArgs e)
{
        //建立连接
        SqlConnection cn = new SqlConnection(ConfigurationManager.ConnectionStrings
["CJGL.Properties. Settings.ConnectionStr"].ConnectionString);
```

```
            //建立两个数据适配器，分别用于班级、课程
            SqlDataAdapter da1 =new SqlDataAdapter("select classid,classname from class", cn);
            SqlDataAdapter  da2  =new  SqlDataAdapter("select  courseId,coursename  from
course", cn);
            //定义两个数据表
            DataTable tblClass = new DataTable();
            DataTable tblCourse = new DataTable();
            //打开连接
            cn.Open();
            //填充数据表
            da1.Fill(tblClass);
            da2.Fill(tblCourse);
            //关闭连接
            cn.Close();
            //将数据与控件进行绑定。DataSource：指定数据源，为数据集或数据表对象
            // DisplayMember：显示的数据   ValueMember：数据实际值
            comboBox1.DataSource = tblClass;
            comboBox1.DisplayMember = "className";
            comboBox1.ValueMember = "classID";
            comboBox2.DataSource = tblCourse;
            comboBox2.DisplayMember = "courseName";
            comboBox2.ValueMember = "courseID";
        }
```

"按班级课程查询"按钮单击事件代码如下：

```
    '按班级课程查询
    private void button1_Click(object sender, EventArgs e)
        {
            SqlConnection cn = new SqlConnection(ConfigurationManager.ConnectionStrings
["CJGL.Properties.Settings.ConnectionStr"].ConnectionString);
            DataTable tbl = new DataTable();
        //建立数据适配器
        SqlDataAdapter da = new SqlDataAdapter ("select grade.studentId as 学号,studentname
as 姓名,grade as 成绩 from grade,student where grade.studentid=student.studentid and
student.classid='" + comboBox1.SelectedValue + "' and grade.courseid='" + comboBox2.
SelectedValue + "'", cn)
        //打开连接，填充数据表，然后关闭连接
            cn.Open();
            da.Fill(tbl);
            cn.Close();
            //设置 DataGridView1 的数据源属性，让数据显示出来
            dataGridView1.DataSource = tbl;
        }
```

"按学号查询"按钮的单击事件代码如下：

```
    '按学号查询
    private void button2_Click(object sender, EventArgs e)
        {
            SqlConnection cn = new SqlConnection(ConfigurationManager.ConnectionStrings
["CJGL.Properties.Settings.ConnectionStr"].ConnectionString);
            DataTable tbl = new DataTable();
```

```
        //建立数据适配器
        SqlDataAdapter da = new SqlDataAdapter("select studentname as 姓名,coursename
as 课程, grade as 成绩 from student,grade,course  where grade.studentid=student.studentid
and grade.courseid=course.courseid and grade.studentid='" + textBox1.Text + "'", cn);
        //打开连接，填充数据表，然后关闭连接
        cn.Open();
        da.Fill(tbl);
        cn.Close();
        //设置 DataGridView1 的数据源属性，让数据显示出来
        dataGridView1.DataSource = tbl;
    }
```

2．成绩录入

成绩录入有多种方式，单个录入比较简单，就不介绍了。主要介绍一下按照班级、课程录入成绩的方法。首先，在项目中新建一个窗口"FrmInput"，添加一些控件并修改属性，窗口的布局如图 16.20 所示。

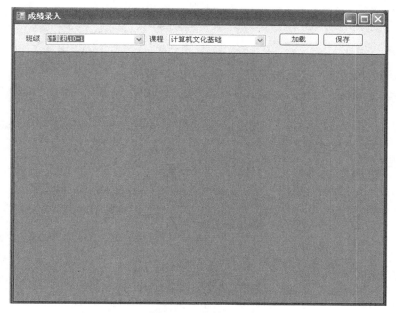

图 16.20　成绩录入

在窗口的"Load"事件中，需要给班级、课程两个组合框填充数据。选择好班级和课程后，单击"加载"按钮，在 DataGridView1 控件中打开成绩单。录入完成后，单击"保存"按钮保存新录入的成绩。

窗口的"Load"事件代码如下：

```
private void FrmInput_Load(object sender, EventArgs e)
    {
        //建立连接
        SqlConnection cn = new SqlConnection(ConfigurationManager.ConnectionStrings
["CJGL.Properties. Settings.ConnectionStr"].ConnectionString);
```

```
        //建立两个数据适配器，分别用于班级、课程
        SqlDataAdapter da1 =new SqlDataAdapter("select classid,classname from class", cn);
        SqlDataAdapter da2 =new SqlDataAdapter("select  courseId,coursename  from
course", cn);
        //定义两个数据表
        DataTable tblClass = new DataTable();
        DataTable tblCourse = new DataTable();
        //打开连接
        cn.Open();
        //填充数据表
        da1.Fill(tblClass);
        da2.Fill(tblCourse);
        //关闭连接
        cn.Close();
        //将数据与控件进行绑定。DataSource：指定数据源，为数据集或数据表对象
        // DisplayMember：显示的数据  ValueMember：数据实际值
        comboBox1.DataSource = tblClass;
        comboBox1.DisplayMember = "className";
        comboBox1.ValueMember = "classID";
        comboBox2.DataSource = tblCourse;
        comboBox2.DisplayMember = "courseName";
        comboBox2.ValueMember = "courseID";
    }
```

"加载"按钮的单击事件代码如下：

```
  private void button1_Click(object sender, EventArgs e)
        {
        SqlConnection cn = new SqlConnection(ConfigurationManager.ConnectionStrings
["CJGL. Properties.Settings.ConnectionStr"].ConnectionString);
        DataTable tbl =new DataTable();
        //建立数据适配器
        SqlDataAdapter da = new SqlDataAdapter("SELECT studentID, studentName, '' AS
grade FROM student WHERE classID = '" + comboBox1.SelectedValue + "'", cn);
        //打开连接，填充数据表，然后关闭连接
        cn.Open();
        da.Fill(tbl);
        cn.Close();
        //设置 DataGridView1 的数据源属性，让数据显示出来
        dataGridView1.DataSource = tbl;
        }
```

"保存"按钮的单击事件代码如下：

```
  private void button2_Click(object sender, EventArgs e)
        {
        SqlConnection cn = new SqlConnection(ConfigurationManager.ConnectionStrings
["CJGL. Properties.Settings.ConnectionStr"].ConnectionString);
        SqlCommand cmdInsert =new SqlCommand("insert into grade values(@sid,@cid,
@cj)", cn);
        cmdInsert.Parameters.Add("@sid", SqlDbType.Char, 10);
        cmdInsert.Parameters.Add("@cid", SqlDbType.Char, 8);
        cmdInsert.Parameters.Add("@cj", SqlDbType.TinyInt);
```

```
            cmdInsert.Parameters[1].Value = comboBox2.SelectedValue;
            cn.Open();
            foreach (DataGridViewRow rw in dataGridView1.Rows)
            {
                if(rw.Cells[0].Value!=null)
                {
                    cmdInsert.Parameters[0].Value = rw.Cells[0].Value;
                    cmdInsert.Parameters[2].Value = rw.Cells[2].Value;
                    cmdInsert.ExecuteNonQuery();
                }
            }
            cn.Close();
        }
```

16.4.6　用户管理

1．添加用户

在项目中新建一个窗口"FrmAddUser"，添加 4 个 Label 控件、4 个 TextBox 控件、2 个 Button 控件，并修改控件的属性，窗口的布局如图 16.21 所示。

在"添加"按钮的单击事件中，首先要验证 4 个 TextBox 的"Text"属性是否为空，然后验证两次输入的密码是否相同。如验证通过，执行一个命令来完成添加用户操作。

"添加"按钮的代码如下：

图 16.21　添加用户

```
private void button1_Click(object sender, EventArgs e)
        {
            if (textBox1.Text == "" || textBox2.Text == ""|| textBox3.Text == "")
            {
            MessageBox.Show("登录 ID、用户名、密码均不能为空！");
            return;
            }
            if(textBox3.Text != textBox4.Text)
            {
            MessageBox.Show("两次输入的密码不同，请重新输入！");
            return;
            }
            SqlConnection cn = new SqlConnection(ConfigurationManager.ConnectionStrings
["CJGL.Properties.Settings.ConnectionStr"].ConnectionString);
            SqlCommand  cmd  =  new  SqlCommand("insert  into  userlogin  values('"  +
textBox1.Text + "','" + textBox2.Text + "','" + textBox3.Text + "',0)", cn);
            cn.Open();
            cmd.ExecuteNonQuery();
            cn.Close();
        }
```

2. 修改密码

在项目中新增一个窗口"FrmPassword"，添加控件并设置相应的属性，窗体布局如图 16.22 所示。

为了保护数据库的安全，修改用户密码需输入用户名和原密码，进行验证。新密码要求用户输入两次，避免密码设置错误。在"修改"按钮的单击事件中，首先要验证两次输入的用户口令是否正确，然后验证用户原密码是否正确，最后完成修改操作。

"修改"按钮的单击事件代码如下：

图 16.22　修改密码

```
private void button1_Click(object sender, EventArgs e)
    {
        if (textBox3.Text != textBox4.Text )
        {
            MessageBox.Show("两次输入的密码不同，请重新输入! ");
            return;
        }
        SqlConnection cn = new SqlConnection(ConfigurationManager.ConnectionStrings
["CJGL.Properties.Settings.ConnectionStr"].ConnectionString);
        SqlCommand cmd =new SqlCommand("select password from userlogin where
loginid='" + textBox1.Text + "'", cn);
        string pwd ;
        cn.Open();
        pwd = (string )cmd.ExecuteScalar();
        if(pwd != textBox2.Text)
        {
            MessageBox.Show("原密码错误，请重新输入! ");
        }
        else
        {
            cmd.CommandText = "update userlogin set password='" + textBox3.Text + "'
where loginid='" + textBox1.Text + "'";
            cmd.ExecuteNonQuery();
        }
        cn.Close();
    }
```

16.4.7　"关于"窗口

在主菜单中选择"项目"→"添加 Windows 窗体"命令，弹出"添加新项"对话框。在"模板"列表框中选择"关于框"，并把名称改为"FrmAbout.cs"，单击"确定"按钮完成创建。创建的"关于"窗口如图 16.23 所示。

在"关于"窗口中，产品名称、版本、版权等信息可以通过程序集信息进行设置。打开"项目"菜单，选择"CJGL 属性"，打开项目属性窗口，如图 16.24 所示。

图 16.23　"关于"窗口

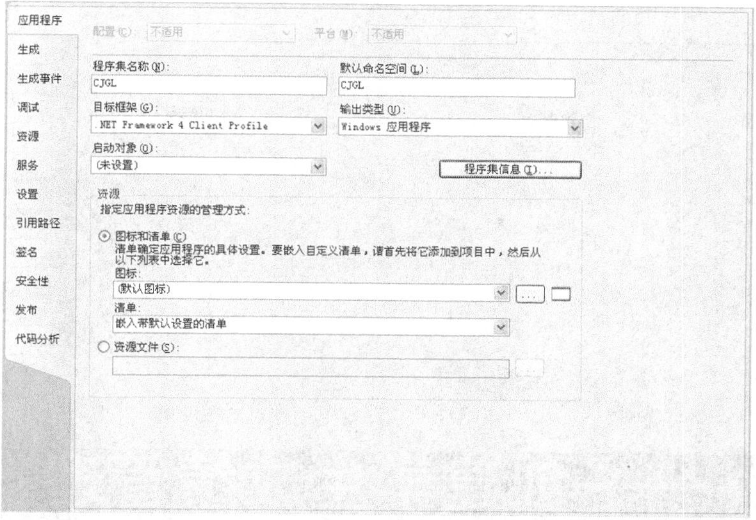

图 16.24 "CJGL 属性"窗口

单击"程序集信息"按钮,打开程序集信息对话框并进行设置,如图 16.25 所示。

进入系统,打开"关于"窗口,刚刚设置的信息已经显示到"关于"窗口中,如图 16.26 所示。

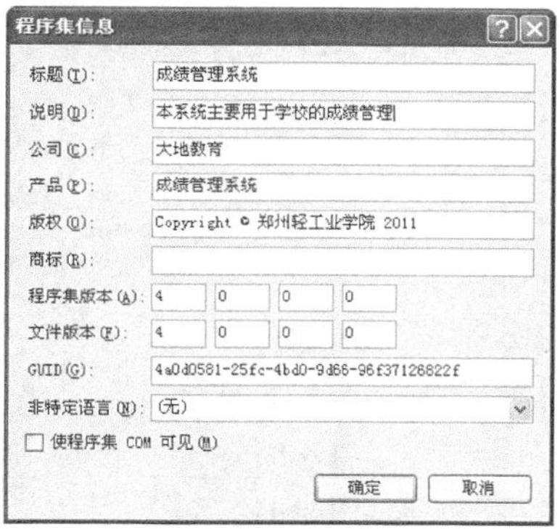

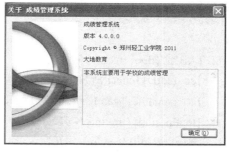

图 16.25 "程序集属性"窗口   图 16.26 "关于"窗口

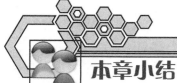

本章小结

本章采用 ADO.NET 数据访问对象模型,开发了一个数据库应用程序——成绩管理系统。

首先简单介绍了 ADO.NET 的基本知识,以及使用 ADO.NET 访问数据的方法。然后在实例中分别使用拖动和编写代码两种方法实现对数据库的操作,以及调用 SQL Server 2008 中的存储过程。

该系统功能简单,读者可以进一步将它完善。可以考虑加入网络方面的功能,如学生可以通过该系统网上选课,在线查询考试成绩、学籍信息等。

```sql
CREATE DATABASE CJGL;
GO
USE CJGL;
GO

--课程
CREATE TABLE [dbo].[Course](
        [courseID] [char](8) NOT NULL,              --课程编号
        [coursename] [varchar](20) NOT NULL,        --课程名称
        [totalperiod] [tinyint] NULL,               --总学时
        [weekperiod] [tinyint] NULL,                --周学时
        [credithour] [tinyint] NULL,                --学分
        [remark] [varchar](50),                     --备注
 CONSTRAINT [PK_Course] PRIMARY KEY CLUSTERED
([courseID] ASC)
) ON [PRIMARY]
GO
--教师
CREATE TABLE [dbo].[Teacher](
        [teacherID] [char](8) NOT NULL,             --教师编号
        [teacherName] [varchar](10) NOT NULL,       --姓名
        [sex] [char](2) NULL,                       --性别
        [technicalPost] [char](16) NULL,            --职称
        [telephone] [char](16) NULL,                --电话
        [password] [varchar](20) NULL,              --口令
```

```
                [remark] [varchar](200) NULL,                --备注
        CONSTRAINT [PK_Teacher] PRIMARY KEY CLUSTERED
([teacherID] ASC)
) ON [PRIMARY]
GO
--课程教师表
CREATE TABLE [dbo].[CourseTeacher](
                [courseID] [char](8) NOT NULL,               --课程编号
                [teacherID] [char](8) NOT NULL,              --教师编号
        CONSTRAINT [PK_CourseTeacher] PRIMARY KEY CLUSTERED
([courseID] ASC,[teacherID] ASC)
) ON [PRIMARY]
GO
--学生
CREATE TABLE [dbo].[student](
                [studentID] [char](10) NOT NULL,             --学号
                [studentName] [varchar](10) NOT NULL,        --姓名
                [sex] [char](2) NULL,                        --性别
                [birthday] [datetime] NULL,                  --出生日期
                [credithour] [tinyint] NOT NULL,             --已修学分
                [ru_date] [char](4) NULL,                    --入学年份
                [password] [varchar](20) NULL,               --口令
                [remark] [varchar](200) NULL,                --备注
        CONSTRAINT [PK_student] PRIMARY KEY CLUSTERED
([studentID] ASC)
) ON [PRIMARY]
GO
--成绩
CREATE TABLE [dbo].[Grade](
                [studentID] [char](10) NOT NULL,             --学号
                [courseID] [char](8) NOT NULL,               --课程号
                [teacherID] [char](8) NOT NULL,              --教师编号
                [grade] [tinyint] NULL,                      --成绩
        CONSTRAINT [PK_Grade] PRIMARY KEY CLUSTERED
([studentID] ASC,[courseID] ASC)
) ON [PRIMARY]
GO
```

参考文献

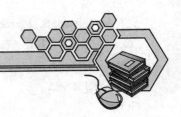

[1] 张建伟，梁树军. 数据库技术与应用——SQL Server 2005. 北京：人民邮电出版社，2008

[2] 吴秀丽，丁文英. 数据库技术与应用——SQL Server 2008. 北京：清华大学出版社，2010

[3] Grant Fritchey Sajal Dam. SQL Server 2008 查询性能优化. 北京：人民邮电出版社，2010

[4] 胡百敬，陈俊宇. SQL Server 2008 管理实战. 北京：人民邮电出版社，2009

[5] 王珊，萨师煊. 数据库系统概论（第四版）. 北京：高等教育出版社，2006

[6] Robin Dewson. SQL Server 2008 基础教程. 北京：人民邮电出版社，2009

[7] Louis Davidson Kevin Kline. SQL Server 2008 数据库设计与实现. 北京：人民邮电出版社，2009